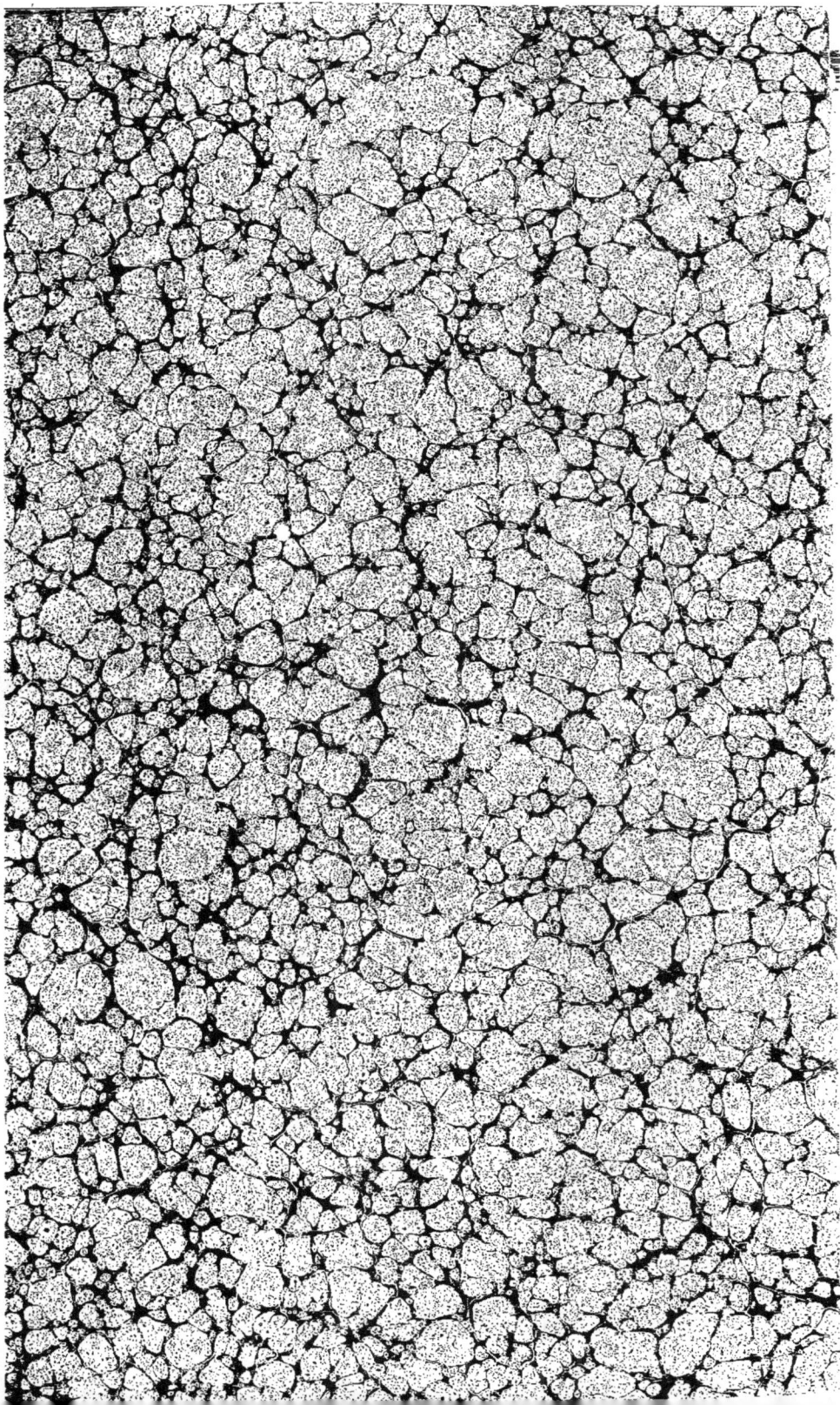

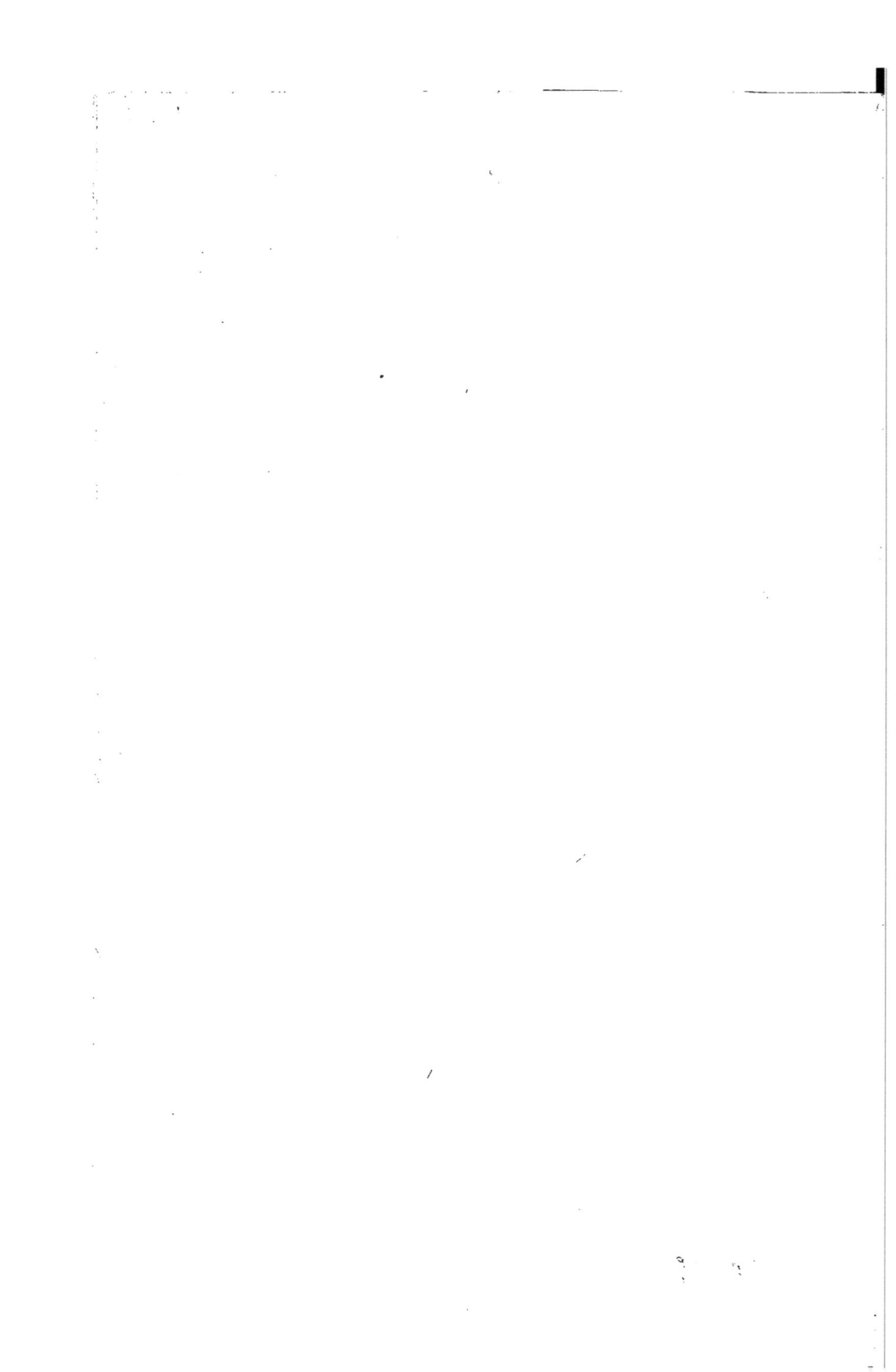

LE

GÉNIE RURAL

—

TEXTE

DEUXIÈME PARTIE

Paris. — Imprimerie et librairie de E. Lacroix, rue des Saints-Pères, 54.

BIBLIOTHÈQUE SCIENTIFIQUE-INDUSTRIELLE ET AGRICOLE

Des Arts et Métiers. XXX

LE

GÉNIE RURAL

RECUEIL DE MÉMOIRES

SUR LA

MACHINERIE AGRICOLE

CHARRUES, PRESSES ET PRESSOIRS, MACHINES A VAPEUR RURALES, RATEAUX,
APPAREILS DE DISTILLATION, MOULINS A VENT, ETC., ETC.

PAR

J. A. GRANVOINNET

INGÉNIEUR

Professeur de génie rural à l'École nationale de Grignon,
rédacteur des *Annales du Génie civil* du *Journal d'Agriculture pratique*,
auteur de plusieurs ouvrages d'agriculture.

DEUXIÈME PARTIE

*174 pages de texte compacte gr. in-8°, avec 35 figures intercalées un atlas de
16 planches in-4° et nombreux tableaux.*

15 francs

TEXTE

PARIS

LIBRAIRIE SCIENTIFIQUE, INDUSTRIELLE ET AGRICOLE

Eugène **LACROIX**, Imprimeur-Éditeur

Libraire de la Société des Ingénieurs civils de France, de celle des anciens Élèves
des Écoles nationales d'Arts et Métiers, de la Société des Conducteurs des Ponts et Chaussées
de MM. les Mécaniciens de la Marine, etc., etc.

54, RUE DES SAINTS-PÈRES, 54

©

PRÉFACE DE L'ÉDITEUR

———

Nous avons publié il y a quelques années un ouvrage du même auteur sous le même titre. Il se compose d'un volume grand in-8° formé de 2 parties donnant ensemble 384 pages, et d'un atlas de 60 planches grand in-8°.

L'ouvrage que nous présentons aujourd'hui au public est la réunion des principaux articles publiés par notre savant collaborateur dans nos *Annales du Génie civil*, il forme la suite naturelle du travail dont nous parlons plus haut. La table des matières que nous donnons ci-après indique suffisamment l'intérêt que présente ce livre qui sera accueilli aussi favorablement que le 1er volume.

Nous saisissons cette occasion pour annoncer que sous ce titre de : GÉNIE RURAL, M. Grandvoinnet publie depuis 2 ans une feuille mensuelle qui jouit d'une réputation justement méritée.

E. LACROIX.

Paris, 2 janvier 1875.

PRINCIPAUX OUVRAGES DU MÊME AUTEUR.

Le Génie rural, recueil spécial de machinerie agricole, constructions rurales, irrigations et drainage, 1 vol. gr. in-8 de 170 pages avec fig. et atlas de 62 pl. Prix. . . . . 15 fr.

Etudes pratiques et théoriques sur les charrues, gr. in-8 avec fig. et 4 pl. . . . . 4 fr.
   (Extrait des *Annales du Génie civil*).

Meunerie et meulerie, des moyens mécaniques employés pour réduire les blés en farine, etc. — Etude sur le gisement, l'exploitation et le travail des pierres employées à la fabrication des meules, gr. in-8 de 76 pages avec fig. et 1 pl. . . . . 4 fr.
   (Extrait des *Annales du Génie civil*).

TABLE DES MATIÈRES.

LE GÉNIE RURAL

Par M. **J. GRANDVOINNET.**

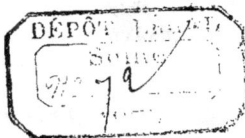

Préliminaires.

Quelle que soit l'influence définitive de l'enquête agricole, elle a déjà eu pour bon effet de remettre en discussion la plupart des questions touchant de plus ou moins près à l'agriculture, l'économie politique et sociale, la législation, l'éducation et la morale, etc. Nous espérions que les questions du ressort du *Génie rural* (la machinerie agricole, les bâtiments, le drainage et les irrigations) seraient largement discutées ; il n'en a pas été ainsi malheureusement, et d'un commun accord elles ont été presque absolument laissées de côté.

Nous admettrons volontiers que les problèmes sur les institutions économiques et financières doivent avoir le pas sur les questions techniques ; mais celles-ci ont pourtant leur importance et peuvent parfois même primer les premières. Qu'importe, en effet, que des institutions protectrices parfaites facilitent la tâche du cultivateur, si cet état de béatitude lui fait oublier toute idée de progrès ; qu'importe que l'*argent* soit à la discrétion du cultivateur, si, comme aujourd'hui, il n'en profite le plus souvent que pour s'agrandir et non pour améliorer sa terre et son matériel. La facilité des communications permet au prolétaire de choisir le lieu et l'industrie qui le payent le mieux. Peut-on supprimer cette liberté, rattacher le paysan à la glèbe et le laisser dans l'ignorance pour le retenir ? Les départements les plus industriels et les plus instruits ne sont pas ceux où diminue la population agricole : le contraire est plus près de la vérité. Les bras s'éloignent des campagnes, dit-on, retenez-les : non par des lois écrites, impuissantes contre les lois naturelles de l'évolution sociale, mais par l'amélioration des conditions matérielles et morales. Quand toutes les industries perfectionnent leur matériel pour faire plus de meilleur travail avec moins de bras, et rendre aussi facile que possible la tâche des ouvriers, seule l'agriculture semble tenir à ses antiques engins et à ne vouloir rien obtenir que par une coûteuse main d'œuvre ; quand tous les industriels sont à l'affût des découvertes scientifiques pour en profiter, le cultivateur s'obstine à tracer une ligne infranchissable entre sa pratique et la science. Nous voudrions donc que, tout en recherchant les meilleures institutions économiques pour l'agriculture, on s'inquiétât beaucoup plus des questions techniques, et particulièrement, comme étant aujourd'hui les plus négligés, des problèmes du *Génie rural* : machinerie, constructions rurales, drainage et irrigations.

Nous allons essayer, dans la mesure de nos forces, d'exposer l'état actuel du *Génie rural*, autant d'après ce que l'Exposition universelle nous présentera que d'après ce qu'elle aurait pu nous montrer.

PREMIÈRE PARTIE.

La machinerie agricole à l'Exposition universelle de 1867.

Notre but étant de faire apprécier les avantages que l'agriculture peut retirer de l'emploi d'un matériel perfectionné, il convient d'abord de constater l'état actuel du travail mécanique agricole.

L'agriculture a, comme moteurs, principalement les animaux et l'homme, de beaucoup les plus coûteux : nous aurons donc à examiner les appareils propres à l'utilisation de la force de l'homme et des animaux : appareils de traction, manéges, treadmills, barotropes, etc. Beaucoup de travaux qui se font encore à la main, peuvent être faits avantageusement par des appareils mus par les chevaux ou même par la vapeur; or, les bras deviennent relativement d'autant plus rares à la campagne que l'agriculture améliore davantage ses procédés.
« Le prolétaire des campagnes s'en va; deux énormes courants l'attirent: l'un vers l'industrie, l'autre vers la propriété ou la location du lopin de terre. Aussi, placée entre ces deux courants, la grande culture voit, par conséquent, diminuer sa population de gagistes, de tâcherons, de journaliers, d'ouvriers enfin qui, n'ayant que leurs bras pour instruments de travail, aspirent, les uns à l'indépendance de la très-petite culture, les autres aux salaires plus élevés de l'industrie. C'est là un fait : le nier, c'est impossible; le regretter, c'est inutile [1]. »

Oui, complétement inutile ; et il se passera de longues années avant que des changements d'institution et de législation changent le sens du courant. Le cultivateur doit donc considérer la diminution de la main-d'œuvre comme une conséquence fatale du progrès, et y parer par l'emploi de bonnes machines.

« La grande propriété rurale est, à beaucoup de points de vue, une nécessité de notre état social. » (E. L.) S'il en est ainsi, et nous le croyons, elle ne peut lutter avantageusement avec la petite culture que par le perfectionnement de son matériel, qui entraîne inévitablement l'amélioration de son personnel, car tout se tient.

Peut-être y a-t-il, comme le croient M. Lecouteux et tant d'autres écrivains, un remède au malaise agricole dans un régime économique particulier; nous n'aurions garde de contredire personne sur ce point et c'est un genre de discussion qui nous est interdit : mais il nous semble que ce n'est pas là le seul remède. Si l'agriculture manque de bras, même pour un système de culture plutôt extensif qu'intensif, il est temps qu'elle songe, comme toutes les autres industries, à remplacer les bras qui lui manquent par de nouvelles machines, et à utiliser le mieux possible, et en la payant bien, la main-d'œuvre qui lui reste, par le perfectionnement des anciens engins.

Il faut diminuer enfin les frais de production, si l'on ne peut espérer des prix de vente plus élevés. Or, il nous semble que les frais de labour, de hersage, de semis, de binage, de récolte, etc., entrent bien pour quelque chose dans le prix d'un hectolitre de blé. Est-ce que dans les sols tenaces, riches, des façons profondes et répétées en temps convenables ne correspondent pas à un accroissement de production ? Si, sur les 4 francs de frais de préparation du sol qu'exige en moyenne chaque hectolitre de blé, on peut par un bon choix des charrues, scarificateurs, etc., économiser 1 franc, ce sera le commencement du bénéfice que suivront l'économie de semence par de bons semoirs, l'augmentation de produits par des binages répétés. etc. Or ce remède: *perfectionnement du matériel*, a un sérieux avantage sur les autres; il est à qui le veut employer; il existe en

1. E. Lecouteux.

effet de bonnes machines agricoles, et si elles ne sont pas plus employées ce n'est pas, comme on pourrait le croire, la question d'argent qui s'y oppose, puisque le cultivateur achète et entretient à grands frais de mauvais instruments; c'est une question de conviction.

Le cultivateur, de sa nature, n'est pas changeant; avant de remplacer sa charrue, il faut qu'il ait été doublement convaincu qu'une autre est préférable. S'il a été trompé une seule fois par un prospectus de marchand ou la recommandation plus ou moins désintéressée d'un journaliste, sa défiance naturelle s'accroît et devient rebelle à toute preuve; devant tout appareil qui lui est présenté, dans les nombreux concours auxquels il peut assister, il reste dans une suprême indifférence. Les médailles d'or décernées par les jurys ne l'émeuvent même plus; ballotté entre des centaines d'instruments, tous également recommandés par des récompenses, bien qu'essentiellement différents, il reste immobile sous des forces contraires qui, naturellement, s'annulent l'une par l'autre.

Voilà le fait contre lequel il est temps de réagir. Il faut que le cultivateur puisse croire à l'efficacité d'un bon matériel; qu'il puisse avoir confiance dans les résultats des concours, qu'il puisse distinguer les constructeurs consciencieux des fabricants ignorants qui flattent sa manie pour les instruments simples en apparence, mais inefficaces; peu coûteux d'achat, mais ruineux d'entretien et de réparation. Il faut enfin qu'il y ait pour tout le monde un mode de jugement des machines dont la précision soit hors de toute contestation.

Il est donc essentiel de poser les bases d'une méthode rationnelle de jugement des machines en général et des machines agricoles en particulier.

I
Du jugement des machines agricoles dans les Expositions.

§ I. Principes généraux.

Par suite de la rareté croissante des bras dans les campagnes, la vente des grandes machines de ferme commence à prendre une telle importance que de toutes parts des constructeurs sérieux font d'immenses efforts pour profiter de ce nouveau débouché; mais étrangers pour la plupart aux travaux agricoles, ils ont fort à faire pour *deviner* les besoins réels de la culture; tandis que d'un autre côté les cultivateurs, peu au fait des *immenses ressources de la mécanique* et des moyens d'exécution en usage dans les grands ateliers, ne peuvent que s'efforcer de *deviner* ce qu'ils peuvent et doivent exiger des fabricants, et quelle est, parmi les nombreuses machines du même genre, celle qui convient en réalité le mieux. Se fier aux prospectus ou aux réclames plus ou moins déguisées n'est plus guère de notre temps. Les cultivateurs *ont payé* pour avoir le droit d'être prudents jusqu'à l'exagération.

De part et d'autre, du côté des constructeurs et de celui des acheteurs, on marche donc quelque peu en aveugles. Les constructeurs de bonnes machines souffrent de cet état de choses, et l'industrie agricole, arrêtée par le manque de bras et de temps auxquels la *bonne mécanique agricole* peut si facilement suppléer, ne progresse qu'avec une lenteur désespérante.

Si l'on veut sortir de cet état général d'incertitude si nuisible au progrès de l'agriculture nationale, il faut adopter, pour décerner les récompenses dans les Expositions, un mode d'appréciation des machines agricoles, qui ne puisse laisser, dans le public et dans l'esprit des constructeurs, le moindre doute sur l'exactitude du jugement rendu. Pour beaucoup de nos lecteurs, peut-être, ce

-désir paraîtra d'une facile réalisation : malheureusement, et nous ne saurions trop le répéter, le jugement des machines agricoles est la plus rude tâche qui puisse incomber à un homme consciencieux.

Les membres d'un jury agricole appelé à juger les animaux peuvent parfois hésiter entre deux ou trois taureaux très-remarquables ; ils peuvent être en désaccord sur tel ou tel caractère de race ou d'aptitude ; mais enfin, on juge les animaux par la vue, on peut toucher du doigt le point en litige, on sait ce que l'on veut. Bien plus, quoiqu'un jugement erroné soit *en tous cas* un malheur, quel grand inconvénient peut-il résulter de ce que tel ou tel taureau soit primé quand son voisin lui est supérieur ? Le taureau supérieur, mais non primé, donnera-t-il de moins bons produits à son heureux propriétaire ? L'amour-propre de l'éleveur lésé pourra souffrir ; mais le mal réel ne sera pas notablement préjudiciable à l'agriculture nationale.

Lorsqu'il s'agit d'instruments ou de machines agricoles, c'est tout autre chose. La moindre erreur dans le jugement porté peut *ruiner* tel bon constructeur et *faire la fortune* de tel autre, peu méritant. La moindre erreur peut encombrer nos fermes d'instruments défectueux ou empêcher l'introduction de bonnes machines. Aussi, quand nous soupesons la charge imposée aux membres des jurys d'instruments et de machines agricoles, sommes-nous fiers de voir dans notre pays tant d'hommes qui se sentent assez capables pour se dévouer à cette tâche ingrate du jugement des machines ; mais, malgré toute la capacité et l'impartialité qu'ils mettent dans l'accomplissement de leur tâche, que de récriminations, hélas, souvent fondées ! De bons constructeurs ne se présentent plus aux Expositions dans la crainte, disent-ils, qu'un jugement superficiel vienne tuer, en une heure, une réputation qu'ils ont mis quelque dix ou vingt ans à acquérir. Mais de jeunes réputations, plus ou moins justifiées, se forment rapidement en leur absence et viennent bientôt les forcer à accepter la lutte malgré leur première répugnance. D'autres exposants, plus marchands que constructeurs, viennent aux concours comme à une loterie, espérant qu'un peu de savoir-faire leur fera deviner le bon numéro.

C'est un fâcheux état de choses, et dont on ne se préoccupe pas assez en France, et en tous cas moins qu'en Angleterre. Dans ce dernier pays, les grands constructeurs de machines de ferme vivent plus dans le milieu agricole : participant parfois aux travaux des Sociétés d'agriculture, ils ont eu l'occasion de connaître les besoins du fermier : ils influent sur le choix des méthodes d'essai des instruments ; et cependant, il faut l'avouer, l'accord n'est pas encore parfait entre les juges et les exposants. Du moins, chez nos voisins, les constructeurs sont jugés d'après des lois connues. On sait là que telle qualité sera prônée, que tel défaut sera sévèrement noté, etc., etc. En France, nous sommes beaucoup moins avancés. Serait-ce seulement parce que nous avons commencé plus tard à nous inquiéter des machines agricoles qui, il y a à peine quinze ans, n'étaient qu'un bien petit accessoire de nos Expositions ou concours d'animaux reproducteurs ? Ne serait-ce pas plutôt parce que tout homme ayant parlé ou écrit sur l'agriculture se croit spontanément capable de juger les machines agricoles sans études spéciales ? Nous avons tout lieu de le craindre. Qu'on feuillette nos journaux, et l'on se convaincra facilement que les questions de machinerie agricole sont laissées le plus souvent à des hommes aussi complétement étrangers à la science et à la pratique agricole qu'à la construction même des machines : ils *décrivent* les machines nouvelles et leur trouvent, de confiance et sur la seule garantie de l'inventeur, une foule de qualités, et cela sans les avoir vues, essayées ou même comparées à leurs congénères. Nous indiquons seulement ce fâcheux état de choses, en laissant à d'autres le soin de le critiquer comme il mériterait de l'être. Il fallait faire l'observation ci-dessus avant de poser comme base que pour juger les machines agricoles, il faut et des *cultivateurs* et des *ingénieurs mécaniciens*. Ceci paraîtra bien hardi, et peut-être quelque lecteur dira: « Vous êtes orfèvre..., etc. » La crainte de l'application qui peut nous être faite d'un proverbe, ne nous empêchera pas d'émettre franchement notre opinion, parce qu'il nous semble qu'il est temps de changer de voie ; nous ferons même plus : nous essayerons de prouver qu'il est à peu près impossible qu'un simple cultivateur, quelque consciencieux et habile qu'il puisse être, soit apte à juger une machine agricole à tous les points de vue : quant aux jugeurs d'occasion, qui ne sont ni agriculteurs ni mécaniciens, qu'ils continuent à décrire les machines, puisque c'est un besoin pour eux, mais qu'ils ne les jugent pas, au moins ; qu'ils ne compromettent pas la fortune des cultivateurs et des constructeurs, et cherchent un meilleur emploi de leur talent d'écrivain.

Non-seulement il faut des hommes capables et spéciaux pour juger les machines, mais il faut encore une *méthode positive*. Opiner du bonnet, comme on le fait si généralement, ou voter par boules blanches et noires, après une inspection ou même, chose rare, un essai, ne suffit pas. Il faut une marche telle, que les diverses qualités soient diversement *cotées* pour que l'ensemble des qualités. et des défauts soit bien représenté par le vote de chaque membre du jury. Cette marche, c'est la notation chiffrée ou l'attribution de nombres de *points* différents pour chaque qualité particulière de la machine.

Cette marche admise, il reste à déterminer une *base* tellement positive qu'elle soit indiscutable, et qu'aucun cultivateur, qu'aucun constructeur de machines ne puisse la récuser.

Nous croyons avoir trouvé cette base et nous l'avons sommairement indiquée dès 1835, et appliquée depuis dans le *Journal d'agriculture pratique* au jugement des batteuses, des charrues, des machines à vapeur rurales et des semoirs.

Notre mode de jugement est-il parfait? Nous pouvons le croire, puisqu'il n'a été attaqué par aucun écrivain, malgré notre appel à la critique; mais aucun jury d'Exposition n'a daigné l'appliquer jusqu'à ce jour. Espérons qu'il le sera dans les prochains concours de machines agricoles de l'Exposition universelle spéciale de Billancourt. S'il n'en est pas ainsi, serait-ce un excès de curiosité que de prier les juges d'indiquer leur manière de procéder, préférable assurément, afin que nous brûlions ce que nous adorons en ce moment?

On pardonnera ces observations à un homme voué depuis plus de vingt ans à l'étude des machines agricoles, et qui n'a pour but que le progrès de l'agriculture. Passons donc à l'examen de notre mode de jugement des machines agricoles, qui doit nous servir de guide dans l'étude du matériel des fermes à l'Exposition universelle.

En premier lieu :

Pourquoi une machine entre-t-elle dans la pratique agricole? Il ne peut y avoir qu'une ou plusieurs des raisons suivantes:

1° *Le prix de revient réel du travail fait par la machine est* INFÉRIEUR *à celui du travail qui peut être fait à bras.*

2° *Le travail fait par la machine est* MEILLEUR *que celui fait à la main.*

3° *La besogne est faite par la machine avec une plus grande* RAPIDITÉ.

La perfection du travail et la rapidité de son exécution, en vertu de l'axiome anglais que le temps est de l'argent, étant, en réalité, une diminution du prix de revient du travail, nous pouvons résumer ces trois raisons d'emploi des machines dans une seule maxime, qui sera la base première du mode de **jugement** que nous conseillons depuis près de douze ans.

Le prix de revient RÉEL *de l'unité de travail fait par une machine est le se.* CRITERIUM *de son utilité.*

Si une machine ne satisfait pas au moins à l'une des trois conditions énumérées ci-dessus, les auteurs perdent leur temps à la recommander, et si, par une erreur regrettable, elle est adoptée, elle disparaît bientôt de la pratique. Le plus souvent même, une *machine* n'est définitivement adoptée que lorsqu'elle satisfait aux trois conditions ci-dessus ; mais aussi, dans ce cas, elle ne disparaît plus et prend une place définitive dans le matériel agricole ou industriel.

En second lieu, on admettra sans discussion (nous l'espérons du moins) que, dans chaque classe, dans chaque genre et dans chaque espèce d'instruments *adoptables* d'après les trois conditions ci-dessus, il y a entre une machine parfaite et une machine médiocre ou imparfaite, une différence dans le travail opéré qui se traduit par une *somme d'argent* pour le cultivateur : c'est-à-dire que si l'emploi d'une machine *parfaite*, au point de vue des trois conditions générales, donne au cultivateur un bénéfice A, et que la machine *médiocre* ne donne qu'un bénéfice B, la différence A—B est le *chiffre argent* dû à la *perfection* de la machine.

Donc : 1° Si l'on veut représenter par 100 points la perfection, ces 100 points représentent un certain nombre de francs ou de centimes économisés, grâce à la perfection de la machine ;

2° Si *telle qualité* de la machine procure deux fois plus de bénéfice que telle autre, cette dernière sera représentée par deux fois moins de *points* ;

3° Si l'une des qualités de la machine produit à elle seule la moitié du bénéfice que l'on peut espérer d'une machine parfaite, cette qualité sera représentée par 50 points, et ainsi des autres.

Tel est le principe général.

Au lieu de prendre les bénéfices pour estimer la différence d'une bonne à une mauvaise machine, on peut, en certains cas, prendre le prix de revient de l'unité de travail irréprochable, fait avec la machine parfaite et la plus mauvaise.

Telle est, en principe, la *base du jugement* que nous croyons indiscutable ; mais il reste encore une partie bien difficile à déterminer ; il faut traduire l'idée générale en chiffres pour chaque espèce de machines.

Ainsi il ne suffit pas que nous ayons 1° énoncé le *principe général;*

2° Posé la base du jugement ;

Et 3° tracé la marche.

Il faut encore donner les détails d'exécution pour chaque espèce de machine. Ici, nous n'avons plus de données absolues ; nous ne pouvons plus affirmer. Les chiffres que nous proposerons sont discutables ; ils varieront avec les circonstances, et nous faisons appel aux praticiens pour nous aider à leur donner toute la précision désirable.

§ 2. *Du jugement des charrues dans les expositions.*

La palme est décernée à l'instrument, qui, sans contrarier aucune des idées de perfection que l'on s'est formées, est le mieux construit et le *plus léger*, à celui qui présente les contours les plus agréables. Autant vaudrait presque l'avoir soumis au Jury des bronzes et des sculptures.
COMTE DE GASPARIN.

L'illustre agronome auquel nous empruntons ces lignes, nous initie ainsi, en quelques mots, à l'ancien mode de juger, dans nos concours, les instruments aratoires. Fait-on mieux de nos jours ? En apparence, oui ; mais en réalité, non, malgré les excellentes intentions des personnes appelées à juger les machines agricoles.

Les membres du jury parcourent les rangs des charrues et notent, chacun de leur côté, celles qui « *suivant les idées que l'on s'est formées* » leur paraissent mériter le premier, le deuxième et le troisième rang. Plus tard, au sein du jury, chacun des juges fait connaître son classement; et il n'y a rien d'impossible, si les charrues sont nombreuses et qu'il n'y ait que quatre ou cinq jurés, que chacun d'eux ait choisi trois charrues entièrement différentes de celles choisies par ses collègues; de sorte que le premier résultat obtenu, c'est le signalement d'une douzaine de charrues, ayant chacune une voix. La décision en pareil cas dépend alors sinon du hasard, du moins de l'éloquence, de l'influence ou de la ténacité d'un des juges. Et comme, grâce à cette absence de jugement, il est bien peu de charrues qui n'aient aujourd'hui quelques médailles d'or, plusieurs d'argent et beaucoup de bronze, le jury évite une partie de la difficulté en donnant à pleine main des *rappels de médailles*, récompenses que le public ne comprend guère, et paraît considérer comme des fiches de *consolation* données aux constructeurs qui se sont laissé distancer; ce qui n'est pas toujours vrai, mais l'est souvent.

Tel est le mode de jugement généralement suivi dans nos concours régionaux annuels.

Il faut reconnaître cependant que depuis 1854 (concours général de Paris) on essaye quelquefois les charrues; le jury, après avoir fait une espèce de revue générale, désigne pour l'essai un certain nombre de charrues qui, conduites sur le même champ, doivent tracer chacune quelques sillons. Or, les exposants des charrues ainsi privilégiées se divisent en deux classes: les avisés qui ont eu la précaution d'amener un bon laboureur habitué à leurs charrues; et le commun des exposants qui se sont abandonnés à la Providence, et ne trouvent le plus souvent aucun laboureur familiarisé avec leurs instruments et sachant les conduire et les régler. Comme le meilleur labour, exécuté dans ces circonstances, fait presque inévitablement adjuger les prix, c'est le constructeur le *mieux avisé*, ayant son laboureur et parfois ses chevaux, qui enlève la récompense.

Parfois, mais trop rarement, on essaye les charrues au dynamomètre; mais comme cette opération se fait dans les circonstances de labour que nous venons de décrire, les chiffres obtenus (si même la précipitation forcée des essais permet d'en obtenir) ne servent pas à grand'chose, et la charrue la meilleure et la *plus légère de traction* n'obtient pas toujours le premier prix. Combien de jurés ignorent, en effet, ce qu'est un dynamomètre et se défient par suite des résultats qu'il donne!

Un peu en avance sur nous en pratique agricole, l'Angleterre paraît juger avec un peu plus de méthode les charrues exposées. Le nombre des charrues concourantes est plus restreint (on est là beaucoup moins fécond en invention, qu'en France, mais plus constant dans les bons modèles), le temps consacré au jugement plus prolongé et les essais faits dans de meilleures conditions: les constructeurs *bien avisés* sont en plus forte proportion et prennent leurs mesures à l'avance; ils ont des charrues *championnes* pour les divers labours; les sociétés agricoles, plus anciennes ou mieux constituées, fournissent suffisamment de juges compétents, etc., etc.; nous ne parlons ici que par ouï-dire, malheureusement. Toutefois, bien que l'on procède mieux chez nos voisins qu'en France, malgré nos recherches dans les journaux et les rapports, nous n'avons pas trouvé trace de méthode tout à fait *positive*, c'est-à-dire inattaquable en tous ses points.

En Écosse, la pratique agricole est peut-être plus avancée que dans l'Angleterre proprement dite. Les concours de charrues sont bien organisés, comme en fait foi l'analyse suivante du rapport officiel du concours de Strathord, en 1860, les 7 et 8 mars.

Ce concours avait pour but : 1° de décider entre les mérites des diverses charrues concourantes; 2° de comparer les araires aux charrues à avant-train; 3° enfin, de juger quelle est celle des charrues la plus propre à tous labours. Les constructeurs de charrues étaient seuls admis.

Le comité de direction du concours a justement compris qu'il ne fallait pas laisser les juges, quelque compétents qu'ils pussent être, libres de décider à leur gré, sans règle ni méthode, des mérites des charrues concourantes. En conséquence, il invita le jury à diriger toute son attention sur les points suivants :

1° La facilité de traction ;

2° La facilité de conduite pour le laboureur ;

3° La propreté de marche dans un sol ameubli (nettoyage de la raie).

4° La simplicité de construction unie à l'efficacité et à la facilité de fixation du coutre, des roues, du régulateur, etc.;

° La forme du versoir, au point de vue du renversement de la bande, la plus convenable dans les diverses espèces de sol.

En outre, le travail même devait être jugé aux différents points de vue suivants :

1° La coupe la plus propre par le coutre et par le soc:

2° Le meilleur renversement de la bande eu égard à sa forme et à la compacité du sol ;

3° Le meilleur enfouissement des herbes, ou chaumes ;

4° La raie la plus uniforme ;

5° Le meilleur enrayage ;

6° Le meilleur achèvement du labour.

Nous ferons observer que les deux dernières qualités demandées au labour dépendent plus du laboureur que de la charrue.

La première épreuve de ce concours eut lieu dans une prairie à retourner, parce que ce travail est considéré, en Écosse, comme le plus propre à montrer les qualités d'une charrue; mais le jour suivant les charrues bien notées dans la première épreuve eurent à labourer en travers un champ déjà labouré dans l'hiver précédent.

Le sol de la prairie naturelle à retourner était de ténacité moyenne et uniforme sur une grande épaisseur dans certaines parties; en d'autres le sol était peu profond et reposait sur un sous-sol graveleux ; ces différences furent prises en considération par les juges.

Les charrues concourantes arrivaient à enterrer l'herbe par trois moyens fort différents :

1° En coupant une bande de forme rectangulaire, mais d'une largeur trop grande pour la profondeur, ce qui a l'inconvénient de coucher les bandes trop à plat (ainsi faisaient les charrues à roues de Howard;

2° Par la compression, au moyen d'un versoir convexe, d'une bande légèrement trapézoïdale (charrue de R. Hornsby).

3° Par le renversement d'une bande trapézoïdale irrégulière, telle que la profondeur du côté de la muraille était plus grande qu'à l'extérieur, mais restait jusqu'au milieu de la largeur à peu près la même, ce qui constitue une bande de section irrégulière (A. Gray et J. Finlayson).

Le premier moyen de bien enterrer l'herbe est désapprouvé par le jury, car il met les bandes trop à plat et recouvre de trop peu de terre l'herbe enterrée.

Le second moyen exige une pression considérable pour contenir la bande dans une position convenable de retournement, et souvent dans le cas de sols tenaces, l'élasticité de la bande gazonnée étant supérieure à la première, la bande se redresse après le passage de la charrue et le gazon n'est pas recouvert. Cet effet se produit le lendemain du labour dans le sol labouré par la charrue de Hornsby.

Le troisième moyen, ou le labour à fond de raies plus profond du côté de la muraille, est préféré par les jurés parce que :

1º L'herbe est ainsi plus aisément enterrée; 2º parce qu'il y a plus de compacité et moins de tendance de la part des bandes à s'écarter après avoir été couchées, car la terre des crêtes aiguës des bandes tombe dans les intervalles de ces crêtes; 3º on obtient plus de terre pour le recouvrement quand le semis se fait sur raies, et il faut moins de hersage pour bien recouvrir la graine; 4º de ce qui précède, il résulte une égale levée et une plus prompte et plus uniforme maturation de la récolte.

Mais cette forme de bande ne doit pas être exagérée, car les crêtes trop aiguës ne peuvent supporter le parcours des chevaux et des hommes, et elle n'est excusable que dans le labour de retournement d'une prairie, puisqu'elle laisse une partie du sol non remué.

La bande rectangulaire est avantageuse au point de vue :

1º De l'économie de traction pour chaque mètre cube de terre remué;

2º De la surface de terre exposée aux influences atmosphériques;

3º De la surface labourée dans le même temps, parce que la largeur est plus grande. Du reste, la bande rectangulaire ne l'est jamais en réalité, puisque l'arête de rotation s'émousse pendant le retournement, et pour contre-balancer cet inconvénient, il faut prendre un peu plus de profondeur du côté de la muraille qu'à l'extérieur.

La bande rectangulaire convient mieux peut-être lorsqu'on sème au semoir mécanique ou quand le sol est très-friable et le gazon mou.

Le labour en travers fut fait dans une terre déjà labourée avant les gelées, le sol était très-friable, le nettoyage de la raie fut pris en considération.

Voici le tableau des résultats des essais dynamométriques pour ce labour en travers :

Numéros.	NOMS des CONSTRUCTEURS.	Espèce de charrue.	Longueur de la planche labourée.	Largeur de raie.	Épaisseur de labour.	Forme de la bande.	Sect n de la bande.	Traction des charrues.	Prix des charrues.	Travail mécanique dépensé par mètre cube de terre remué.	Prix à décerner.
4	Andrew Gray...	araire.	6.23	0 208	0.150	»	0.031	122.95	94.50	3966	1er prix
6	J. Finlayson.....	à roues.	6.08	0.209	0.155	»	0.033	147.26	88.20	4460	2e prix
8	Andrew Gray....	araire.	6 08	0.229	0.135	»	0.035	118.47	94.50	3385	5e prix
9	J. et R. Howard..	à roues.	5.93	0.229	0 153	»	0.035	146.24	110.25	4178	»
17	William Miller.. .	araire.	7.45	0.249	0.156	»	0.039	133.30	94 50	3420	»
20	J. D. Allan.....	à roues.	»	»	»	»	»	133.30	»	»	»
24	R. Hornsby et fils.	id.	6.08	0.216	0.150	»	0.033	126.95	113 40	3847	4e prix.
27	Id.	id.	5.70	0 203	.150	»	0.030	119.85	117.84	3995	3e prix.
30	Id.	araire.	5.70	0 203	.150	»	0.030	120.59	113.40	4000	»

Des chiffres de l'avant-dernière colonne, il résulte que pour retourner un mètre cube de terre de moyenne ténacité en second labour, il faut, suivant les charrues, de 3,400 à 4,600 kilogrammètres environ.

Le jury tenant compte de la perfection du labour fait dans ces essais et de la traction indiquée par le dynamomètre, a donné le 1er prix au nº 4 (A. Gray); le 2e au nº 6; le 3e au nº 27; le 4e au nº 24 et le 5e au nº 8. Il est clair que la perfection du labour a été surtout le critérium.

Telle est la manière de juger les charrues en Écosse : elle est préférable à celles qui sont employées en Angleterre et surtout en France. Mais elle n'est pas encore parfaite comme celle que nous proposons. Aussi le jugement indiqué ci-dessus a-t-il été critiqué par un fermier :

Ce dernier préfère la charrue Hornsby (n° 27), puis Finlayson (n° 6), et classe ainsi les autres : n° 30 (Hornsby); n° 19 (Millar); n° 24 (Hornsby); n° 3 (A. Gray); n° 17 (Millar); et enfin, le n° 4 (A. Gray), et il appuie son jugement sur les considérations suivantes :

1° Il prétend n'avoir jamais vu une planche bien labourée ne pas exiger des chevaux une grande traction, et du laboureur un travail très-fatigant.

C'est suivant nous une erreur. Beaucoup de cultivateurs ne voient à tort dans le labour qu'un bouleversement obtenu par la force brisant la terre devant un versoir mal fait, tandis qu'en bonne pratique ce sont des instruments particuliers et spéciaux qui achèvent l'ameublissement commencé par la charrue et à plus bas prix que ne l'eût fait celle-ci.

2° Le fermier prétend qu'une bande plus épaisse du côté de la muraille assure sa stabilité une fois couchée, non-seulement par la terre qui tombe des crêtes, mais aussi parce que le côté le plus lourd est en dehors.

3° Le versoir *anglais* est supérieur au versoir *écossais*, et le versoir Hornsby est le meilleur, sa forme hélicoïdale allongée offrant peu de résistance.

4° Enfin, la question du choix entre les araires et les charrues à roues lui semble peu importante.

Malgré cette critique du jugement rapporté ci-dessus, on doit féliciter les juges écossais de leur manière de juger : nous n'y trouvons à reprendre que l'absence de la notation chiffrée, du moment qu'on admet que les charrues à juger doivent être propres à tous les labours.

Dans la manière de procéder du jury de Strathord, il y a tous les éléments d'un bon jugement : examen détaillé du travail fait, détermination de la traction exigée, prise en considération du prix de la charrue et probablement aussi de la construction même de l'instrument. Ce qui manque, c'est la coordination de ces éléments, d'après un principe qui permette de les *peser* et par suite de les classer suivant leur importance. C'est ce qui a manqué jusqu'ici partout, et c'est pourquoi nous avons essayé de combler cette lacune.

Principe de notre mode de jugement des charrues. En 1857[1] nous écrivions : « Il est évident que la meilleure charrue sera celle qui, dans des circonstances données, effectuera *le labour demandé au meilleur marché possible.*

On ne doit pas en effet comparer des charrues qui ne seraient pas destinées à faire le même genre de labour dans une même nature de terre. Bien que s'appliquant à la rigueur aux charrues dites *à tous labours,* notre méthode suppose en premier lieu une classification des charrues, admise déjà en Angleterre et dans le concours universel de Paris de 1856, et dans le concours général de la même ville en 1860.

Il faut aussi que la charrue essayée soit propre au labour pour lequel elle concourt : c'est-à-dire que l'on ne peut comparer que des charrues capables d'atteindre la profondeur voulue et de renverser convenablement les bandes de terre en les laissant intactes, ou, ce qui peut être préféré parfois, en les rompant en mottes régulières et bien uniformément renversées. Toute charrue ne pouvant atteindre la profondeur exigée ou renverser convenablement les bandes de terre, etc., etc.. doit, après un premier essai, être éliminée.

Enfin, si la charrue a remplacé la bêche, c'est parce que le labour d'un

---

1. *Génie rural,* t. I, page 39.

hectare coûte moins par la *machine* que par l'*outil*; il doit en être de même
pour les charrues comparées entre elles : parmi les charrues exécutant bien
le labour demandé, la meilleure sera (et tout le monde s'accordera en ceci)
celle qui fera l'hectare de labour au moindre prix de revient. Nous avons donc
à étudier complétement les *éléments* du prix de revient du labour d'un hectare.

Ces éléments sont : 1º le temps employé par l'attelage et le laboureur qui le
conduit, et le prix de revient réel de ce temps; 2º l'intérêt, l'amortissement
et l'entretien de la charrue, rapportés à un hectare de labour.

Le prix de revient de la journée d'un laboureur varie suivant les *gages* et le
prix des diverses denrées. Nous donnons ici, *pour servir de cadre*, le détail du
prix de revient de la journée d'un charretier dans Seine-et-Oise. Si les denrées
devaient rester au prix actuel, les chiffres ci-dessous seraient un peu faibles;
mais nous les conservons comme une moyenne applicable à un assez grand
nombre de départements (année moyenne).

Gages par année..			380f.00
Nourriture : Porc salé : 52 kil., à 0 fr. 77 le kilog......	40f.04		
—	Mouton et bœuf : 26 kil., à 1 fr.................	26.00		
—	Pain : 300 kil. de 2e qualité, à 0 fr. 24..............	72.00		
—	Pommes de terre : 50 litres, à 2 fr. 20 l'hectolitre.....	1.10		
—	Fromages : 90 bondes, à 0 fr. 10........	9.00		
—	Légumes et fruits, livrés au prix de vente du jardin..	33.00		
—	Œufs : 96 à 4 fr. le cent....................	3.80		
—	Carottes : 30 litres provenant de la grande culture, à 1 fr. les 100 kil................	0.18		
—	Beurre : 1 kil. à 1 fr. 50 le kilog..................	1.50		
—	Lait : 6 litres à 0 fr. 10.........................	0.60		
—	Sel : 12 kilog. pour la salaison de la viande et la consommation en nature............................	2.30		
—	Épiceries diverses................................	2.00		
—	Combustibles : pour la cuisson des aliments..........	8.00		
—	Frais de cuisine : le douzième des gages et de l'entretien d'une cuisinière........................	46.67	246.19	
Boisson : Cidre : 550 litres à 6 fr. l'hectolitre..........	33.00		
—	Vin ; 150 litres à 10 fr. l'hectolitre................	15.00		
—	Eau-de-vie : 1 litre à 1 fr........................	1.00	49f.00	
Éclairage : Éclairage de la cuisine : 200 heures à 0 fr. 10 pour neuf employés, soit pour un...............		2.22	
Médecin : Visites du docteur et médicaments............		5.00	
Logement : Objets de ménage : 30 fr. par tête; intérêt de cette somme, entretien et usure, 25 p. 100.......	7.50		
—	Literie : entretien et usure......................	8.00	15.50	
Blanchissage : Frais de blanchissage.................		15.00	
Frais généraux : Portion des frais qui ne peuvent être attribués à un objet particulier. — Frais imprévus..		21.58	
Intérêt pendant 6 mois des dépenses précédentes........		8.84	
Total général............		744f.33	

Un cinquième du temps du charretier étant employé aux soins des chevaux.
ceux-ci doivent supporter cette dépense de 148 fr. 86. Il reste 595 fr. 86 pour
le prix de revient de 300 journées de travail qu'il est possible d'obtenir en un

an d'un charretier : soit par jour 1 fr. 9862, ou en nombre rond 2 fr., dont plus de moitié pour gages.

Prix de revient de la journée d'un cheval. Dans le même lieu, les dépenses afférentes à un cheval sont les suivantes :

Prix d'achat : 750 fr. pour un cheval de 550 kil. ; intérêt à 5 p. 100................................ 37f.50
— *Amortissement*, risques compris (après déduction de la valeur de l'animal de rebut), en dix ans par annuités, soit 7, 6 p. 100......................... 56.88
— *Écurie* : loyer, assurance et entretien.............. 9.25
— *Maladies* : frais de vétérinaire et de médicaments.... 5.00
— *Harnais* : mobilier et ustensiles d'écurie (108 fr. par cheval) : intérêt, entretien et amortissement 30 %. 32.40
— *Éclairage* de l'écurie............................. 1.50
— *Ferrure*, par abonnement.......................... 18.00   160f.53

Nourriture :

RÉGIME DE LA FIN DU PRINTEMPS : *Vert*, 50k, à 1f. les 100k.   0f.50
—   *Avoine* : 3k,84, à 13f.50   —   0.52
—   *Paille* : 2k, à 2f.00   —   0.04

         61 journées à.......... 1.06   64f.66

RÉGIME D'ÉTÉ ET D'AUTOMNE : *Foin* de prairie artificielle :
        10k, à 5f.50 les 100k........ 0.55
—   *Avoine* : 3k.84, à 13f.50   —   0.52
—   *Paille* : 2k, à 2f.   —   0.04

         153 journées à.......... 1f.11   169.83

RÉGIME D'HIVER ET DE PRINTEMPS : *Foin* de prairie artificielle, 10k, à 5f.50 les 100k.   0f.550
—   *Avoine* : 2k.40, à 13f.50   —   0.220
—   *Carottes* : 3k.7, à 1f.   —   0.037
—   *Paille* : 2k, à 2f.   —   0.040

         151 journées à.......... 0.847   127.90
ou 365 jours à un prix moyen de.......... 0.992   362.39

Litière :

365 jours à 2k. par jour et à 1f. les 100k..........   7.30

Soins :

Une quinzaine du temps d'un charretier (un pour 3 chevaux)................................   49.55

Intérêt :

Pour 6 mois des frais de nourriture et de litière...   9.24
FRAIS GÉNÉRAUX ET IMPRÉVUS.....................   50.19   116.28

         Total............   639f.20
A déduire la valeur du fumier : 6000k, à 8f. les 100k.   48.00

         Total............   591.20

Comme on peut obtenir du cheval 254 journées par an, la journée revient à 2 fr. 32, soit 2 fr. 35 en nombre rond.

Pour labourer un hectare, il faut d'autant plus de temps à un même attelage que la traction exigée par la charrue est plus considérable, ou, si l'on veut que le travail se fasse dans le même temps, il faut un attelage plus nombreux.

La traction qu'exige une charrue est égale à la résultante des résistances que présentent les diverses pièces travaillantes et de conduite. Il est nécessaire, pour rendre aussi précis que possible notre mode de jugement des charrues, de déterminer *a priori* les résistances que chaque pièce doit vaincre.

1° D'après les considérations et les chiffres que nous avons donnés dans l'article CHARRUE de l'*Encyclopédie de l'Agriculteur*, la largeur du labour étant de $0^m.24$ et la profondeur de $0^m.18$, la coupe verticale opérée par le coutre dans le labour d'un hectare en terre moyennement compacte et propre à la culture, présente une surface de 5834 mètres carrés, exigeant chacun un travail moteur de 220 kilogrammètres si le coutre est *mince*, et 300 kilogrammètres si le coutre est *épais*, soit par hectare un travail de 1.283.326 à 1.750.000 kilogrammètres.

2° Quel que soit le rapport entre la profondeur et la largeur du labour, le soc doit couper 10.000 mètres carrés par hectare labouré; le travail nécessaire pour couper un mètre carré est ici plus considérable que dans le cas du coutre agissant sur une terre moins durcie. C'est 250 kilogrammètres pour un soc assez plat, et 400 au moins si le soc est trop raide ou trop étroit :

Soit, par hectare, de 2.500.000 à 4.000.000 de kilogrammètres.

3° La traction exigée par le versoir peut varier de 18 à 25 kilogr. au moins, car nous ne tenons pas compte de la torsion proprement dite, ni de l'adhérence. Le chemin parcouru par le versoir étant de 41.667 mètres dans le labour d'un hectare, le travail moteur nécessaire variera de

750.000 à 1.041.667 kilogrammètres.

4° Lorsque la charrue est parfaitement réglée, elle *traine bien* horizontalement son sep, sans que le laboureur soit forcé de la maintenir par une forte pression sur les marcherons, qui occasionnerait une pression à peu près triple sur le talon et, par suite, augmenterait la résistance à l'avancement du sep. Dans ce cas bien rare (règlement parfait), la traction nécessitée par le sep est d'environ $37^k.50$; mais cette résistance peut s'élever jusqu'à 60 kilogr. pour une charrue d'un règlement peu précis et trop lourde. Le chemin parcouru étant de 41.667 mètres, le travail dépensé par le sep pour chaque hectare labouré varie de

1.562.512 à 2.500.000 kilogrammètres.

En résumé, voici comment se répartit la traction entre les diverses pièces d'un araire :

RÉSISTANCE par hectare labouré due au	TRAVAIL MOTEUR nécessaire avec une charrue.		DIFFÉRENCE absolue en faveur de la meilleure charrue.	DIFFÉRENCE pour cent. de traction totale (bonne charrue).
	Mauvaise.	Très-bonne.		
Coutre........	1.750.000	1.283.326	466.674	7.65
Soc..........	4.000.000	2.500.000	1.500.000	24.59
Versoir.......	1.041.667	750.000	291.667	4.80
Sep..........	2.500.000	1.562.542	937.458	15.35
Totaux....	9.291.667	6.095.868	3.195.799	52.39

Ainsi, entre une très-bonne et une très-médiocre charrue, il peut y avoir une différence de 52.39 pour cent de la traction exigée par la meilleure charrue; les expériences dynamométriques ont même fait reconnaître des différences beaucoup plus fortes (*loc. cit.*); mais nous admettrons celles du tableau, pour deux raisons : 1° parce que les essais dont il s'agit ont pu accuser des différences non dues à la charrue ; et 2° parce que la comparaison dans les concours ne doit pas avoir lieu entre des charrues très-mauvaises et très-bonnes.

Un coutre *mal fait* ou *mal réglé* peut donc augmenter la résistance totale d'une bonne charrue de 7.65 pour cent ; un soc trop *raide*, trop *étroit*, trop *convexe* ou ayant trop d'*embéchage*, de 24.59 pour cent ; un versoir *mal engendré, trop court,* de 4.8 pour cent au moins ; un régulateur trop peu précis, et l'excès de lourdeur de la charrue tout entière, de 15.35 pour cent.

Le temps des chevaux n'est pas entièrement employé au travail utile, c'est-à-dire au labour. Il y a une perte de temps pendant les tournées pour les charrues qui ne versent la terre que d'un seul côté. Cette perte varie avec la longueur des champs, la largeur des planches et la lourdeur de la charrue. Supposons des planches moyennes et dont la longueur soit égale à 2.5 fois la tournée normale d'un attelage de deux chevaux (5 mètres) ou à 12^m.50 ; la tournée moyenne sera au moins de 6^m.30, et si les planches ont une longueur de 100 mètres, il faudra 8 planches pour un hectare de labour ; et le parcours en tournée aura un développement d'au moins 2.650 mètres, avec une traction (très-bonne charrue) d'environ 36 kilogr., ce qui correspond à un travail moteur de 93.600 K G M. Si la charrue étant de trop lourde traction, l'attelage a dû être porté à trois chevaux, la tournée est alors plus difficile et la traction plus grande et égale à 60 kilogr. environ; ce qui donne un travail résistant de 156.000 kilogrammètres.

Ces chiffres établis, nous pouvons déterminer le nombre de journées nécessaires pour faire un hectare de labour avec une bonne et une mauvaise charrue.

DIFFÉRENTS TRAVAUX.	TRÈS-BONNE CHARRUE.	TRÈS-MÉDIOCRE CHARRUE.
Travail dépensé pour l'aller et le retour.	Pour mémoire.	Pour mémoire.
Travail pendant les tournées...........	111.300^{kgm}	185.500^{kgm}
Travail de *découpage* et de retournement des bandes....................	6 695.868	9.291.667
Totaux..........	6.705.168	9.477.167

Or, un cheval moyen pouvant donner un travail moteur de 1.829.000 kilogrammètres chaque jour, sans excéder sa puissance et sans altérer sa constitution (s'il est convenablement nourri), il faudra, pour effectuer un hectare de labour, 1 journée 696 avec la meilleure charrue à deux chevaux, et 1 journée 727 de trois chevaux avec une très-médiocre charrue.

Nous n'avons pu apprécier la perte de travail moteur dans l'aller et le retour aux champs, car cette perte dépend de la distance à parcourir. On peut toutefois, sans s'écarter beaucoup de la vérité, l'estimer à 50,000 kilogrammètres au moins.

Ce qui nous permet d'admettre qu'avec une très-bonne charrue à deux chevaux on peut faire 50 ares par jour, et qu'avec une médiocre il faut 3 chevaux pour faire 45 ares seulement par jour.

L'intérêt du prix d'achat doit être compté dans le prix de revient ; mais c'est une dépense bien peu importante. En effet, une très-bonne charrue exigeant deux chevaux, dans les 127 journées disponibles en un an pour le labour (les 127 autres journées des chevaux étant occupées en façons diverses et surtout en transports), peut labourer 63 hectares 50 ; il n'y aurait donc qu'un intérêt de 3 fr. (le 5 pour cent de 60 fr.), pour ces 63 H A 50, ou par hectare de labour 0^f.0472.

La surface (labourée une fois et demie en moyenne) est donc de 42 hectares de terre en labour pour une très-bonne charrue ou de 21 hectares de terre arable par cheval entretenu si l'assolement est alterne.

Avec une très-médiocre charrue, lourde, coûteuse (100 fr.), 3 chevaux, dans 127 journées disponibles en un an pour le labour, façonneront 57.15 hectares, ce qui donne un intérêt de 5 fr. pour 57 hectares, ou par hectare 0f.0872. Ce serait en ce cas 3 chevaux pour le labour et 2 pour les transports, pour faire un labour et demi sur deux fois 38 hectares, ou un cheval entretenu pour 15 hectares 2.

Ces deux chiffres, déterminés par le raisonnement, s'accordent avec ceux de la pratique.

La durée d'une charrue n'est pas facile à déterminer. Cet instrument est quelque peu analogue au couteau de *Jeannot*. On le répare successivement dans chacune de ses parties, et bien qu'après un certain temps, il ne reste peut-être rien des pièces primitives, c'est toujours la même charrue. Toutefois on peut distinguer, en premier lieu, les pièces fatiguant très-peu, comme les marcherons, l'âge, les étançons, le régulateur, etc, etc., qui ont une durée assez longue et d'au moins 8 à 14 ans suivant la bonté de la construction, ce qui, pour l'amortissement, exige une annuité de 5 à 10 pour cent. Les autres pièces, soc, coutre et versoir, sont plus rapidement usées ou plus souvent remplacées.

L'entretien d'une charrue est aussi un élément du prix de revient d'un hectare de labour, et il varie énormément suivant la nature du terrain. En certains sols siliceux un soc neuf peut être usé dans une journée ; dans les terres calcaires ou argilo-calcaires, plus difficiles à labourer pourtant, l'entretien peut se réduire à deux socs au plus par an et quelques rebattages de cette pièce, quelques réparations au coutre, quelques talons de sep et enfin quelques petits boulons faussés. Nous croyons pouvoir estimer l'entretien d'une charrue à 20 ou 30 pour cent du prix d'achat de l'instrument, en admettant qu'en sol siliceux on emploiera des socs en fonte durcie d'une durée beaucoup plus grande que les socs en fer aciéré [1].

Voici, d'après ces explications nécessaires, le sous-détail du prix de revient d'un hectare de premier labour en terre de moyenne consistance, avec une bonne charrue attelée de 2 chevaux et une très-médiocre conduite par 3 chevaux.

	Très-bonne charrue.	Très-médiocre charrue.	Différence.
	fr.	fr.	fr.
Chevaux : Deux chevaux pouvant faire 50 ares par jour, ou trois faisant 45 ares. Soit, par hectare, de 4 à 6 67 journées d'un cheval à 2 fr. 35.	9.400	15.670	6.270
Charretier : Pour un hectare, il faudra de 2 à 2.22 journées d'un charretier à 2 fr.	4.000	4.440	0.440
Intérêt : 5 % de 60 fr. pour 42 hectares 3 labourés une fois et demie avec une très-bonne charrue, soit, par hectare de labour.	0.047	»	»
ou 5 % de 100 fr. pour 38 hectares labourés une fois et demie, avec une très-médiocre charrue, soit, par hectare.	»	0.088	0.041
Amortissement : 5 à 10 % de 60 ou 100 francs dans les mêmes relations que ci-dessus.	0.047	0.176	0.129
Entretien : De 20 à 30 % de 60 ou 100 francs, dans les mêmes relations que ci-dessus.	0.189	0.526	0.337
Totaux	13.683	20.900	7.217

1. D'un rapport d'une *commission agricole anglaise*, en 1833, il résulte que le *cheptel mort* composé principalement d'instruments, de véhicules et de machines, était à cette époque de 110 fr. par hectare, et que l'usure (amortissement) et entretien était de 27 fr. 41

Des pages arides qui précèdent nous pouvons donc tirer un grand enseignement, et nous voudrions que tous les cultivateurs l'aient sans cesse présent à l'esprit.

L'emploi d'une très-bonne charrue peut économiser 7 fr. 22 par hectare labouré.

Ce chiffre nous servira de base pour le jugement des charrues exposées. En effet, si nous convenons que 100 *points* seront donnés à la charrue parfaite et 0 à la plus mauvaise, il faut que chaque *point* accordé à une charrue concourante soit justifié par une qualité donnant 0f.072 d'économie par hectare de labour.

Or, l'économie de traction fait gagner à elle seule 6 fr. 71 (chevaux et charretier), elle doit donc compter pour 92 *points* au moins sur 100.

La solidité de construction, la facilité d'entretien pouvant procurer une économie d'environ 0 fr. 28 peuvent être représentées par 4 *points*.

Le bas prix, la simplicité diminuant l'intérêt, l'amortissement et l'entretien, économisent environ la même somme, ils peuvent donc aussi être représentés par 4 *points*.

Si l'on suppose que, dans les deux cas, la charrue n'est traînée que par deux chevaux, on arrive à une répartition identique à moins d'un *point* près, c'està-dire à 92 seulement pour la traction.

Ainsi, la perfection, au point de vue de la traction, mérite 92 points sur 100; la perfection, au point de vue de la solidité, de la construction, de l'entretien et du bas prix, 8 points seulement. Si l'on appliquait, sans observation préalable, les chiffres précédents, il est clair que la charrue exigeant le moins de traction serait presque toujours primée; car, même très-mal construite, elle pourrait obtenir plus de points qu'une autre charrue très-bien construite, trèssolide, mais un peu moins légère de traction. Pour éviter toute erreur dans les appréciations, voici comment, suivant nous, il convient de procéder :

1re Épreuve. Le jury parcourra les rangs de charrues et éliminera toutes celles présentant *évidemment* des pièces travaillantes de mauvaise forme, en règlement incomplet ou trop peu précis, ou qui seraient trop mal construites pour résister aux efforts des chevaux. Ce premier triage doit être fait à une forte majorité, aux deux tiers des voix par exemple, ou mieux à l'unanimité.

Les indices permettant d'éliminer sans remords une charrue, sont :

Au point de vue du bon travail et de l'économie de traction pour premier labour :

1° Un coutre trop épais au dos, difficile à régler de position;

2° Un soc trop raide ou trop étroit, mal raccordé avec la surface du versoir, coûteux à remplacer;

3° Un versoir n'ayant qu'une courbure irrégulière, une trop faible longueur, une oreille tronquée, une tendance à pousser et comprimer fortement la terre au lieu de la retourner;

4° Le manque d'étendue et de précision du régulateur, son manque de fixité : la difficulté de mesurer ou apprécier le règlement, l'impossibilité d'assurer l'horizontalité du sep, au fur et à mesure de son usure au talon et à la pointe.

Au point de vue de la solidité : On éliminera sans crainte toute charrue dont l'age en bois est percé de trous nombreux et dans tous les sens, surtout vers la gorge; dont les assemblages présentent du jeu, ou manquent visiblement de solidité, soit par défaut de précision dans l'ajustement, soit par défaut de ser-

par année (ou 27.16 pour 100). Ce chiffre s'appliquait aux instruments que l'on trouve encore aujourd'hui dans nos fermes ordinaires, n'ayant pas de machines nouvelles, telles que batteuses, faucheuses, semoir, etc., etc., d'un entretien moins coûteux relativement que les charrues. Cette observation justifie donc le chiffre que nous adoptons.

rage ; dont les boulons ne présentent que des filets de vis *bavocheux*, trop raides ; dont les écrous trop plats et non centralement percés ne peuvent donner un bon serrage sans risquer d'être brisés, etc., à moins que sur les deux premiers points de vue (travail et traction) la charrue ne paraisse supérieure.

Au point de vue de la simplicité et du bas prix : Nous avons fait voir d'une manière positive que la complication et le coût d'une charrue n'ont qu'une bien faible importance sur le prix de revient du labour. Toutefois, si aux défauts précédents, quelque peu accusés, s'ajoutent, pour une charrue, le prix élevé et la complication des pièces de règlement, de support ou de conduite, on pourra l'éliminer.

Cette première élimination, si l'on y procède avec patience et si elle est faite par des hommes familiarisés avec les perfectionnements qu'ont subis les diverses parties des charrues depuis une quarantaine d'années, peut permettre la mise hors concours de la moitié environ des charrues.

2e ÉPREUVE. Les charrues restant en concours doivent recevoir une même surface à labourer, d'au moins dix ou douze raies ; elles seront toutes attelées de chevaux très-habitués au labour, et conduites par des hommes habitués aux araires, si les charrues sont sans avant-train, ou réciproquement. Ces hommes prouveront d'abord au jury qu'ils comprennent parfaitement le règlement de la charrue qui leur est confiée ; et rien n'empêche de les stimuler par l'appât d'une récompense si la charrue qu'ils dirigent est primée.

Ces charrues auront à labourer, sans qu'il soit tenu compte du temps ou de la traction nécessaires, une surface assez grande pour que le règlement puisse se faire parfaitement pour la profondeur et la largeur voulue, et qu'il y ait en outre au moins dix bonnes raies à soumettre à l'examen du jury, qui éliminera toutes les charrues ayant fait un mauvais labour.

Pour un premier labour devant exposer aux gelées la plus grande surface et le plus grand volume de terre et enfouir le plus grand cube d'air, on admet généralement que les bandes doivent être couchées sous un angle de 45 degrés, ce qui exige que la largeur soit à la profondeur comme 1.424 est à l'unité.

Toutefois, on peut s'éloigner notablement, en dessus ou en dessous, de ce rapport mathématique, sans que le labour soit sensiblement inférieur comme bon effet : ainsi en certains cas, pour premier labour, il peut être plus convenable de prendre une largeur égale à *une fois et demie* la profondeur. On couche alors mieux les bandes, si la terre est gazonnée ou en chaume, et le travail dépensé par hectare est moindre.

Le jury aura donc à éliminer toutes les charrues qui n'auront pu donner un labour de profondeur et de largeur bien uniformes, dont les bandes ne seraient pas bien régulièrement couchées ; si les bandes ne restent pas intactes, les mottes produites doivent être en lignes parfaitement droites et également bien retournées ; si le fond de la raie n'est pas net, bien plan et bien nettoyé, c'est le plus souvent un indice de malfaçon dû à la charrue, soit à un soc trop raide et trop étroit, soit à l'insuffisance de précision dans le régulateur ; la face verticale de la raie ouverte doit être bien plane, mais non comprimée. Le fond des raies ne doit pas former transversalement une crémaillère sensible.

Pour juger de la coupe horizontale, il sera le plus souvent nécessaire d'ouvrir (perpendiculairement à la longueur des bandes de terre) un fossé de quelques décimètres de largeur, dont le fond soit formé par le fond même des raies ; ce fossé doit être ouvert en déblayant avec un petit râble de bois très-léger et non coupant.

La qualité la plus à rechercher dans le labour, c'est l'uniformité de profondeur, et à très-peu près au même rang l'égalité de largeur des bandes, car sans cette double uniformité on ne peut obtenir un retournement régulier du sol ; les travaux mécaniques ultérieurs se font aussi d'autant mieux que le labour a été plus régulier dans ses dimensions.

La netteté du fond des raies indique le plus souvent une marche régulière de la charrue.

Ces observations nous paraissent suffisantes pour mener à bien la seconde épreuve, qui peut permettre d'éliminer encore la moitié des charrues concourantes, ce qui doit se faire à l'unanimité.

3e ÉPREUVE. Les charrues conservées continueront à labourer, mais après l'application d'un dynamomètre, et en changeant un peu le règlement, car l'addition du dynamomètre, en allongeant et chargeant un peu les traits, et augmentant la traction, peut changer la tendance à l'enrure, ce qui nécessite un nouveau règlement, que l'on fera en continuant à labourer sans que le dynamomètre enregistre la traction. Une fois bien réglé, le dynamomètre est embrayé et enregistre la traction, à l'aide d'un crayon traçant une courbe sur un papier se déroulant d'un mouvement, ayant une relation directe avec l'avancement de la charrue ; de façon que les *abscisses* de la courbe représentent, à une échelle donnée, le *chemin* parcouru, et les *ordonnées*, la *traction* à chaque instant ; alors, la surface comprise entre la courbe et l'axe des abscisses représente le travail dépensé.

On mesurera très-exactement les profondeur et largeur moyennes obtenues, et la charrue la meilleure sera celle qui dépensera le moins de travail moteur par décimètre carré de section de bande, ou par mètre cube remué.

Par cette épreuve dynamométrique, il suffira que chaque charrue fasse deux ou trois raies de 50 à 60 mètres de longueur.

Le calcul des courbes dynamométriques devrait se faire séance tenante, pour ne laisser aucun doute sur les résultats.

Nous avons imaginé de remplacer le papier se déroulant par une plaque de cuivre, sur laquelle une pointe d'acier trace la courbe. La planche gravée peut donner des épreuves en très-grand nombre, ce qui permet de conserver et de publier les bases du jugement ; nous reparlerons en son temps de ce nouveau dynamomètre, exposé dans le pavillon consacré spécialement à l'École impériale d'agriculture de Grignon.

Dans ces essais il serait bon, à titre d'utile renseignement, de mesurer la vitesse de l'attelage, qui doit marcher autant que possible sans le stimulant du fouet.

La traction qu'exige un mètre cube remué variant avec la nature et l'état des terres, la profondeur atteinte, etc., nous ne pourrions donc pas indiquer exactement ce que doit exiger une bonne charrue.

Approximativement, nous pouvons admettre que la charrue qui n'aura exigé que 170 kil. pour une bande de 0^m.175 de profondeur et 0^m.24 de largeur, en terre de moyenne compacité, est une très-bonne charrue à ce point de vue : elle n'exigera que deux chevaux moyens, pouvant marcher avec la vitesse la plus convenable, ou à raison de 0^m.8 par seconde.

La charrue très-médiocre exigera 260 kil. dans les mêmes conditions, traction trop forte pour deux chevaux, qui ne pourraient prendre qu'une vitesse de 0^m.52 environ.

Entre ces deux nombres approximatifs, la différence est de 90 kil., représentés par 92 *points*. Donc on peut dire à peu près que chaque charrue recevra autant de *points* pour la troisième épreuve qu'elle économisera de *kilogrammètres* de traction en dessous de 260 kil., considérés comme la plus forte traction que puisse exiger une charrue médiocre.

Nous avons pris comme exemple un sol de consistance moyenne : terre calcaire assez fine, sans pierres, ou une terre franche en bon état de culture.

En sols très-argileux ou d'argile presque pure, la traction de la charrue parfaite serait 315 kil., celle de la charrue médiocre serait de 394 kil., différence de 79 kil., ou un *point* pour 1ᵏ.16 de traction, économisé.

En sols faciles, la traction serait de 125 pour la meilleure charrue, et pour la médiocre 215 kil.; différence de 90 kil. : soit encore un *point* pour 0ᵏ.98 de traction économisée.

En sols très-légers, la traction par la meilleure charrue serait de 68 kil., et celle de la médiocre 140 kilog.; différence, 72 kil., ou un *point* pour une économie de 0ᵏ.8. En moyenne, pour toutes natures de terre, un *point* doit être accordé à la charrue qui économise 1 kil. de traction.

Ces chiffres ne sont que des points de départ que les juges doivent modifier suivant la nature et l'état du sol très-variables. Nous croyons que les détails précédents suffiront à empêcher toute erreur dans le jugement des charrues.

La troisième épreuve peut permettre d'éliminer encore près de la moitié des charrues : il ne reste donc alors que le huitième environ des charrues exposées, soit pour un concours général en France, 8 à 9 charrues environ pour la dernière épreuve.

4ᵉ ÉPREUVE. Elle consistera dans l'examen détaillé des pièces, sous le rapport de leur ajustement, de leur construction, de la facilité des réparations, de l'entretien, du règlement des pièces travaillantes ou de leur remplacement au fur et à mesure de l'usure ; or une charrue use surtout des socs, et ceux-ci surtout vers la pointe ; les pointes mobiles, de bonne forme et bien ajustées et assemblées ; les socs réduits à la moindre épaisseur et au moindre poids possible, faciles à monter et à démonter, n'exigeant qu'un coin ou un boulon pour leur fixation, constituent des qualités de première importance au point de vue de la dernière épreuve. Viennent ensuite les dispositions pour régler l'horizontalité du sep, pour modifier à volonté l'*embéchage* et le *rivotage*, pour régler le coutre ; il peut être avantageux de munir le bas de la gorge du versoir d'une pièce mobile peu coûteuse à remplacer, et augmenter la durée du versoir entier ; il en est de même pour le bord du versoir traînant au fond de la raie.

La précision des ajustages, la qualité et le bon emploi des matériaux pour obtenir un montage facile et un bas prix de vente courante seront aussi pris en considération.

Ce dernier examen exige de la part des jurés la connaissance des matériaux de construction, des modes d'exécution employés dans les ateliers, des difficultés de forgeage, de moulage et de coulage. Un ingénieur mécanicien est indispensable alors.

LES CHARRUES.

Les charrues des diverses catégories étaient très-nombreuses à l'exposition de 1867; mais, disséminées dans le palais, dans toutes les annexes du parc et dans les hangars et rangées de Billancourt, leur étude était excessivement laborieuse; nous ne pouvons donc donner ici, comme nous l'aurions désiré, un tableau complet de ce genre si important d'instruments agricoles; mais cependant nous croyons que les études détachées qui vont suivre présenteront quelque intérêt pour le lecteur. Ne pouvant observer un ordre régulier, nous nous contenterons de dire qu'au point de vue général, il y a peu de nouveautés; mais, dans les détails, beaucoup de bonnes choses sont à noter, et c'est ce que nous avons fait.

Le plus grand nombre des charrues françaises rappelle dans leurs pièces travaillantes la charrue Dombasle; il en est ainsi, par exemple, de la charrue exposée par M. Valk-Virey. La coutrière seule est distincte. (Pl. CXXI, fig. 1.)

La charrue du genre Dombasle, avec avant-train, d'une assez bonne construction, était exposée à Billancourt dans le rang U (55°).

La coutrière, représentée par la fig. 1, est en fer plat, retourné en C sur et, en D, sous l'age (U. 56).

La charrue tourne-oreille du même est très-médiocre.

Un corps de charrue versant à gauche (soc, versoir et étançon) est suspendu et peut être abaissé à volonté, puis fixé pour le travail à l'aide d'un écrou; celui-ci étant desserré, on peut relever le corps de charrue gauche, et c'est alors celui versant à droite qui travaille.

Il faut tourner le coutre chaque fois que le sens de versement est changé.

U. 58. Défonceuse double brabant à bascule de Hublot : il y a deux coutres se suivant pour chaque corps de charrue; un ressort à boudin très-fort pousse le verrou d'arrêt.

Enfin, les roues sont munies d'un racloir à frein (fig. 2) : A, racloir; B, frein ; C, vis qui, tournée dans un sens, serre le racloir ou décrottoir A, et dans l'autre sens fait serrer le frein B, utile pour descendre les côtes.

M. Roucayrols, à Alby (Tarn), exposait une charrue sous-sol à pointe mobile pour bœufs, représentée par la fig. 3.

A. Soc armé de deux coutres ou dents B, pour fendre la terre verticalement.

C. Pointe mobile de soc retenue par un coin D dans l'étançon d'arrière E.

F. Étançon d'avant, aminci pour couper la terre, comme un coutre.

G. Age en bois : une vis règle son inclinaison par rapport à l'age en fer qui continue la gorge F, ce qui permet de régler la profondeur d'enfrure de la charrue.

H. Mancheron.

Charrues tourne-oreilles de M. Boucher. Cet exposant avait, dans le rang U, deux charrues double brabant à bascule d'une belle construction : les versoirs larges et assez bien contournés. Le soc trop prolongé et faisant versoir, suivant l'habitude de beaucoup de constructeurs du Nord, mais très-plat et de bonne forme.

Charrue tourne-oreilles de Véron, de Tarzy (Ardennes), breveté. (Fig. 4, 5, 6, 7 et 8.) Cette charrue était exposée à Billancourt, rang U, n⁰ˢ 19 et 20 (deux exemplaires).

Le versoir, d'une forme rappelant ceux des charrues américaines *tourne-sous-sep*, est très-concave en avant et très-convexe en arrière, pour pouvoir servir tantôt à droite et tantôt à gauche.

Ce double versoir, avec sa pointe et ses ailes de soc, peut tourner autour de l'axe même du sep, et se rabattre à droite ou à gauche. Sur les versoirs, est fixée une pièce I I, qui porte, boulonnée solidement, une patte percée K, dans laquelle passe le bout crochu de la tringle LL, que l'on peut faire tourner à la main; suivant le sens de la rotation, on rabat le corps double à gauche ou à droite.

Une douille M, portant un verrou, descend d'elle-même pour arrêter le mouvement dès que le versoir est dans la position voulue.

Pour changer le coutre de côté, on agit sur le levier B à fourche, qui l'embrasse : on voit dans le plan en X (fig. 6), la forme de ce levier qui tourne autour du point N; le manche du coutre passe dans une mortaise de l'age et ne peut descendre, arrêté qu'il est par la cheville P ; en outre, un coin en bois F permet de placer l'étrier E en fer qui empêche l'age de fendre. Lorsqu'on a tourné le coutre la pointe du côté opposé au versoir, on le retient en place en appuyant l'un des bords tranchants AA en fer, du levier, contre un des crans de la pièce C, vue de face en Y. Cette tourne-oreille est peu recommandable, malgré d'ingénieux détails; ses versoirs sont forcément mal faits.

La charrue Noël rappelle celle de Dombasle dans son ensemble et son avant-train. Seul le régulateur est différent.

Ce régulateur est à deux vis (Billancourt, 16ᵉ du rang V), et représenté fig.

C. Age en bois ; R S, sellette de l'avant-train.

Le crochet D descend lorsque l'on fait tourner la manivelle A de gauche à droite.

La tringle DD de traction se meut suivant la flèche *a*, lorsque l'on fait tourner la manivelle B de gauche à droite ; et réciproquement.

M. Laurent, à Pont-Saint-Pierre (Eure), exposait à Billancourt une charrue à versoir en bronze très-court et très-retourné ou *recoquevillé*, comme dans les charrues usitées dans une partie de la Normandie. Le bronze est employé pour diminuer l'adhérence des terres collantes.

Le support de l'age peut s'élever plus ou moins entre les montants de l'avant-train et est fixé à l'aide de chevilles.

Il y a, en avant du coutre, un second régulateur de largeur.

C'est une charrue assez bien construite, mais qui laisse à désirer dans la forme de ses pièces travaillantes.

Charrue à défoncer de Muray à Varennes (fig. 10).

Son versoir est du genre de celui de la charrue Bonnet.

L'age AB est mobile autour du point B du mancheron C.

En agissant sur l'écrou F, à oreilles, on attire l'avant du corps de charrue ou on le repousse, ce qui déterre ou enterre le soc plus ou moins.

Médiocre instrument, exposé le 3e du rang U, à Billancourt.

Le brabant double de défoncement de M. Delahaye-Tailleur, à Liancourt (Oise), est très-bien exécuté ; ses versoirs soulèvent beaucoup la terre pour la faire foisonner et sont précédés chacun d'un double coutre ; le dernier adhérent au versoir. (Exposée la 48e du rang U, à Billancourt.)

Le même constructeur expose aussi un brabant double, moins fort, muni de *pelloirs*, avec soc américain d'un entretien plus facile et moins coûteux que les socs, adhérents au versoir, de la plupart des brabants doubles; la partie antérieure du versoir, ou la poitrine, est aussi indépendante de la partie postérieure.

Le régulateur de largeur de ces charrues est représenté à peu près par les figures 11 et 12.

Lorsque l'on fait tourner la tête de la vis A emprisonnée en G dans un collier pouvant tourner autour d'un axe vertical, le point B s'éloigne ou se rapproche de C, et par suite la pièce B E tourne autour du point D ; et le bout E du régulateur, où est accrochée la chaîne de tirage, va plus ou moins à droite.

En outre, on complète le règlement en largeur en mettant plus ou moins de rondelles sur la fusée entre l'embase et le moyeu d'une des roues.

Le règlement de la hauteur se fait par une vis de la sellette qui permet d'élever plus ou moins l'avant de l'age.

Il serait bon que le régulateur EE fût muni de deux arrêts (mobiles), pour régler mieux le tirage en hauteur.

La charrue simple exposée par M. Delahaye est munie d'une tringle à verrou entrant dans un des trous d'une plaque placée sur la sellette, de sorte que l'on peut braquer la charrue à volonté.

La sellette est munie d'une vis pour régler la hauteur. Beau versoir; malheureusement le soc est adhérent à la poitrine du versoir (47e, 68e et 30e du rang V, à Billancourt).

Charrues de l'abbé Didelot (52e, 53e 54e et 55e du rang V, à Billancourt). Ces charrues sont surtout remarquables par la génération mathématique de leurs versoirs, d'une perfection tout à fait extraordinaire : ce sont des versoirs hélicoïdaux dans lesquels le mouvement de rotation de la génératrice transversale est un peu accéléré, et que M. l'abbé Didelot a nommés versoirs *agressifs*. Cette disposition est tout à fait rationnelle et utile surtout à l'avant; à l'arrière, le mouvement de la génératrice devient peut-être un peu retardé, ce qui donnerait un versoir *atténué* en ce point.

Les autres détails de la charrue Didelot sont pour la plupart très-recommandables.

Le modèle à age en bois a son régulateur représenté par la fig. 14 en plan et 13 en élévation ; sur l'avant de l'age est une plaque en fonte A dont les rebords sont un peu saillants pour que la bride en fer B frotte énergiquement : en desserrant la vis et tournant convenablement B, on règle la largeur, puis on resserre fortement la vis avec l'écrou à oreilles C.

Au dessous de la bride est articulée, en D, une pièce en équerre DEF dont la branche EF traverse les deux plaques de la bride et est arrêtée à la hauteur voulue par une vis de pression G. La traction se fait par la tringle H. Avec des vis bien faites et des écrous un peu hauts, ce régulateur est solide et, en principe, il est tout à fait précis, ce que négligent trop souvent les constructeurs.

Le modèle de charrue à roues est représenté par la fig. 16 : on voit que l'age est relié à la sellette J par une pièce I qui permet à cet age de tourner autour d'un axe horizontal. On l'arrête, dans la position voulue, en abandonnant à elle-même une tringle portant un verrou à ressort qui pénètre dans le trou le plus voisin de l'arc en fer K, soudé sur la sellette.

Les roues sont indépendantes et peuvent être séparément plus ou moins élevées, comme dans les modèles anglais.

Le modèle de charrue Didelot, en fer, a son age en trousse, très-solide; le reste est identique à l'autre modèle.

Enfin, le même exposant présentait une charrue à age et versoir en bois, avec un règlement de roue tout particulier, peut-être un peu difficile d'exécution; il est représenté par la fig. 16 : après avoir ôté le verrou A, on tourne l'axe denté, solidaire avec la roue, et on laisse retomber le verrou à ressort A, qui s'arrête dans le 1er cran qui se présente.

Le régulateur est vu en élévation fig. 17 et en plan fig. 18.

Une bride en fer B B peut tourner autour du boulon C; après l'avoir tourné, pour régler la largeur, on l'arrête dans la position voulue par la cheville A qui, mise dans un des *trois* trous percés dans l'age, permet six positions distinctes de la ligne de traction.

Pour la hauteur, une tringle D glisse dans la mortaise de la bride, et est retenue par la pression d'un anneau à vis E que l'écrou F permet de serrer énergiquement.

Charrue quadrisoc de Breduilliard (fig. 20). Cet instrument est employé très-avantageusement pour les déchaumages et les seconds labours d'ameublissement, surtout dans les terres faciles à travailler.

AAAA. Quatre petits corps de charrue en fer fixés sur un age oblique adhèrent au châssis porte-roues.

A l'arrière, sur un arbre horizontal, et à ses extrémités en dehors du châssis, se trouvent deux roues C dont l'axe est à l'extrémité d'un bras D. Lorsqu'on abaisse le bras D, les roues C pressent sur le sol, qui réagit et force le châssis à s'élever de l'arrière ; en même temps la tringle F tire sur la partie G du levier d'équerre GH, qui par son bras A et sa bielle I soulève l'avant du châssis d'une hauteur égale à celle dont l'arrière a été soulevé.

Les deux petites roues antérieures forment tourniquet; un arc BM percé de trous passe dans une mortaise du levier E, de sorte qu'avec une cheville B on peut limiter la descente du châssis et par suite l'entrure des quatre charrues.

Cet instrument est très-recommandable.

M. Fondeur exposait (30, 31 et 32 du rang U, à Billancourt) trois charrues du genre *double brabant* à bascule, dont il est l'inventeur, d'une bonne exécution, mais ne présentant rien de nouveau : la petite coûte 220 francs, la moyenne 249 fr. 20 et la grande, défonceuse à coutres doubles se suivant (le dernier adhérent au soc), environ 400 fr. Ces charrues étaient accompagnées de deux traîneaux à roulettes, servant à leur transport sur les chemins.

Charrue décavaillonneuse de M. Paris (Armand). (Fig. 21.)

Cette charrue était exposée à Billancourt, la 5e du rang V.

C'est une charrue vigneronne destinée à enlever le *cavaillon* (en français *cavalier*) de terre que les charrues vigneronnes laissent sur la ligne même des ceps et entre eux.

La main de l'homme est nécessaire pour faire ce travail; M. Paris a établi la charrue représentée par la figure pour supprimer cette dernière main-d'œuvre.

Dès que la charrue rencontre le cep A, la charnière D, formée par les pièces B et C, s'ouvre suivant la flèche A.

Le petit soc à coutre adhérent E solidaire avec la pièce C rentre en dedans de la charrue en tournant à peu près autour du point F.

Ce petit soc *décavaillonneur* peut donc franchir le cep sans le toucher; dès que le pied de vigne est passé, le ressort GG ramène le petit soc E pour travailler de nouveau sur la ligne même des ceps.

Le ressort H rabat le cavaillon que le soc E dans le passage précédent a ameubli.

Ainsi, en principe, la charrue vigneronne est munie d'un soc décavaillonneur que des ressorts tiennent en travail sur la ligne des ceps, et qui s'écarte de ceux-ci dès que la charnière D rencontre un de ces ceps.

Le moindre choc de B en D fait plier la charnière D et rentrer E dans la charrue; mais dès que le choc a cessé, le soc E revient en travail par suite de l'action du ressort GG.

M. *Espérandieu*, de Senas, exposait à Billancourt (17e du rang V), une charrue à deux corps: le premier pour labour ordinaire, et le suivant fait comme celui de la charrue *Bonnet*, pour enlever le sous-sol et le rejeter par-dessus la première bande; une vis traversant l'age permet de régler la hauteur du premier corps; il y a un versoir de rechange. Instrument assez médiocre.

Charrue exposée par le Comice agricole de Vogherra. (Fig. 22 et 23, pl. CXXII.)

C'est le vieil araire romain, muni d'un versoir en bois massif ayant une arête saillante A. (17e du rang V, à Billancourt.)

Le même comice expose un butteur à soc très-plat, se fixant par une douille ou souche en fer sur l'avant du sep (18e du rang V).

La charrue Tomasselli (Jacques), de Crémone, que représentent les quatre figures 24, 25, 26 et 27, est remarquable. Son versoir paraît être d'une forme intermédiaire entre ceux des charrues Howard et Dombasle; les génératrices transversales sont seulement un peu convexes.

Le soc est encore du vieux modèle, à souche en fer, lourd et coûteux de remplacement.

Le coutre est une lame d'acier adhérente au soc et boulonnée sur l'étançon d'avant.

Le mancheron sert d'étançon d'arrière, et, comme il passe dans une rainure de l'age plus large qu'il n'est épais, l'age peut tourner un peu par rapport au sep et dans le plan horizontal; il en résulte que l'avant de l'age va plus ou moins à droite lorsque l'on tourne la vis G. (Voir les trois figures de détail.) Cette charrue était exposée à Billancourt la 15e du rang V.

Le régulateur de hauteur de cette charrue n'a que trois crans.

Une autre charrue du même exposant a les mêmes formes d'ensemble; elle n'a qu'un mancheron terminé par un œil. Le régulateur de largeur est un arc en bois percé de trous et adhérent à l'age. Le soc est très-plat; mais assez mal raccordé avec le versoir.

La charrue de Pasqui (Gaëtan), à Forli, paraît être destinée plus spécialement à la culture du houblon. (Fig. 29). Construction assez primitive; roues *charpentées* et non *charronnées* (le 22e instrument du rang V', à Billancourt).

La fig. 30 représente un scarificateur à deux dents de M. Fissoré (T. B.), à Tortone (Alexandrie). Sur une forte planche sont fixées les branches horizontales de deux coutres à col de cygne.

Le même constructeur expose un extirpateur: même forme d'ensemble; les pieds seuls ont des parties plates pour déchaumer.(23ᵉ et 24ᵉ instrument du rang V, à Billancourt.)

Le figure 28 représente un instrument destiné à fendre le sol, exposé par M. Pierre Braccio (?), de Pavie.

Il se compose d'un traîneau en bois à deux patins, armé en son milieu d'une pièce plate en fer aciéré à trois pointes, destinée, pensons-nous, à fendre le sol. (20ᵉ du rang V, à Billancourt.)

La défonceuse Certani, représentée par les figures 31, 32 et 33, est destinée à passer après une charrue ordinaire, pour défoncer le sol à 45 centimètres environ ; elle était exposée à Billancourt la deuxième du rang V'. Elle est construite par Gardini Annibali, et paraît déjà assez répandue ; elle se fait remarquer surtout par ses versoirs, soulevant et retournant la terre enlevée du sol; les sections transversales de ce versoir sont très-*concaves;* le soc est plat; son tranchant, incliné de 45 degrés sur la direction du sep. Le coutre est une lame d'acier fixée en bas contre la pointe du soc et en haut contre la gorge du versoir. Le genre de construction adopté laisse à désirer, mais c'est un instrument approprié aux habitudes locales.

L'araire ou charrue Gardini (fig. 34 et 35), conserve aussi dans son versoir une forme spéciale qu'on retrouve dans quelques parties de la France ; il est replié en dessous à partir de l'arrière du soc jusqu'en B, et cette partie B forme presque un plan vertical incliné un peu sur la direction du plan de la muraille ; la partie supérieure réellement travaillante de ce versoir est à section un peu concave, surtout au milieu de la longueur ; à la fin la concavité a disparu.

Cette charrue est extrêmement forte; le coutre O énorme mais tranchant. L'étançon d'avant est en bois avec vis de serrage P.

Dans le détail de l'avant-train, *a* est un verrou en fer, fixé sur la charrue, qui peut pénétrer dans l'anneau G, de la sellette ; cet anneau est à vis double ; une à oreille H, et l'autre à levier K et *b* ; à l'aide de ces deux vis, on fait hausser ou baisser l'avant de l'age à volonté. Les roues peuvent être plus ou moins élevées séparément ; enfin un régulateur à tringle tournante F et à vis de pression (du même genre que le régulateur à cadran américain tournant de Grignon ou de *Bouscasse*), permet de régler avec une grande précision. Le coutre est retenu par un simple étrier américain.

La construction est bonne et élégante, mais coûteuse de main-d'œuvre.

La charrue Sambuy, pour les labours ordinaires, est restée une des meilleures de l'Italie. Elle diffère peu aujourd'hui du modèle décrit par nous dès 1834 dans notre petit ouvrage de *mécanique agricole,* auquel nous renvoyons.

Les constructeurs belges n'ont pas modifié sensiblement leurs systèmes de charrue; ils restent en retard sur les constructeurs anglais et français.

La charrue Romédienne présente un mancheron dont la hauteur peut être réglée suivant la taille de l'homme, comme le montre la fig. 36 ; A, mancheron, B, age, C, arc en fer fixé sur le mancheron ; une cheville placée dans l'un des deux trous extrêmes permet de faire varier l'inclinaison du mancheron par rapport à l'age. Le sep porte à l'arrière sur le fond de la raie par l'intermédiaire d'une roulette ; le versoir est assez long, mais ne retourne pas assez la bande de terre ; le soc est très-aigu ; le coutre est retenu par un étrier, avec interposition sur l'age d'une plaque à cinq crans permettant de faire varier l'inclinaison du coutre ; le régulateur est à trous pour la hauteur et pour la largeur. — C'est une assez bonne charrue.

Le même constructeur présente un petit trisoc assez bon; les deux ages latéraux en bois peuvent être plus ou moins écartés de celui du milieu, en glissant sur des traverses en fer fixées sur l'age central; des crans permettent de régler exactement l'écartement.

M. Labarre expose une charrue tourne-oreille, ayant quelque analogie avec celle de Véron déjà décrite; pendant qu'un versoir fonctionne, l'autre est en dessous, comme semelle, sans cependant toucher le sous-sol.

Le *pelloir* est double naturellement, et présente sa gauche ou sa droite, au travail, par le mécanisme employé pour régler la largeur (fig. 37). Lorsque l'attelage tire sur le crochet A, celui-ci glisse et vient s'arrêter contre l'arrêt B si la charrue doit verser à droite; en même temps la pince C agit sur la pièce G et fait tourner le petit butteur-pelloir EF autour de son axe vertical D. Le régulateur tout entier tourne autour du centre H. Les versoirs de cette espèce de tourne-oreille ne peuvent avoir la génération mathématique convenable.

Charrues anglaises.

MM. Howard, Ransomes, Hornsby ont conservé leurs bons modèles, trop connus pour être décrits ici. A presque tous les points de vue ce sont les meilleures charrues à recommander.

M. Ransomes a imaginé un nouveau système de tourne-oreille que nous représentons fig. 38 et 39.

Nouvelle charrue tourne-oreille de Ransomes et Sims.

Les labours sont faits en *billons* ou à *plat*: en *billons*, si le champ se trouve, après le labour, divisé par des jauges ou dérayures parallèles plus ou moins écartées; à *plat* s'il n'y a aucune jauge. Lorsque les billons sont étroits, ils sont forcément *bombés* et conservent partout le nom de *billons*; mais s'ils sont larges, c'est-à-dire d'au moins 0,75 à 1,25 fois la tournée normale, qui est de 5 mètres pour charrues à 2 chevaux et 8 m pour charrues à 3 ou 4 chevaux, on les appelle *planches*, et leur bombement est si peu sensible qu'on les considère comme donnant un labour à plat: les plus larges planches ont de 3 à 6 fois la tournée, ou de 20 à 40 mètres; les petites de 5 à 8 seulement.

Le labour réellement à *plat*, c'est-à-dire sans aucune jauge ouverte sur toute l'étendue du champ, est, en terrain naturellement sain, ou drainé, le meilleur labour, puisqu'il ne laisse aucun espace perdu pour la culture, et peut être fait d'épaisseur uniforme partout; mais il ne peut être obtenu qu'à l'aide de charrues versant alternativement la terre à leur droite ou à leur gauche, et nommées tourne-oreilles, parce que leur caractère primitif était un versoir tournant ou se déplaçant.

Le labour à plat, ou sans jauges, n'a pas seulement pour avantage l'épaisseur uniforme de la terre remuée, et l'utilisation de toute la surface du champ, mais encore plusieurs autres qu'il n'est pas inutile de signaler: 1° il rend plus faciles les travaux ultérieurs de hersage, roulage, semis, binages, fauchaisons, râtelage, et transport. Les jauges, ou dérayures, dans un champ, sont en effet des obstacles sérieux à l'emploi des diverses machines agricoles. En second lieu, le labour à plat exige par hectare moins de temps que les planches; le temps perdu en tournées étant le plus court possible avec les bonnes charrues tourne-oreilles, puisque la tournée se fait toujours à zéro, ou tout court.

Ces avantages des tourne-oreilles existent en toutes terres; mais il en est un spécial aux sols montueux; c'est la possibilité de verser constamment la terre vers l'amont du champ, de manière à remonter la terre, que les eaux de pluie tendent à faire descendre. Avec les charrues ne versant la terre que d'un côté, on ne peut y parvenir, à moins que d'avoir un versoir particulier se réglant à chaque raie; et le règlement en largeur doit être modifié, ce qui perd du temps. Cette supériorité des tourne-oreilles, dans les terres en pente, leur a fait donner le nom de *charrues de montagne*; mais elles sont aussi adoptées, avec raison, dans les pays de plaine, où la culture est le mieux entendue; aussi, au risque de nous faire encore appeler *théoricien* par quelques journalistes, nous croyons pouvoir déclarer que la bonne charrue tourne-oreille est la charrue de l'avenir, de la culture améliorée, qui sera forcée d'employer des machines pour tous ses travaux de préparation, d'entretien et de récolte; car, seule, la charrue tourne-oreille laisse le champ dans le meilleur état possible pour le passage des diverses machines; et du reste le labour fait par cette charrue à égalité de profondeur et de largeur, est moins coûteux qu'avec la charrue ordinaire.

En regard de tous ces avantages des tourne-oreilles, il est juste de signaler leurs inconvénients: ils se réduisent à deux, de très-peu d'importance pour les bons systèmes : le prix un peu élevé de l'appareil, et la nécessité d'habituer les deux bêtes de l'attelage à marcher chacune à leur tour dans la raie.

En France, les tourne-oreilles sont employées dans un grand nombre de localités très-bien cultivées : dans l'Aisne, l'Oise, Seine-et-Marne, le Doubs, etc. Les systèmes adoptés sont très-nombreux : mais trois seulement sont recommandables. Le plus récent est celui de la charrue Ransomes et Sims, représentée par les fig. 38 et 39. On peut la considérer comme un très-ingénieux perfectionnement du système connu en France sous le nom de brabant wasse; mais les changements sont tels que l'ensemble de la charrue forme un système nouveau.

La fig. 38 représente la charrue disposée pour travailler en versant la terre à droite; celui des versoirs qui ne fonctionne pas, A, est dissimulé dans la muraille un peu en haut et en arrière de la position qu'il occupera quand il sera en fonction.

L'arbre oblique que peut faire tourner la manivelle F s'articule à son extrémité inférieure avec un pignon conique denté calé sur le bout de l'arbre, presque horizontal, qui porte en avant le soc à double face. En tournant la manivelle F de droite à gauche, on fera passer le soc qui est ici à droite (fig. 38), dans la position symétrique à gauche (fig. 39), où il doit travailler. En même temps le pignon conique B (fig. 39) commande une demi-roue dentée D, fixée des deux bouts à un levier en forme de V à branches égales G, pivotant sur un point fixé de l'étançon et articulé à chacune de ses extrémités avec un versoir; à l'avant un autre levier en forme de V aussi, mais très-ouvert H, et placé un peu plus bas, pivote de même et est aussi articulé des deux bouts aux versoirs, qui sont exclusivement portés sur ces deux leviers, avec lesquels ils forment un double parallélogramme analogue aux règles à parallèles des dessinateurs. Aussi, dès que le pignon agit sur la demi-roue dentée, le versoir de droite marche vers l'arrière en s'élevant un peu, tandis que celui de gauche descend et s'avance jusqu'à butter contre le soc qui vient de s'abattre à gauche. Ainsi, par ce simple et facile mouvement de la manivelle F de droite à gauche, on fait tourner le soc de droite à gauche, et l'on change les versoirs de position. Toutefois, le coutre n'a pas changé de place; or il piquait à gauche (fig. 38), lorsque la terre était versée à droite; il faut actuellement qu'il pique à droite, puisque la terre sera versée à gauche. Pour le placer ainsi, il suffit de soulever le levier C de second genre, qui tourne autour d'un axe vertical à son extrémité D, et qui porte le coutre, et de le placer à gauche.

Le régulateur de largeur est une barre horizontale percée de trous : ? chevilles, symétriquement placées par rapport à l'axe de l'age, limitent la largeur, que la charrue verse à droite ou à gauche, car l'anneau qui précède ce crochet d'attelage peut glisser librement entre ces deux chevilles.

Les roues sont d'égal diamètre et fixées à la hauteur convenable pour la profondeur du labour, sur une barre horizontale ou sellette, sur laquelle l'age est articulé, de manière que la charrue peut être *braquée* des deux côtés à la volonté du laboureur.

Cette charrue n'est pas encore, peut-être, l'idéal des charrues tourne-oreilles mais c'est une des meilleures parmi les systèmes employés aujourd'hui; elle peut être mise au même rang que nos belles charrues double brabant à bascule de l'Aisne, de l'Oise et de la Somme; et même elle est préférable à ces dernières dans les terres en forte pente.

Le brevet est au nom de Skelton; la charrue peut être employée en araire ou avec deux roues, comme sur la figure; sans roues, elle coûte à Londres 162 fr. 50 c., le versoir étant en acier; avec une roue 172 fr.; et avec deux 187 fr. 50.

La douzaine de socs en fonte durcie coûte 12 fr. 50.

Cette charrue est exposée au Champ de Mars, annexe agricole anglaise, et à Billancourt.

La Suisse exposait quelques charrues de très-belle exécution : une tourne-oreille dans le genre de Wilkie entre autres.

La charrue tourne-oreille de M. B. de Beaumont (fig, 40), est un bon modèle du genre de charrue tourne-oreille à rabattement. L'axe de rotation est ici tout en avant ; le dessin représente la charrue versant à gauche du laboureur; si l'on veut la faire verser à droite, il suffit d'agir sur le levier D articulé au dessus de l'axe A dont le bout en crochet entre dans un des trous de la barre E, qui relie les deux versoirs; on rabat le versoir vers la droite : la gorge B tranchante actuellement verticale et servant de coutre se rabat sur le sol et servira de soc, tandis que le soc précédent se mettra vertical et servira de coutre.

Le régulateur C est à trous et supporte la tringle de traction. Cette charrue était exposée à Billancourt, la 12e dans le hangar C.

Charrues vigneronnes (Pl. CXXXIII).

La vigne est un arbuste vivace cultivé en lignes et qui, par suite, doit non-seulement recevoir des façons de sarclage, de binage ou d'ameublissement pendant le cours de la végétation , comme toutes les plantes cultivées en lignes, mais encore des labours proprement dits, des hersages et des roulages. Nous n'avons donc pas à étudier seulement les charrues vigneronnes, mais les herses, les houes, les butteurs propres à travailler entre des lignes de ceps.

Les façons culturales données à la vigne varient naturellement avec les climats, les lieux et la nature des terres ; si le travail est fait à la main, l'ouvrier emploie, suivant les circonstances, la bêche, pour labour plus ou moins profond à mottes retournées; la pioche, la houe fourchue, la houe tranchante, etc.; or, tous ces travaux peuvent être faits par des instruments attelés, connus en principe et qu'il suffit d'adapter aux nécessités de la culture interlinéaire; nous aurons donc des *charrues* vigneronnes, des scarificateurs ou des herses plus ou moins énergiques, des extirpateurs, des houes à socs tranchants; pour rompre les mottes d'une terre tenace, le rouleau Crosskill peut même être nécessaire. Nous allons examiner succinctement ces divers genres d'instruments.

Nécessité de la culture attelée dans les vignes.

Tout en reconnaissant que la culture de la vigne, faite à bras par des ouvriers consciencieux, intéressés aux succès de la récolte, est la plus proche de la perfection, il est impossible de méconnaître que dans une grande partie de nos départements vinicoles la main-d'œuvre fait de plus en plus défaut, même pour les travaux indispensables et malgré le concours temporaire d'ouvriers des départements voisins.

Dans de telles circonstances, il est de toute nécessité de recourir à des instruments de culture traînés par des bœufs ou des chevaux, et la nécessité est d'autant plus impérieuse que la vigne y donne de moins riches produits et qu'elle se développe sur de plus larges surfaces.

Du reste, l'introduction des charrues vigneronnes, des bineuses et butteurs à cheval, etc., ne doit pas être redoutée par les ouvriers ruraux; lorsque les attelages leur enlèveront les travaux fatigants, il leur restera les travaux intelligents destinés à augmenter la quantité et la qualité du produit, travaux à peine entrevus dans la presque généralité des vignobles, par suite de l'impossibilité de les faire actuellement, les travaux indispensables occupant déjà tous les bras disponibles. En outre, l'emploi des chevaux ou des bœufs permettra en tous temps une culture plus complète.

On a souvent avancé contre l'emploi des instruments de culture attelés, qu'il forçait à conduire et tailler la vigne défavorablement, au point de vue du produit. C'est vrai, pour les vieilles charrues vigneronnes, mais les instruments doivent être faits pour la culture, et c'est à l'inventeur à les disposer de façon que rien ne soit changé à la pratique viticole de chaque pays.

Aperçu sur les travaux divers de culture des vignes.

Nous n'avons nul besoin de dire que ces travaux varient beaucoup, suivant les circonstances particulières de pays, de climat, de sol et de produits.

Il faudrait donc examiner ce qui se fait actuellement dans tous les vignobles. Nous ne pouvons, faute d'espace, que jeter un coup d'œil sur les principales localités.

Dans l'état d'extension de la culture de la vigne dans le Médoc, où 30,000 hectares de vigne emploient toute l'année 9,000 vignerons et 9,000 femmes de vignerons, outre 1,500 Pyrénéens qui viennent chaque année à l'époque des rudes travaux de transport et renversement des terres, on ne peut songer à faire cultiver la vigne à la main; c'est à grand'peine si l'on trouve les bras nécessaires à la taille et pour les façons qui suivent la taille. En outre, la vigne est la meilleure culture pour le sol de ce pays. Pour pouvoir cultiver à la charrue, on rabat les branches à fruit sur des lattes transversales, de façon que l'araire sinueux, dont la tige passe obliquement au-dessus des sillons des ceps, ne puisse atteindre ni endommager ceux-ci. La culture à la charrue est une nécessité dans le Médoc.

Le Beaujolais (Rhône, arrondissement de Villefranche) présente un sol granitique schisteux et argileux, sans calcaire dans la moitié de sa superficie et d'alluvion argilo-calcaire dans le reste; le sol est un vaste plan incliné, très-plissé et présentant des successions de mamelons et ravins assez roides. 3 à 4,000 familles de vignerons pour 16 à 20,000 hectares de vignes. D'après M. J. Guyot, on plante la vigne dans des fossés de 50 à 66 centimètres de profondeur creusés dans le sol granitique schisteux ou d'alluvion. Ce travail coûte environ 1,000 francs l'hectare. Le nivellement avec la terre meuble, après le défoncement, coûte 60 fr. seulement. On plante à 0,75 centimètres ou 1 mètre dans le rang et 0,6 centimètres à 0,80 centimètres entre ces lignes, ce qui donne en moyenne 1,361 ceps par hectare. — On plante 7 lignes, puis on laisse un sentier en contre-bas ou un fossé. *On laboure à plat trois fois par saison.*

Un vigneronnage de 4 hectares de vigne, 2 à 4 hectares de pré et parfois 2 à 4 hectares de terre arable (6 à 12 hectares) fait vivre une famille de vignerons, plus un aïeul, un ou deux domestiques et une bergère ou vachère (8 à 10 personnes). On compte encore pour 500 francs de travaux par hectare. Les souches sont basses.

Dans le canton de Vaud, d'après M. G. de Guimps, on cultive à bras et on donne au moins deux labours et souvent trois : le premier de ces labours se fait avant que la vigne ait poussé au commencement du printemps ; on enfouit alors le fumier, et l'on place les échalas : ce premier labour a de 25 à 30 centimètres de profondeur et se fait avec une houe fourchue.

Le second labour se fait avec le même instrument à la fin de mai, ou dans les premiers jours de juin ; c'est plutôt un binage qu'un véritable labour ; il a surtout pour but la destruction des plantes adventices et l'ameublissement du sol.

Enfin, plus tard et avant que les sarments n'aient assez de développement pour gêner le travailleur ou souffrir du passage de ce dernier, on donne souvent un troisième labour, pour déterrer les mauvaises herbes qu'un printemps humide aurait fait pousser ; s'il est nécessaire, cette troisième façon, qui est un sarclage très-peu profond, est suivie d'un second.

Le terrain de ces vignes est argileux ou plutôt argilo-calcaire mêlé d'une assez grande quantité de cailloux roulés : elles auraient besoin de drainage en pierrées.

Dans l'Aunis et la Saintonge, où les façons sont encore le plus souvent faites à la main, mais seront bientôt faites partout par des charrues, suivant M. Guyot, « le premier labour de printemps consiste à *déchausser* en mars toutes les lignes de ceps, et à former, de la terre retirée du pied des ceps, un billon moyen entre les lignes, haut de 0,25 centimètres à 0,30 centimètres. La seconde culture en juin rabat le billon presque à plat ou bien *rechausse* les ceps qui semblent dans ce dernier cas, être placés sur le sommet des billons au lieu d'être dans le fond comme au béchage de mars, et, enfin, la troisième culture en août redéchausse les ceps et reforme les billons intermédiaires à leurs lignes.

« En Aunis, où toute la culture se fait à la main, les billons intermédiaires et parallèles aux lignes de ceps sont en outre croisés par d'autres billons perpendiculaires un peu moins élevés que les premiers, en sorte que chaque cep occupe le fond d'un carré de billons formant une cellule rectangulaire. »

« Dans toute la zone graveleuse du Médoc, écrit M. le comte de La Vergne, la vigne est plantée, taillée et dirigée de manière que le sol puisse être labouré à la charrue tirée par deux chevaux ou des bœufs accouplés au même joug. Ainsi les pieds de vigne y sont disposés en lignes parallèles. Ils sont taillés à deux bras fixés ordinairement à des lattes attachées elles-mêmes horizontalement à des échalas, de sorte que les vignes des *graves* Médocaines se présentent en général en espaliers libres, dont la hauteur au-dessus du sol est de 0,40 centimètres environ.

« La bande de terre comprise entre deux lignes a un mètre de largeur. Elle est labourée à deux traits de charrue, soit qu'on rejette la terre contre les souches, soit qu'il s'agisse de l'en retirer. De mars à septembre, cette bande reçoit quatre façons dont deux chaussent la vigne et deux la déchaussent, ce qui s'appelle, en langage du pays, *abrigua* et *cavaillonna*. Ils sont rares encore les viticulteurs qui font donner des façons d'hiver.

« Les quatre labours ordinaires sont exécutés au moyen de deux charrues qui se ressemblent au premier aspect, parce qu'elles sont composées des mêmes éléments, mais qui diffèrent essentiellement par la disposition de deux d'entre eux et par leur destination. L'une sert à chausser la vigne et l'autre à la déchausser. La première porte le nom de *courbe* et la dernière s'appelle *cabat...* »

De la profondeur des façons culturales de la vigne.

M. Fleury-Lacoste, président de la Société centrale d'agriculture du département de la Savoie[1], a fait dans le *Journal d'Agriculture pratique*, en 1863, une critique assez vive des labours profonds pour la vigne. Il rappelle les conseils des auteurs des traités de viticulture. « Le sol qui nourrit la vigne a besoin, comme tous les terrains auxquels on demande des récoltes, d'être ouvert à l'action fertilisante des agents atmosphériques ; on doit y empêcher le développement des plantes parasites et par suite on recommande en général deux labours principaux. Le premier en février ou mars, le second à la fin du printemps, aussitôt que les bourgeons ont atteint une longueur de 0,5 à 0,6, on dit qu'il ne faut pas faire ces labours trop profonds, pour éviter d'atteindre les principales racines des ceps ; mais on recommande surtout de déchausser le pied des ceps, en ramenant la terre au milieu de l'intervalle qui sépare les lignes. Cette première façon prend alors le nom de *labour de déchaussement*. On explique encore que cette opération de déchaussement a pour résultat *de détruire chaque année les racines superficielles et de forcer les ceps à vivre de leurs racines profondes*, etc. Le second labour prend nécessairement le nom de rechaussement, et a pour effet de détruire les billons formés dans l'intervalle des lignes et de niveler le sol, en rechaussant les ceps, etc.

« Il est évident, dit M. Fleury-Lacoste, que tous les terrains auxquels on demande des récoltes doivent être ouverts à l'action fertilisante des agents atmosphériques, et qu'on doit employer tous les moyens possibles pour empêcher le développement des plantes parasites ! Mais, en ma qualité de vieux vigneron ou praticien........, j'affirme que dans tous les départements du centre, et en général dans tous les climats tempérés, la vigne ne demande que des labours superficiels et des sarclages souvent répétés. Quant à l'époque du premier labour, je conseille de ne le faire que dans le courant du mois de mai, au lieu de l'exécuter en février ou mars, et voici pourquoi : après les pluies d'automne et de l'hiver, le sol est devenu ferme et solide, il est suffisamment tassé pour résister aux pluies qui tombent ordinairement en avril. Ces eaux, souvent très-abondantes, glissent sur cette surface solide et ne peuvent raviner ni entraîner les terres dans les côtes rapides, car il est évident que le ravinage sera toujours moins désastreux sur un terrain solide que sur une terre fraîchement remuée et surtout à une grande profondeur ? Ce premier inconvénient une fois admis, j'arrive au second : le premier labour fait en février ou mars, loin de détruire les plantes parasites, facilite au contraire leur propagation. Ceci est un fait pratique ; j'ai cherché à en découvrir la cause et je crois que ce labour précoce contribue à favoriser la génération des graines répandues sur le sol depuis l'au-

1. **M.** Fleury-Lacoste a publié sur la culture de la vigne un petit traité qui renferme des renseignements précieux. Ce traité, qui fait partie de la *Bibliothèque des professions industrielles et agricoles*, est intitulé : *Guide pratique du vigneron : culture, vendange et vinification*.

tomne et qu'alors ces graines, suffisamment enfouies au moment des premiers beaux jours de printemps, prospèrent et couvrent le sol au moment du second labour.

« Enfin le troisième et dernier inconvénient, c'est que les gelées blanches tardives dans les pays où elles sont à craindre, frappent de préférence les vignes dont la terre a été remuée ; tandis que celles dont le sol est resté ferme et solide en sont pour ainsi dire exemptes. Je conseille donc de ne faire le premier labour qu'après l'époque où les gelées blanches tardives ne sont plus à craindre, c'est-à-dire dans le courant du mois de mai........

« Quant à la profondeur du labour :

« 1° J'ai reconnu que les ceps qui avaient de fortes et grosses racines pivotantes et traçantes, mais peu de petites racines et presque pas de chevelu, c'est-à-dire un chevelu rare et disséminé, avaient une végétation luxuriante, donnaient par conséquent beaucoup de bois, mais peu ou point de fruits ;

« 2° J'ai reconnu que les ceps qui avaient peu de grosses racines pivotantes, beaucoup de petites racines traçantes et un chevelu abondant, non-seulement à une certaine profondeur, mais encore un premier groupe ou cordon de ce chevelu placé de 0^m.08 à 0^m.12 du sol, donnaient un peu moins de bois, mais beaucoup de raisin ;

« 3° Enfin j'ai reconnu que si l'on respecte ce premier groupe de chevelu que je désigne par le nom de *chevelu supérieur*, la coulure était bien moins à craindre et la quantité et la beauté des raisins ne laissaient rien à désirer. »

M. Fleury-Lacoste attribue aux grosses racines surtout la production du bois et on cherche surtout celle des fruits.

Un viticulteur distingué au congrès de 1845, à Lyon, disait :

« Le déchaussement qui se pratique au printemps, lorsque la vigne n'a point encore poussé, sert à débarrasser le cep d'un chevelu qui serait quant à présent inutile et dont l'extirpation concentre la sève dans les racines principales qui ont besoin de fonctionner avec toute leur énergie. Ce chevelu repoussera plus tard avec le second labour ; il s'emparera de cette terre fraîchement remuée à la surface ; mais pour cela même, il n'y aura plus à déchausser de nouveau le cep. *On s'en garde bien; on dérangerait ces nouvelles racines à fruit et les raisins en souffriraient.* Aussi lorsqu'on donne un troisième labour, aux approches de la maturité, a-t-on grand soin de se borner à effleurer la terre, de manière à détruire les herbes sans toucher à *ces précieuses racines* qui sont à peu de profondeur, etc. »

M. Fleury-Lacoste, d'après ces observations, pose en fait comme étant une découverte sienne qu'il faut religieusement conserver le chevelu.

Ainsi M. Fleury-Lacoste, pour le centre et le sud-est de la France, retarde le premier labour jusqu'en mai et n'admet pas de labour profond, si ce n'est pour faire des branches à bois par exception. « Mais, dit M. le baron de Saint-Sand, l'expérience ancienne du sud-ouest de la France prouve qu'un aussi long retard pour la première façon laisse aux herbes le temps de devenir trop fortes, et surtout, sous notre climat souvent sec au printemps, laisse la terre se trop durcir pour qu'on puisse bien la travailler en mai ; déjà même quand le printemps a été très-sec, la seconde façon offre en mai une certaine difficulté ; que serait-ce si la terre n'avait pas été touchée depuis l'année précédente. Quant au peu de profondeur nécessaire pour le labour des vignes, je le comprends dans les terres fortes et compactes, où l'élément argileux, si indispensable aux racines et à la bonne végétation de la vigne, se trouve à la surface, et c'est ainsi que nous ne chaussons pas ni ne *rechaussons*, à proprement dire, nos vignes dans les paluds Bordelais, nous bornant à de simples *sarclages* avec des outils spéciaux de 0 à 0^m.15 de profondeur au plus. Mais dans tous les terrains dont la surface

L'offre que du sable, du caillou, comme surtout dans le Médoc, les racines chevelues de la vigne sont obligées d'aller se nourrir dans le sous-sol plus compacte; il n'y a donc là, tant s'en faut, nul motif de ne pas labourer plus bas, pour ameublir et fertiliser au contact de l'air une plus grande couche de terrain qui, dans ces circonstances, est plus maigre et en a bien plus besoin que dans les paluds. »

Du reste M. Fleury-Lacoste n'est pas absolu dans ses déductions, il admet que la profondeur des labours doit varier avec le climat et le sol. En Savoie, dit-il, « comme dans tout les départements du Centre, le *chevelu supérieur*, celui que j'appelle fructifère, et non pas ces quelques radicelles qui se développent à la surface même du sol et qui sont ordinairement détruites par les froids de l'hiver et les chaleurs de l'été (mais je veux désigner le chevelu qui se développe dans nos climats tempérés de 0^m.08 à 0^m.12 de profondeur) ne peut vivre et végéter dans le département de l'Hérault qu'à 0^m.25 et même 0^m.30 de la surface du sol. Or, le déchaussement qu'on exécute dans ce département est parfaitement rationnel, puisque, par ce moyen, le *chevelu fructifère* qui se trouve à cette profondeur considérable peut jouir de l'action fertilisante des agents atmosphériques. Je puis encore citer le vignoble de l'Ermitage (Drôme), où le chevelu ne peut se développer que de 0^m.30 à 0^m.40 de profondeur, par la raison toute simple que la température, le climat et la nature granitique du sol enlèvent toute espèce d'humidité jusqu'à une grande profondeur... Alors ne devient-il pas évident que le chevelu supérieur, ne pouvant se développer que dans un milieu *chaud et humide*, se trouve naturellement placé à la profondeur indiquée qui est très-souvent de 0^m.30 à 0^m.40. Dans ces conditions de climat, d'exposition et de sol, le déchaussement momentané des ceps, à l'époque des pluies du printemps devient une excellente pratique, car ce *chevelu*, si éloigné de l'action fertilisante des agents atmosphériques, se trouve à même d'en jouir avant l'époque des grandes chaleurs, époque où le rechaussement étant exécuté, le *chevelu* continue à végéter et à prospérer. On voit par ces citations *qu'il n'y a rien d'absolu en agriculture et qu'une opération très-favorable dans le Midi devient désastreuse dans le Centre si cette opération est exécutée de la même manière.*

Charrues vigneronnes proprement dites.

D'après ce qui précède il est assez facile de déterminer les conditions auxquelles doivent satisfaire les charrues à vignes, outre les conditions inhérentes à toutes les charrues.

En premier lieu, elles doivent être légères pour réduire l'attelage au minimum exigé par la profondeur à atteindre, à un seul animal autant que possible.

En second lieu, la charrue à déchausser devant passer la pointe du soc tout près des ceps, il faut que cette pointe ne tende pas à mordre, c'est-à-dire que loin d'avoir du *rivolage*, comme on en donne aux charrues des champs, il faut que la pointe du soc soit rentrée en dedans ou échancrée comme le montrent bien les figures 2, 3, 6 et 9 de la planche CXXXIII. On peut avoir un soc spécial pour déchausser la vigne.

L'age doit être tenu le plus loin possible du plan vertical de la muraille afin de ne pas approcher des sarments.

Enfin, les mancherons doivent être déviés pour la même raison du côté du versoir.

En troisième lieu, la charrue à rechausser qui, le plus souvent, peut être remplacée par un *butteur* à ailes mobiles et réglables, doit avoir pour sa pointe de soc et ses manches une position inverse; c'est-à dire que la pointe doit avoir du rivotage pour tendre à mordre vers le milieu de l'intervalle de deux lignes de ceps et que les manches doivent être poussés un peu du côté opposé au versoir.

Lorsque la même charrue doit servir à déchausser et rechausser la vigne, il faut donc, comme on le voit figures 3 et 4, que le soc soit changé pour ces deux travaux, et que les mancherons puissent être placés à droite ou à gauche.

Charrues à vigne de M. Moreau-Chaumier.

La nouvelle charrue vigneronne de M. Moreau-Chaumier, exposée à Billancourt, diffère du précédent modèle, surtout par l'addition d'un double régulateur placé à l'arrière, au bas des mancherons, et qui permet au laboureur de régler l'age de sa charrue de droite à gauche ou de gauche à droite sans quitter la place qu'il occupe.

La monture de cette charrue est toute en fer et le versoir en acier; elle est ainsi plus solide et plus légère qu'en fonte et fer; elle peut être traînée par un seul cheval ou un bœuf, et, en terre facile, par un âne.

Elle est représentée en perspective, figure 1, en déchausseuse, et figure 2, en rechausseuse; la figure 5 donne le détail du règlement de la hauteur et de la largeur.

Les supports A A B sont fixés sur le cep. Le support C sur l'age; la vis fixe à manivelle D a pour écrou la pièce C. Donc, en faisant tourner la manivelle, l'arrière de l'age est attiré vers la droite ou poussé vers la gauche, ce qui porte l'avant à gauche ou à droite; l'age tourne autour du boulon vertical E. Cette manœuvre suffit pour régler la largeur et disposer ainsi la charrue pour déchausser ou rechausser.

Pour régler l'entrure de la charrue on agit sur le levier G qui passe entre les manches.

En appuyant sur le levier accessoire G, qui tourne autour du point H, on aplatit un ressort J et la cheville I s'échappe du trou de l'arc K; en même temps, sans lâcher ce levier G, on fait marcher le levier F de haut en bas ou réciproquement; il baisse alors autour du boulon L et l'avant de ce levier qui forme l'age antérieur s'élève ou s'abaisse. La roulette de support peut être aussi plus ou moins élevée ainsi que le crochet d'attache du palonnier en M. Le sep est mobile autour d'un boulon vertical placé à l'avant et son arrière armé de crans peut être poussé plus ou moins à gauche, la cheville d'arrêt qui traverse l'étançon étant placé sous l'un des crans du cep.

Le modèle représenté par les figures 1, 2, 3 n'a pas ce régulateur de hauteur.

L'ancien modèle de M. Moreau-Chaumier est vu, figure 4, avec une flèche pour deux bœufs; les deux arcs régulateurs C et D, percés de trous, permettent de faire passer l'age ou flèche plus ou moins à droite ou à gauche, ainsi que les mancherons, ce qui règle la charrue pour déchausser ou rechausser. Au lieu de flèche à bœuf, on peut mettre une limonière pour un cheval.

4° Charrue de A. Paris.

Cette charrue, destinée à déchausser la vigne, est vue avec le limon d'attelage, figure 6; en élévation, figure 7, et en détail, figures 8 et 21 de la planche LXXII.

On voit que la pointe du soc est rentrée à l'intérieur pour ne pas accrocher les souches; le régulateur est à tringle.

Toute en fer, elle est remarquablement légère; aussi peut-elle être traînée par un cheval ou un bœuf, elle peut être employée même dans les vignes irrégulièrement plantées.

Son soc déchausseur peut passer sous le cep de la vigne à 18 centimètres de profondeur sans faire le moindre dommage aux bourgeons.

Cette charrue est employée après que le butteur a chaussé les lignes de ceps ; elle a pour effet de déchausser ces ceps et de rejeter la terre dans le sillon qui avait été auparavant creusé par le butteur.

Butteur et bineur se peuvent mettre sur l'age de cette charrue.

Charrue Renault-Gouin.

La charrue vigneronne de M. Renault-Gouin est représentée par les figures 9, 10 et 11, en *déchausseuse*, avec soc à pointe rentrée, en rechausseuse avec age rentré ou avec age sorti vers la gauche (11) ; on voit que les manches sont poussés à droite dans le premier cas, à gauche dans le deuxième cas et au centre dans le troisième ; le régulateur est mis aussi respectivement à droite, à gauche ou au centre.

C'est un bon type de charrue vigneronne simple.

Elle peut être traînée par un seul cheval et peut faire autant de besogne que vingt vignerons. Ses mancherons mobiles sont toujours réglés pour éviter de toucher les sarments. Elle coûte 65 francs.

A Billancourt, un araire souple à vigne, de Rigade, présentait quelques détails d'exécution dignes d'être signalés.

Le règlement de la hauteur d'enrure se fait d'une manière très-précise par une vis de pression A (fig. 13) qui traverse le haut d'un collier D, embrassant l'arrière de l'age, et appuie sur l'étançon B prolongé ; ce qui permet de faire varier l'inclinaison du sep, par rapport à l'age ou perche reposant sur le joug des bœufs.

Le sep à l'arrière est armé d'une roulette en bois E, à ressort F, qui presse contre la muraille (fig. 14) ; une roue à rochet, dont l'axe est muni d'un carré, permet de bander à volonté le ressort ; enfin, un chien ou cliquet à ressort G empêche la roue à rochet de tourner dans le sens de la pression du ressort.

M. Armand Paris exposait aussi, à Billancourt, un attelage de bœufs à écartement variable, représenté figure 15.

Les pièces de bois A B, portant les jougs, peuvent s'écarter ou se rapprocher dès qu'on a desserré la vis C ; D et D sont des arrêts ; E E des frettes fixées sur les jougs, F des frettes-guides ; lorsque les jougs sont à l'écartement voulu pour les lignes de ceps, on serre fortement la vis C. La flèche d'attelage repose sur le joug et porte en G une petite poulie sur laquelle passe une corde ou chaînette, attachée de chaque bout à un des jougs ; la traction des bœufs est ainsi égalisée.

PRESSES ET PRESSOIRS.

(Planches CXXXI et CXXXII.)

OBSERVATIONS PRÉLIMINAIRES

Nombre d'industries ont besoin d'exercer, sur les matières qu'elles mettent en œuvre, une pression énergique, et se servent, dans ce but, d'appareils mécaniques plus ou moins compliqués, connus sous le nom de *Presses* ou *Pressoirs*. Nous pouvons citer entre autres l'économie domestique, la viticulture, l'huilerie, la sucrerie, la pharmacie, la poterie, etc.

Bien que le problème paraisse général dans son énoncé, — *Exercer une pression énergique*, — les presses qui doivent le résoudre ne peuvent être faites sur un modèle uniforme ; en effet, si l'obtention d'une forte pression est le but général, il faut, *première distinction*, que cette pression atteigne par unité de surface un certain nombre de kilogrammes dépendant de la matière à presser et de la qualité des produits qu'on veut obtenir.

En second lieu, le chemin parcouru par la pression est en rapport direct avec la compressibilité de la matière.

Enfin, il faut un récepteur particulier pour chaque matière à presser, et, dans quelques cas, des dispositions et même des appareils favorisant l'écoulement des liquides.

En résumé, nous devons, dans l'étude des diverses presses, tenir compte :

1° Du mécanisme de compression au point de vue de la pression qu'il peut donner par unité de surface pressée ou de son efficacité, et au point de vue de l'économie du travail moteur ou de l'effet utile mécanique.

2° De l'étendue de la compression qu'il peut donner.

3° Du récepteur de la matière à comprimer et des moyens de chargement et de déchargement, parfois de l'écoulement des liquides.

En ayant égard aux diverses circonstances qui peuvent se présenter on peut classer ainsi les presses, en excluant toutefois les presses à copier et à imprimer qui forment une classe bien distincte.

Presses pour matières solides	à faible course ..	Presses monétaires.
		Presses à briques, tuiles et poteries.
	à grande course..	Presses à coton et analogues.
		Presses à foin.

Presses pour l'extraction des liquides
$\begin{cases} \text{à faible course . .} & \begin{cases} \text{Presses à huile.} \\ \text{Presses pharmaceutiques.} \end{cases} \\ \text{à moyenne course} & \begin{cases} \text{Presses à pulpe, à tan, etc.} \\ \text{Presses à fromages.} \end{cases} \\ \text{à grande course.} & \begin{cases} \text{Presses à fruit.} \\ \text{Presses à vin et à cidre ou pressoirs.} \end{cases} \end{cases}$

Des mécanismes de compression.

Le moyen primitif employé pour comprimer fut le *chargement direct* de la matière à presser, par des objets lourds, des pierres, des masses métalliques, de l'eau, etc. (fig. 1). Il n'y a point ici d'organes mécaniques, et, par suite, aucune perte de travail moteur.

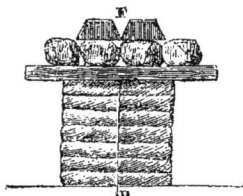

Fig. 1. — Pression directe.

La force motrice F parcourt un chemin C, égal à celui que parcourt la pression P elle-même; il n'y a pas de frottement. On a donc, dans ce cas :

$$F \times C = P \times C \text{ (équation du travail)},$$

d'où $F = P$ (équation d'équilibre des forces).

Mais si ce mode est le plus avantageux au point de vue de l'effet mécanique, il a le grave inconvénient d'être très-limité dans l'intensité de pression qu'il peut donner, et d'exiger relativement beaucoup de temps; enfin, les poids moteurs doivent parfois être apportés d'une certaine distance et élevés d'une certaine hauteur, ce qui diminue beaucoup l'effet utile. Il est encore employé dans quelques cas où la pression nécessaire est assez faible. — dans les fromageries, par exemple.

Le second moyen consiste dans l'emploi d'un levier à l'extrémité duquel sont suspendus les poids moteurs (fig. 2). On peut ainsi, avec peu de charge, exercer sur la matière à comprimer une forte pression, le levier multipliant l'effort

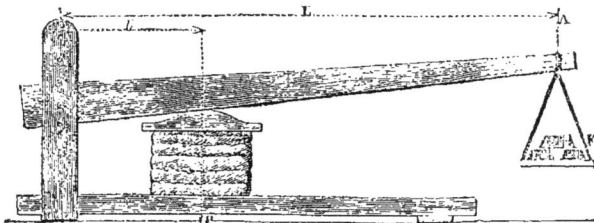

Fig. 2. — Presse à levier simple

moteur par le rapport des bras de levier L et l. Dans ce cas, l'équation du travail est théoriquement, c étant le chemin parcouru par la pression :

$$F \times c \times \frac{L}{l} = P \times c.$$

et celle de l'équation des forces :

$$P = F \times \frac{L}{l}.$$

Pratiquement, il faudrait tenir compte du frottement des tourillons du levier et de celui qui s'exerce sur le tasseau transmettant la pression à la matière à comprimer. Le travail de ces frottements est assez faible par suite du peu de chemin qu'ils parcourent. Plus la course de la pression est grande, par rapport au bras de levier, et plus est gros le tourillon, plus est importante la perte du travail par frottement.

Soit, par exemple, a le chemin décrit par le frottement du levier sur le tasseau, l le plus petit bras du levier, 2α l'angle compris entre les positions extrêmes du levier.

a sera égal à la flèche d'un arc 2α, de rayon l; donc

$$a = l(1 - \cos \alpha).$$

Cette longueur a est parcourue de la circonférence vers le centre, pendant la moitié de la course, et en sens inverse pendant l'autre moitié. Le travail de ce frottement est, en désignant par f le coefficient de frottement :

$$f.\, P \times 2\,l\,(1 - \cos \alpha).$$

Le frottement du tourillon de rayon r est égal à $f.\,P\left(1 - \dfrac{l}{L}\right)$, puisque la pression S du levier sur le tourillon doit, avec la force F, équilibrer la pression P; ces trois forces étant supposées parallèles, on a donc :

$$F + S = P;$$

d'où

$$S = P - F.$$

D'autre part, au moment où la rotation va commencer, on a :

$$P \times l = F \times L;$$

donc

$$F = P \times \frac{l}{L},$$

et

$$S = P - P \times \frac{l}{L},$$

ou

$$S = P\left(1 - \frac{l}{L}\right).$$

Le chemin parcouru par ce frottement, pour un angle α de déplacement de levier, est égal à

$$2\pi r \times \frac{\alpha}{360}.$$

Le travail de frottement sera donc représenté par la formule

$$f.\, P\left(1 - \frac{l}{L}\right) 2\pi r \frac{\alpha}{360},$$

et l'équation pratique du travail, pour le pressoir à levier simple, sera :

$$F \times c \times \frac{L}{l} = P \times c + f.\, P \times 2l(1 - \cos \alpha) + f.\, P \times \left(1 - \frac{l}{L}\right) \times 2\pi r \times \frac{\alpha}{360};$$

ou, en mettant pour c sa valeur en fonction de l, tirée de l'équation $\dfrac{c}{l} = \sin \alpha$,

$$F \times l.\sin \alpha \times \frac{L}{l} = P \times l.\sin \alpha + f.\, P \times 2l(1 - \cos \alpha) + f.\, P \times \left(1 - \frac{l}{L}\right) \times 2\pi r\, \frac{\alpha}{360},$$

ou $$F \times l.\sin \alpha = P.\, l.\sin \alpha + f.\, P\left[2l(1 - \cos \alpha) + \left(1 - \frac{l}{L}\right) 2\pi r \frac{\alpha}{360}\right].$$

Soient, par exemple,

$$L = 10l, \qquad \alpha = 15°, \qquad f = 0.1, \qquad r = 0.015\,l, \qquad \text{ou} \quad \frac{15}{1000} \times l,$$

nous aurons :

$$F \times 10\,l.\sin 15° = P.l.\sin 15° + 0,1.P\left[2l.(1 - \cos 15°) \right.$$

$$\left. + 0,9 \times 6.2832. \times \frac{15}{1000}l \times \frac{15°}{360} \right],$$

ou 2.58819. l. F = 0,258819 P. l. + 0,00681484. Pl + 0,00000035343 Pl,

ou 2.58819 F = 0,26563419343 P,

d'où P = 9.7434 F,

tandis que, théoriquement, c'est-à-dire en supposant le frottement nul, on devrait avoir P = 10 F.

Le travail utile pour chaque demi course est ici P $\times$ l. sin α.

Le travail moteur $\dfrac{P}{0.7434} \times 10\,l.\sin \alpha$.

Le rapport de travail utile au travail moteur, ou le rendement, est donc

0,97434.

Le troisième moyen se retrouve encore dans quelques anciennes huileries. Il consiste dans l'emploi du *coin* comme multiplicateur de l'effort moteur (fig. 3).

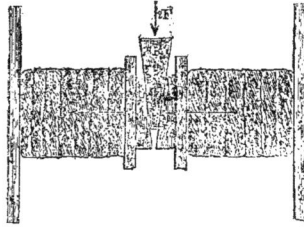

Fig. 3. — Presse à coin simple.

En appelant α le demi-angle du coin supposé symétrique, γ l'angle de frottement, et F l'effort moteur suivant l'axe du coin, on aura :

$$\frac{F}{2} = P \times \text{tg}(\alpha + \gamma), \qquad \text{ou} \quad P = F \times \frac{1}{2\,\text{tg}(\alpha + \gamma)}. \qquad (1)$$

S'il n'y a pas d'autre frottement que celui du coin, c'est-à-dire si le bloc intermédiaire de compression repose sur de très-grands galets parfaitement polis et graissés, le travail utile est égal à la pression F multipliée par le chemin qu'elle parcourt, chemin égal à l'épaisseur du coin.

Le travail moteur est égal à la force motrice F, multipliée par le chemin qu'elle parcourt dans le même temps ou par la longueur du coin. Or e étant l'épaisseur du coin, et b la longueur suivant l'axe, on a :

$$\frac{e}{2b} = \text{tg}\,\alpha,$$

et par suite $e = 2b\,\text{tg}\,\alpha.$ \qquad (2)

Multipliant l'équation (1) par l'équation (2), nous aurons :

Or Pe, c'est le travail utile, et F.b, le travail moteur; le rapport du premier au second, ou le rendement, est donc égal à

$$\frac{P\,e}{F.\,b} = \frac{2\,\text{tg}\,\alpha}{2\,\text{tg}\,(\alpha+\gamma)}, \quad \text{ou} \quad \frac{\text{tg}\,\alpha}{\text{tg}\,(\alpha+\gamma)}.$$

Si le frottement était nul, γ serait nul aussi, et on aurait, pour rendement théorique :

$$\frac{\text{tg}\,\alpha}{\text{tg}\,\alpha} = 1.$$

Soit par exemple $\gamma = 5°,43$, ce qui correspond à un coefficient de frottement d'un dixième ; on aura :

VALEURS de l'angle du coin ou 2 α.	RAPPORT théorique entre la pression et la force motrice.	RAPPORT pratique entre la pression et la force motrice.	RENDEMENT ou effet utile.	OBSERVATIONS.
2	28.645	4.2456	0.14821	
6	9.540	3.26115	0.34182	
12	4.755	2.41090	0.50679	
18	3.155	1.90351	0.60301	
24	2.350	1.56515	0.66536	
30	1.865	1.32205	0.70848	
36	1.540	1.13815	0.73960	
42	1.300	0.99340	0.76268	
48	1.125	0.87600	0.78004	
96	0.4502	0.3607	0.81514	
114	0.3247	0.25788	0.79421	
132	0.22261	0.16520	0.74209	
150	0.13398	0.08173	0.61003	
168	0.05255	0.00247255	0.04705	Il faut une force infinie,
168.34	0.05000	0.00000000	0.00000	pour faire mouvoir le coin le moins résistant.

Ce tableau montre que l'effet utile augmente d'autant plus que le coin multiplie moins la force, jusqu'à une limite supérieure à ce que l'on peut adopter en pratique. Si l'on voulait multiplier par 10 l'effort moteur comme avec le levier précédent, le rendement serait excessivement petit, égal à environ 10. p. 100.

L'examen de la quatrième colonne du tableau fait prévoir qu'il y a un maximum de rendement ; il existe pour une valeur de α égale à $\frac{90° - \gamma}{2}$: l'angle de frottement étant supposé ici de $5°.43'$, le maximum de rendement a lieu pour un angle de coin $2\,\alpha = 84°.17'$.

Lorsqu'on emploie la presse à coin, le moteur est presque toujours un poids tombant d'une certaine hauteur ; le travail du poids F tombant d'une hauteur H est alors F $\times$ (H + b) pour l'enfoncement total du coin, b représentant la longueur du coin : la formule est du reste identique.

Dans ce mode d'emploi, on perd une grande partie du travail moteur dans le choc ; car une partie de ce travail est employé à mouvoir les molécules du corps choqué, qui change plus ou moins de forme : plus ce dernier corps s'approche de l'état parfait d'élasticité, moins il y a de perte.

Lorsque le tasseau de pres... au lieu de s'appuyer sur de ...

sur une surface plane d'appui, il fait naître une résistance de glissement assez importante qui diminue encore notablement le rendement. Aussi la presse à coin tend à disparaître : il n'y en avait aucune à l'Exposition de 1867.

Le quatrième mode consiste dans l'emploi d'une *vis* qui peut être mobile ou fixe (fig. 4).

Dans le premier cas, supposons d'abord la force motrice appliquée tangentiellement à la vis ; comme le filet de cette dernière est un plan incliné enroulé

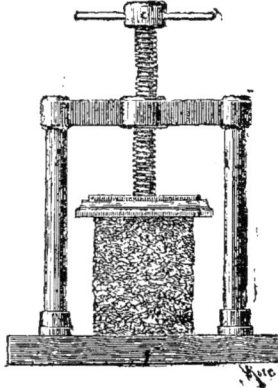

Fig. 4.   Presse à vis mobile (simple).

sur un cylindre, ou une face de coin, nous aurons la même formule que pour le coin :

$$F' = P \times tg\,(\alpha + \gamma). \qquad (3)$$

Le chemin parcouru par la force motrice est égal à la circonférence moyenne du filet, tandis que celui parcouru par la pression ou la résistance est égal au *pas* seulement ; α étant l'inclinaison du filet de la vis, on a, pour la valeur du pas :

$$2\pi r \cdot tg\,\alpha = p. \qquad (4)$$

Multipliant l'une par l'autre les équations (3) et (4), nous aurons :

$$F' \times 2\pi r\, tg\,\alpha = P.p \times tg\,(\alpha + \gamma),$$

d'où

$$F' \times 2\pi r = P.p \times \frac{tg\,(\alpha + \gamma)}{tg\,\alpha}. \qquad (4')$$

Or $F \times 2\pi r$ représente le travail moteur, et $P \times p$ le travail utile ; le rapport entre ce dernier et le premier nous donne pour effet utile :

$$\frac{P \cdot p}{F' \times 2\pi r} = \frac{tg\,\alpha}{tg\,(\alpha + \gamma)}, \qquad (5)$$

ce qui montre que l'effet utile est indépendant du rayon de la vis, et ne dépend que de l'inclinaison du filet et du coefficient de frottement.

L'équation est identique à celle trouvée pour le coin, sauf que $2\pi r$ remplace la *longueur du coin*, et le pas p, l'*épaisseur du coin*.

Pour plus de simplicité, nous avons négligé le frottement qu'exerce la pointe de la vis sur le tasseau compresseur ; mais il convient d'en tenir compte. Appelons r' le rayon extrême de la face inférieure de la vis reposant sur le tasseau, et cherchons les conditions d'équilibre entre la portion de force motrice tangentielle et le frottement sur la pointe de la vis. Le frottement provient de la pression P; il est donc égal à $f.$P, et se trouve réparti également entre toutes les molécules de la base de la vis; la résultante est égale à fP, et appliquée à une distance du centre égale aux deux tiers du rayon; nous aurons donc :

$$F'' \times r = f.P \times \frac{2}{3}r',$$ (6)

d'où

$$F'' = f.P \times \frac{2}{3}\frac{r'}{r}.$$

Par suite, l'équation (3) deviendrait :

$$F' + F'' = P \times tg(\alpha + \gamma) + f.P \times \frac{2}{3}\frac{r'}{r},$$ (7)

et celle du travail (4') :

$$(F' + F'') \times 2\pi r = P \times p\left(\frac{tg(\alpha + \gamma) + \frac{2}{3}f \times \frac{r'}{r}}{tg\,\alpha}\right).$$ (8)

Et l'effet utile :

$$\frac{P.p}{(F' + F'')2\pi r} = \frac{tg\,\alpha}{tg(\alpha + \gamma) + \frac{2}{3}f \times \frac{r'}{r}}.$$ (9)

Enfin, comme il serait difficile d'appliquer la force motrice tangentiellement à la vis, on arme la tête de celle-ci d'un levier de rayon L; alors la force F nécessaire pour remplacer $F' + F''$ est donnée par la formule des leviers :

$$F \times L = (F' + F'') \times r, \quad \text{d'où} \quad F' + F'' = F \times \frac{L}{r}.$$

En mettant cette valeur de F' et F'' dans les équations (7), (8) et (9), nous aurons les véritables formules pratiques de la vis mobile :

$$F \times \frac{L}{r} = P \times tg(\alpha + \gamma) + fP \times \frac{2}{3}\frac{r'}{r},$$

d'où

$$P = F \times L \times \frac{1}{r.tg(\alpha + \gamma) + \frac{2}{3}f.r'},$$ (10)

travail moteur

$$F \times 2\pi L = P.p.\left[\frac{tg(\alpha + \gamma) + \frac{2}{3}f\frac{r'}{r}}{tg\,\alpha}\right],$$ (11)

et enfin l'effet utile

$$\frac{P.p}{F \times 2\pi L} = \frac{tg\,\alpha}{tg(\alpha + \gamma) + \frac{2}{3}f\frac{r'}{r}},$$ (12)

équation identique à l'équation (9) : ce qui montre que le rendement d'une vis est indépendant de la grandeur du levier moteur.

Soit par exemple une vis de $5°.01$ d'inclinaison (une vis du pressoir à boisseau de M. Chollet Champion).

Soit $\qquad L = 2^m$, et $r = 0^m.05$, $r' = 0^m.025$

enfin $\qquad\qquad \gamma = 5°.43'$, d'où $f = 0.1$.

L'équation 10 nous donne :

$$P = F \times 2^m \times 89.731, \quad \text{d'où} \quad P = 179.462 F.$$ (13)

La pression obtenue est près de 180 fois l'effort moteur; si c'est un homme seul qui presse le levier, il peut pendant quelque temps exercer un effort de

12 kil.; il pourra donc exercer, par la pointe de la vis, une pression de 2153ᵏ.544.

Si l'on n'eût pas tenu compte du frottement de la vis, sur son filet et sous sa pointe, le multiplicateur eût été donné par la formule

$$P = 457.44 \cdot F,$$

au lieu de l'équation pratique (13), et la pression serait de 5489.28; ainsi le calcul pratique ne donne que 0.392 de l'indication théorique pure.

Lorsque la vis est fixe (fig. 5), ce qui se rencontre le plus fréquemment dans les grandes presses, la perte de force, par le frottement de l'écrou contre le siége

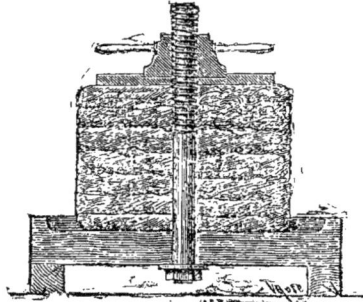

Fig. 5. — Presse à vis fixe (simple).

qui lui est ménagé sur le tasseau, est plus grande que celle occasionnée par le frottement du dessous de la vis mobile : cette perte dépend du diamètre de l'écrou; si l'on reste dans la limite de la pratique, on peut compter sur une perte quatre fois plus grande que la portion spéciale du frottement du bas de la vis.

Or, dans l'équation (10), ce frottement entre en dénominateur, et est proportionnel au rayon extérieur; au lieu de $P = F \times 2^m \times 89.731$ de l'exemple ci-dessus, on n'aurait guère que $P = F \times 2^m \times 74.2$, et la pression exercée par un homme ne serait que de 1780ᵏ.8, au lieu de 2153ᵏ.5.

L'effet utile, pour le cas de la vis mobile dans l'exemple particulier ci-dessus, est donné par la formule (12), et l'on a :

$$\text{Effet utile} = \frac{\text{tg} \cdot 5°.01'}{\text{tg}(10°.44') + \frac{2}{3} 0.1 \times \frac{0.025}{0.05}} = \frac{0.0877818}{0.1895546 + 0.0332} = 0.3938$$

Pour la vis fixe à écrou mobile :

$$\text{Effet utile} = \frac{\text{tg} \cdot 5°.01'}{\text{tg}(10°.44') + \frac{2}{3} \cdot 0.1 \times \frac{0.06}{0.05}} = \frac{0.0877818}{0.1895546 + 0.08} = 0.3256.$$

L'étude précédente des presses à vis simple montre que, si la vis est mobile, il faut la faire reposer par une partie aussi étroite que le permet la dureté de la matière sur laquelle elle s'appuie; il convient alors de mettre acier sur acier. Il en est à *fortiori* de même pour le dessous de l'écrou et pour son siége. Tout au moins faut-il ici de très-bonne fonte un peu dure et un graissage permanent.

La vis elle-même doit être parfaitement graissée, elle doit du reste avoir un diamètre suffisant pour résister à la pression qui tend à la *force péchir* si elle est mobile, et à l'*étendre* si elle est fixe. Ceci est une question de résistance des matériaux qu'il est facile de traiter.

Si l'emplacement ne permet pas de mettre à la vis une tête assez long pour produire, avec un ou deux hommes, la pression voulue, on agit sur ce levier par une corde s'enroulant sur un treuil, ce qui permet de multiplier l'effort moteur.

En désignant par F''' l'effort moteur agissant avec un bras de levier L', par S et S' les pressions des tourillons sur les coussinets, de rayons r et r', on aura, comme équation d'équilibre entre ces trois forces et la tension T de la corde agissant avec un bras de levier R, égal au rayon du treuil :

$$F''' \times L' = T \times R + fS \times r + fS' \times r' ; \qquad (13)$$

alors, en outre, on aura :

$$F''' \times L' = F \times L = T \times L. \qquad (14)$$

Soit par exemple, pour la disposition précédente de vis fixe :

$$L' = 0^m.375, \quad R = 0.075, \quad f = 0.1, \quad S = S' = \frac{1}{2}T, \quad r = r' = 0.01125;$$

on aura par le treuil horizontal, supposé sans poids lui-même :

$$F''' \times 0.375 = T \times 0.075 + 2 (0.1 \times 0.5T \times 0.01125),$$

d'où

$$T = \frac{F''' \times 0.375}{0.076125} = F''' \times 4.9261.$$

En ne tenant pas compte des frottements, ce serait :

$$T = F \times 5.$$

Cette valeur de T remplacera, dans les formules (10), (11) et (12), la lettre F.

Nous aurions par l'équation (13) par exemple :

$$P = 4.9261 \, F''' \times 89.731 ,$$

d'où $\qquad P = 884.05 \times F = 884.05 \times 8^k = 7072^k.4.$

Car, à la manivelle, il ne faut guère compter que sur 8 kil. d'effort si le travail doit durer quelque temps, sinon on peut espérer 12 kil.; mais alors, par la même raison, on pourrait supposer sur le levier 18 kil. de traction au lieu de 12.

Enfin si le treuil est vertical, il faut, dans l'équation (13), ajouter le frottement du pivot, de rayon r'', qui serait égal à

$$f . Q \times \frac{2}{3} r'',$$

f étant le coefficient de frottement, Q le poids du treuil et r'' le rayon extrême du pivot.

Au lieu d'employer, comme addition à la presse à vis, un treuil, on peut employer une ou plusieurs paires d'engrenages; on a alors ce qu'on appelle un *pressoir à engrenages.*

Si les engrenages sont cylindriques et d'un grand diamètre, leur addition, qui permet de multiplier beaucoup l'effort moteur, n'entraîne que très-peu de perte par le frottement.

En effet, si le jeu des engrenages entraîne un frottement de glissement et de roulement, ce dernier est négligeable, et l'on a, pour expression du frottement des dents d'engrenages :

$$T_m = T_u \left[1 + f . \pi \left(\frac{1}{n} + \frac{1}{n'} \right) \right]. \qquad (15)$$

T_m représentant le travail moteur, T_u le travail utile, f le coefficient de frottement, n et n' le nombre de dents des engrenages. La seule inspection de l'équation (15) montre que la perte de travail moteur est d'autant plus faible que les nombres de dents sont plus grands.

Ainsi le pressoir à boisseau de MM. Chollet-Champion, qui est muni d'une première paire de roues, dont les nombres de dents sont 9 et 45, nous donnerait, pour $f = 0.1$:

$$\Upsilon = T_u\left[1 + 0.1 \times 3.14\left(\frac{1}{9} + \frac{1}{45}\right)\right] = T_u \times (1 + 0.041887),$$

c'est-à-dire que la perte de travail par le fait de cette première paire de roues qui multiplie par 5 n'est que de 4.18 p. 100.

En outre il faut tenir compte des frottements des tourillons ou des pivots des arbres de ces engrenages.

En résumé, et approximativement, un pressoir à trois paires d'engrenages et on ne va pas au delà) peut rendre :

$$0.90 \times 0.90 \times 0.90 \times 0.33 = 0.24.$$

Comme il ne faut pas toujours compter sur un bon graissage, on admettra pour rendement pratique :

Pressoir à 3 paires d'engrenages de 0.200 à 0.240 au plus. La force de l'homme est multipliée par	18000
— 2 paires............. 0.223 à 0.267...	4500
— 1 paire et un treuil.... 0.215 à 0.253...	4500
— 1 paire .... 0.248 à 0.297...	900
— 1 levier sur une vis fixe. 0.275 à 0.330...	180
— 1 levier sur vis mobile.. 0.325 à 0.390...	180
— à coin avec choc...... 0.350 à 0.400...	12
— à 1 levier seul .... 0.950 à 0.970...	10
Pressoir à pression directe sans mécanisme................ { 1.000 à 1.000...	1

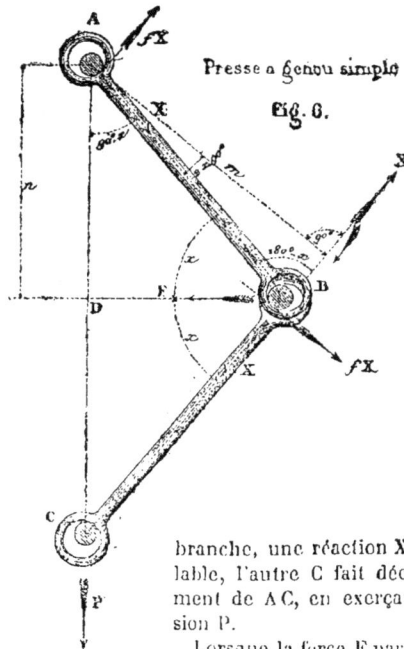

Presse a genou simple

Fig. 6.

Les mécanismes de compression que nous venons de décrire sont les plus fréquemment employés, mais non les seuls. Une disposition ingénieuse, adaptée pour la première fois par M. Samain, consiste à agir sur la matière à presser par la fermeture d'un genou. Dès le commencement de ce siècle, Poinsot (*Éléments de statique*) décrivait un genou simple (fig. 6) capable d'exercer une pression croissante à l'aide d'une force constante. Depuis, M. Samain a fait une presse basée sur l'emploi de deux genoux symétriques dont un seul est représenté par la figure 6.

La force motrice F est ordinairement appliquée, comme nous le supposons ici. Cette force F fait naître, dans la longueur de chaque branche, une réaction X. L'un des sommets A étant inébranlable, l'autre C fait décrire une verticale dans le prolongement de A C, en exerçant, suivant cette direction, une pression P.

Lorsque la force F parcourt suivant B D, et de B en D, un petit chemin, chaque branche AB du genou se rapproche de la droite A C, et l'angle du genou augmente. Le tableau suivant montre qu'entre $\alpha = 60°$ et

$\alpha = 89^{\circ}25'$, à chaque chemin d'un centimètre décrit par le point B vers D, l'angle α augmente d'une quantité à peu près constante, qui est de 39 minutes au commencement et de 34 à la fin.

Chaque branche A B doit donc être considérée comme prenant un mouvement de rotation autour de A, dès que la force motrice agit. Quatre forces agissent visiblement sur cette pièce tournante A B : 1° la force motrice F, qui tend à faire tourner, suivant le sens de la flèche z, avec un bras de levier n; 2° la réaction du second bras sur le point B d'un bras de levier m; 3° chaque tourillon réagit sur les sommets A et B avec une force égale à X et fait naître un frottement fX tendant à faire tourner aussi en sens contraire de la flèche Z, avec un bras de levier égal au rayon du tourbillon r.

Si donc nous appelons a la longueur A B d'une branche du genou d'axe en axe; α le demi-angle intérieur du genou, l'équation d'équilibre de rotation de la pièce A B autour de A sera :

$$F \times n = Xm + 2frX. \tag{16}$$

Or $\qquad \dfrac{n}{a} = \cos(90^{\circ} - \alpha) = \sin\alpha, \qquad$ d'où $\qquad n = a\sin\alpha;$

$$\frac{m}{a} = \sin(180^{\circ} - 2\alpha) = \sin 2\alpha, \qquad \text{d'où} \qquad m = a\sin 2\alpha.$$

L'équation (16) devient donc :

$$F \times a\sin\alpha = X(a\sin 2\alpha + 2f.r),$$

d'où $\qquad\qquad X = F \times \dfrac{a\sin\alpha}{a\sin 2\alpha + 2f.r}. \tag{17}$

La force X, agissant dans le prolongement de BC, peut être supposée décomposée en deux : l'une normale, au plan du guide ou de la glissière, et détruite par la réaction de ce corps; l'autre dans le prolongement de AC, et qui n'est autre chose que la pression exercée P. Il est visible que l'on a, en considérant la seconde branche comme s'avançant parallèlement à elle-même

$$X = P \times \frac{\cos\gamma}{\sin(\alpha - \gamma)}. \tag{18}$$

Car il doit y avoir équilibre entre les trois forces X, P et R.

Mettant dans l'équation (17) cette valeur de X, on aura :

$$\frac{P.\cos\gamma}{\sin(\alpha - \gamma)} = F \times \frac{a\sin\alpha}{a\sin 2\alpha + 2f.r}; \qquad \text{d'où} \qquad P = F \times \frac{a\sin\alpha\sin(\alpha - \gamma)}{\cos\gamma(a\sin 2\alpha + 2f.r)}, \tag{19}$$

équation qui donne la valeur de la pression P obtenue par le coude.

Si le frottement pouvait être négligé, on aurait :

$$P = F \times \frac{a\sin^2\alpha}{a\sin 2\alpha}, \qquad \text{d'où} \qquad P = F \times \frac{\sin^2\alpha}{2\sin\alpha\cos\alpha},$$

ou $\qquad\qquad P = F \times \dfrac{\sin\alpha}{2\cos\alpha}, \qquad$ ou enfin $\qquad P = F \times \dfrac{1}{2}\operatorname{tg}\alpha. \tag{20}$

On voit par suite que si la force motrice F reste constante, la pression obtenue va en croissant à peu près comme la moitié de la tangente du demi-angle α du coude : la pression faible au commencement devient de plus en plus forte quoique la force motrice reste constante. C'est une particularité précieuse, puisqu'en réalité, au fur et à mesure du pressurage, la matière pressée réagit avec une intensité de plus en plus grande.

Le tableau suivant donne les valeurs successives de $\dfrac{P}{F}$ pour tous les cas où le frottement des tourillons pouvant être négligé, le coude forme à l'origine un angle de 120 degrés (2 α). Le chemin parcouru par la pression est à chaque instant égal à la longueur d'un des bras du coude multiplié par le double de la différence existant entre les sinus de l'angle actuel et de l'angle précédent. Nous avons supposé dans ce tableau $a = 1$, $\alpha = 60°$, ce qui donne pour chemin total de la puissance F, 0,50 centimètres, et pour chemin total de la pression ou résistance 0,2679492. La première colonne donne les chemins parcourus par la force motrice d'une manière uniforme de 4 en 4 centimètres, la deuxième colonne, les accroissements successifs du demi-angle du coude, la troisième la valeur de ces angles ; les *entêtes* sont du reste suffisamment explicites.

CHEMINS parcourus par la force motrice.	ACCROISSEMENTS successifs de l'inclinaison des bras du coude.	VALEURS successives du demi-angle du coude.	RAPPORT DE LA PRESSION A LA FORCE MOTRICE		MOITIÉ DU CHEMIN parcouru par la pression en millim.	RAPPORT entre le travail de la pression et le travail moteur.	FROTTEMENT de 1/10.	TRAVAIL	
			le frottement négligé.	le frottement étant d'un dixième.				de la pression P.	de la force motrice F.
mètr.	min.	degrés							
0.00	00	60.00	0.86602	0.81362					»
0.02	78	61.19	0.91390	0.86161	11.2607	0.940		0.018800 × F	0.02 × F
0.04	78	62.36.30	0.96491	0.91205	10.5965	0.94145		0.018829	0.02
0.06	77	63.54	1.02063	0.96751	10.1453	0.94257		0.0188514	0.02
0.08	76	65.10	1.08045	1.02700	9.5057	0.94523		0.0189046	0.02
0.10	75	66.25	1.14536	1.0916	8.9458	0.95658		0.0191316	0.02
0.12	75	67.40	1.21711	1.1629	8.5097	0.943		0.01886	0.02
0.14	74	68.54	1.29780	1.2411	7.9647	0.958		0.01916	0.02
0.16	73	70.07	1.38249	1.3272	7.4336	0.950		0.0190	0.02
0.18	73	71.20	1.48002	1.4241	7.0095	0.952		0.01904	0.02
0.20	72	72.32	1.58902	1.5323	6.4951	0.953		0.01906	0.02
0.22	72	73.44	1.71356	1.6558	6.0767	0.954		0.01908	0.02
0.24	72	74.56	1.85738	1.7984	5.6556	0.955		0.01910	0.02
0.26	71	76.07	2.02293	1.9623	5.1623	0.971		0.01942	0.02
0.28	70	77.17	2.21567	2.1531	4.6843	0.972		0.01944	0.02
0.30	71	78.28	2.45028	2.3850	4.3380	0.973		0.01946	0.02
0.32	70	79.38	2.73324	2.6644	3.8677	0.976		0.01952	0.02
0.34	69	80.47	3.08141	3.0076	3.4134	0.977		0.01954	0.02
0.36	70	81.57	3.53530	3.4541	3.0565	0.979		0.01958	0.02
0.38	69	83.06	4.13178	4.0394	2.6111	0.980		0.01960	0.02
0.40	69	84.15	4.96550	4.8546	2.2112	0.983		0.01966	0.02
0.42	70	85.25	6.23711	6.0915	1.8337	0.984		0.01968	0.02
0.44	69	86.33 1/2	8.31388	8.0949	1.3941	0.987		0.01974	0.02
0.46	68	87.42	12.24891	12.0240	0.9981	0.989		0.01978	0.02
0.48	69	88.51	24.90786	23.400	0.6042	0.990		0.01980	0.02
0.50	69	90.00	∞	∞	0.2014				0.02

Ainsi il paraît démontré que le travail de frottement des articulations du genou est très-peu important, de 3 à 6 p. 100 dans l'hypothèse faite ci-dessus.

Le mouvement est donné au genou par l'intermédiaire d'une double vis passant au travers des écrous qui forment les sommets d'angle du double coude. Si nous appelons F' la force nécessaire sur la vis pour exercer l'effort F, suivant le prolongement de l'axe de cette vis, nous aurons (équation 5)) :

$$\frac{F \times p}{F' \times 2 \pi r} = \frac{\operatorname{tg} \alpha}{\operatorname{tg}(\alpha + \gamma)}.$$

Exemple : soit $\alpha = 5°.01$, et $\gamma = 5°.43$, on aura :

$$\frac{F\,p}{F' \times 2\pi r} = \frac{tg\ 5°.01'}{tg\ 10°.44'} = 0.4631,$$

d'où
$$0.4631 \times 2\pi r F' = F.\,p.$$

Or le pas étant de 24 millim., et le rayon de 43.50 millim. on a :
$$\alpha = 5°.01,$$

et l'on a
$$F' = \frac{F \times 0.024}{0.4631 \times 6.2832 \times 0.0435} = F \times 0.18960,$$

ou
$$F = \frac{F' \times 2\pi r \times 0.4631}{p} = F' \times 5.27392.$$

La multiplication de la puissance par la vis est donc de 5.27; par le genou, de 1 à 23, sans compter que l'on agit sur la vis avec des leviers multipliant beaucoup.

L'effet utile, malgré cette grande multiplication de la puissance, doit être :
$$0.4631 \times 0.955 = 0.44220.$$

Pressoir à vis mobile et levier simple. — MM. Mabille font cette espèce de pressoir, mais ils ne l'avaient point exposée.

Il se compose de deux colonnes en fer fixées sur la maie : le haut de ces colonnes est boulonné dans les douilles d'une pièce faisant écrou, la vis est coiffée d'un manchon de fonte, auquel on adapte un levier en bois; il faut, pour manœuvrer ce pressoir, tourner tout autour de la maie. Voici les prix :

Pour 3 barriques :	maie en fonte 320 fr.,	en bois 270 fr.,	soit par barrique 106 fr.	66	ou 90 fr.	00
— 6 —	—	380	—	340	—	63	33	56	66
— 9 —	—	500	—	440	—	55	50	48	89
— 12 —	—	700	—	530	—	58	33	48	33

MM. Mabille font des pressoirs à vis fixe avec écrou à simple lanterne, qui n'ont rien de particulier à signaler.

Pour 3 barriques :	maie en fonte 320 fr.,	maie en bois 270 fr.,	ou par barrique 106 fr.	66	ou 90 fr.	00
— 6 —	—	380	—	340	—	63	33	56	66
— 9 —	—	500	—	440	—	55	55	48	89
— —	—	700	—	580	—	58	33	48	33

Pressoir à vis fixe et levier simple. — Plusieurs de ces pressoirs étaient exposés tant au Palais qu'à Billancourt; nous pouvons donner comme bons modèles.

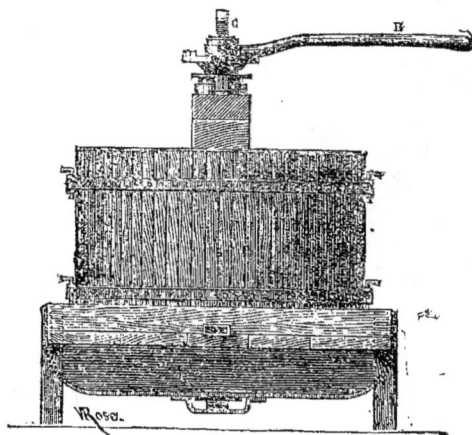

Fig. 7. — Presse à vis et levier simple.

celui de M. Guilleux, de Segré (Maine-et-Loire). La fig. 7 indique suffisamment la disposition générale : il se compose d'une maie en chêne consolidée en dessous par un fort sommier que traverse la vis dont la tête en dessous est fortement arrêtée : la vis s'élève au centre d'une cage cylindrique à claire-voie qui se défait en deux dès qu'on ôte les chevilles à équerre qui les retiennent ensemble.

Sur le haut de la vis se trouve l'écrou, libre de tourner et de descendre, en entraînant un sommier qui appuie sur le marc ou sur la pulpe de pommes par l'intermédiaire d'une planche et de quelques pièces de bois.

Si le levier est simplement enfilé sur le côté de l'écrou, il faut pour opérer la pression tourner tout autour de la charge, ce que l'emplacement dont on dispose pour le pressoir ne permet pas toujours : la table doit être placée à une certaine distance des murs, et il faut un espace circulaire de 5 mètres de diamètre. La disposition de l'écrou pour levier simple est représentée par le détail fig. 7 bis.

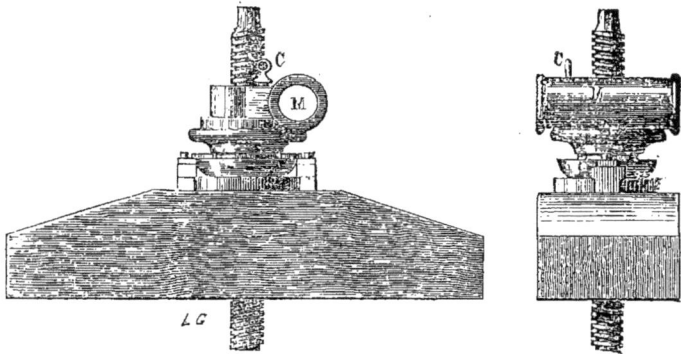

Fig. 7 bis. — Détail du pressoir à lanterne, de M. Guilleux.

Nous donnons ci-dessous une indication sommaire des dimensions, poids et prix de ces pressoirs et de ceux à encliquetage.

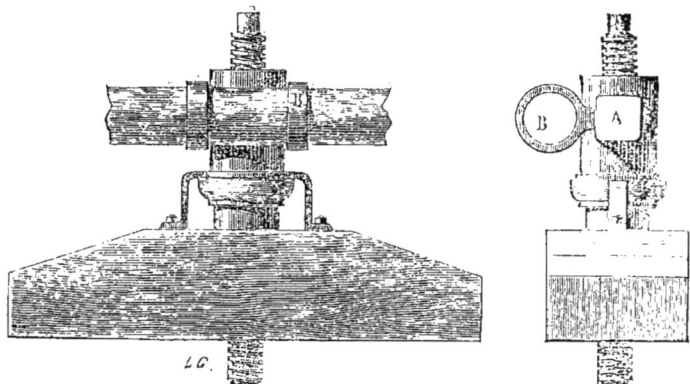

Fig. 7 ter. — Détail du pressoir à encliquetage, par clavette de Guilleux.

Pressoir à vis et levier à encliquetage. — Ils ne diffèrent des précédents que dans la disposition de la tête d'écrou et du levier qui, muni d'un encliquetage, permet d'opérer la pression entière sans tourner autour de la maie : ce pressoir peut être placé et fonctionner dans un très-petit appartement, dans un angle, touchant même les murs de deux côtés : il ne faut en tout que 3ᵐ,10 de long sur 1ᵐ,65 de large pour la grande dimension, et même lorsque la vendange est terminée le levier s'enlève, et l'espace occupé n'est plus que de 1ᵐ,65 de côté. La fig. 7 *ter* de la page précédente représente l'écrou et le levier à encliquetage perfectionné dit à clavette; sur la fig. 7 d'ensemble, c'est l'encliquetage à plateau.

Dimensions et prix des pressoirs à levier simple et à leviers à encliquetage
de M. Guilleux.

NUMÉROS-D'ORDRE des pressoirs.	DIMENSIONS de la table carrée.	CAGE RONDE.		VOLUME de la cage.	TRAVAIL fait par jour.	POIDS approximatifs.	PRIX DES PRESSOIRS		PRIX par kilogrammes.	PRIX PAR HECTOLITRE de travail journalier.	PRIX PAR HECTOLITRE de contenance de la cage.
		diamètre	hauteur.				à levier simple.	à levier à encliquetage.			
	mèt.	mètr.	mètr.	litres.	hectol.	kilogr.	fr.	fr.	fr. c.	fr. c.	fr. c.
1	1.22	0.82	0.54	285	15	240	230	260	1.02	16.33	86.00
2	1.44	1.05	0.65	563	25	500	250	280	0.53	10.60	47.00
3	1.55	1.15	0.75	779	50	650	270	300	0.44	5.70	36.50
4	1.65	1.25	0.80	982	60	750	320	360	0.45	5.67	34.60

Ces pressoirs ne peuvent guère donner qu'une pression de 40,000 kilogrammes, mais d'après ce que nous écrit un habile praticien, M. Delprat, ancien élève de l'École centrale, cette pression suffirait à un bon travail.

« ..... Dans ma pratique je ne dépasse guère 2 kilogrammes par centimètre carré de marc et le vin exprimé par la dernière pressée est détestable, fermente à peine et ne peut donner à nos eaux-de-vie qu'un goût âpre et dur. On comprend donc qu'il est inutile, je dirai même qu'il est nuisible de pousser si loin la pression des marcs de vendange.

« Si d'un autre côté l'on considère que nous n'avons du moins ici que très-peu de bras à notre disposition dans nos champs, que le temps est extrêmement précieux pendant les vendanges, on sera peut-être conduit à admettre que, dans nos contrées, il vaut mieux faire usage d'un mode de pressurage plus expéditif que celui plus long, mais plus complet obtenu par l'emploi de pressoirs à engrenages. Nous nous servons tout simplement d'un levier de 3 à 4 mètres engagé dans une lanterne à déclic qui tourne autour de l'écrou. Les hommes du pressoir se font aider pour pousser la barre par les bouviers qui, de temps en temps, apportent la vendange. On obtient ainsi une pression définitive de 2 kilogrammes par centimètre carré de marc, pression bien suffisante si l'on tient à ne pas introduire dans son vin le liquide affreusement âpre contenu dans la rafle.

« Nous nous servons de vis du diamètre de 0ᵐ,08, peut-être un peu trop fort, car ces vis pourraient aisément supporter 55,000 kilogrammes : nous ne les soumettons qu'à l'effort de 40,000 kilogrammes au plus. Si l'on fait usage de fortes vis, il faudrait au moins les utiliser et nous ne le pourrions pas dans notre système, comm   mais un peu primitif : il faudrait faire usage d'engrenages mais alors c   grande partie du temps de nos hommes au pressurage. D'ailleurs, l'emploi utile de fortes vis entraînerait une telle force de *bois* pour nos pièces de *charge* intermédiaires que nos bras ne pourraient manœuvrer ces dites pièces. Il est bon de dire ici que nous n'encaissons pas notre vendange, nous la laissons libre. Je ne parlerai pas des cages, de leurs avantages ou inconvénients, je ne les ai jamais employées : je sais seulement que toute *gêne* dans l'écoulement du vin donne lieu à une augmentation de travail, et je suis disposé à préférer le système libre.

« J'ai trouvé : 1° que le volume de vendange mis dans le début sous la presse est au volume de vendange apporté de la vigne comme 0,46 est à 1 : 2° que le volume du marc définitivement pressé était au volume primitif mis sous la presse comme 0,37 est à 1. Ces chiffres sont des moyennes ; enfin 3° pendant l'opération du pressurage il se fait une perte de liquide (de l'eau bien entendu) en évaporation de 5 à 10 pour 100. »

Ces observations sont fort intéressantes. Nous ajouterons toutefois que la pression nécessaire par centimère carré de marc doit être d'autant plus grande que la hauteur de la cage est plus grande et qu'elle varie avec les vins à faire suivant la qualité, etc. Si en employant des engrenages on met plus de temps pour la pressée, la différence sur l'ensemble des opérations n'est pas très-importante et en revanche il n'est pas besoin d'aides temporaires pour le pressoir, aides que l'on ne trouverait pas toujours.

Ce genre de pressoirs convient surtout dans les petits et moyens vignobles et dans toutes les exploitations faisant du cidre.

Ordinairement un homme suffit pour toutes les manutentions et pour presser le marc jusqu'aux deux tiers : un aide est nécessaire pour achever l'opération. Il est d'un usage assez général dans l'Anjou pour la fabrication des vins blancs, et dans les départements voisins (Sarthe, Mayenne), pour les cidres.

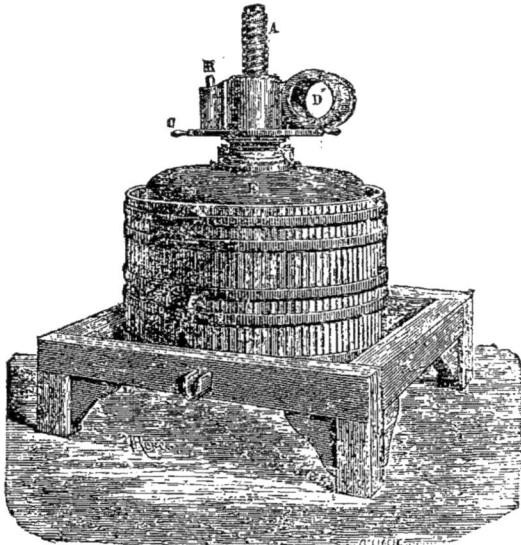

Fig. 8. — Pressoir à encliquetage à clavette, de M. Juveneton.   Fig. 8 *bis* — Détail.

On peut adapter aux pressoirs un appareil de transport qui se fixe ou s'enlève en quelques instants et ne coûte que 90 à 1 90 fr. suivant le numéro du pressoir.

Le pressoir de M. Juvenelou, à Tournon (Ardèche), représenté par les fig. 8 et 8 *bis*, page précédente, et la fig. 8 *ter* qui suit, est d'un système analogue et très bien disposé : la vis seule, avec sa lanterne, était exposée.

Fig. 8 *ter*.

Pressoir à vis, à levier, à encliquetage et treuil. — Les pressoirs dont nous venons de parler ne peuvent donner une pression tout à fait suffisante avec deux hommes si le marc a une surface dépassant 1^{m2}.33. Dans ce cas on peut ajouter un treuil portatif ou fixé dans un coin du chais de manière à augmenter la force pour finir la pressée. Le treuil peut multiplier par 5 ou plus à volonté : on pourrait donc obtenir 100,000 à 200,000 kilogrammes, ce qui suffit pour un fort pressoir.

A l'exposition de Billancourt, M. Pichot exposait un pressoir de ce genre d'une construction simple et solide, mais ne présentant rien de particulier à signaler. Ce treuil est

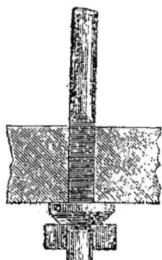

Fixation de la vis.

à arbre transversal et à levier simplement passé dans l'arbre.

MM. Chollet-Champion exposent un pressoir dont le treuil en fonte est à arbre vertical (fig. 9) : il se fixe facilement contre un poteau et est armé à la partie inférieure d'une roue d'angle commandée par un pignon fixé sur l'arbre d'une manivelle. Le treuil vertical est préférable parce que le levier des pressoirs à lanterne marche horizontalement; de sorte que la corde attachée à son extrémité décrit un arc de cercle et varie de hauteur suivant la quantité de vendange à presser. Il en résulte qu'avec le treuil placé horizontalement, la corde s'enroule mal, ce qui force à arrêter assez souvent pour l'enrouler convenablement et empêcher que la corde fasse plusieurs tours l'un par dessus l'autre, ce qui donne un tirage irrégulier : il peut arriver aussi que dans un emplacement res-

Fig. 9. — Pressoir à vis, à levier et treuil, de MM. Chollet Champion.

treint la corde du treuil horizontal vienne gêner l'homme qui le fait mouvoir.

Le treuil de MM. Chollet-Champion est monté sur un bâtis de fonte portant tous les axes, ce qui prévient tout déplacement; l'arbre du treuil est vertical et assez long pour contenir la corde pour toute quantité de vendange ou de marc à presser. Il porte à sa partie inférieure une roue conique dentée commandée par un pignon d'un diamètre beaucoup moindre, et tel que la roue fait un tour pour six et demi du pignon. Or, la manivelle ayant un rayon cinq fois plus grand que celui de l'arbre du treuil et faisant 6,5 tours pour un de l'arbre, on multiplie théoriquement la force motrice par 32,5. Le levier multipliant lui-même par 75 à 100 et la vis par 3,6? (pratiquement), on a une multiplication totale de 13,650 pratiquement ; l'homme qui agit sur la manivelle peut exercer pendant quelque temps 8 kilogrammes et même 12 pendant quelques instants, ce qui donne une pression de 109 à 164,000 kilogrammes avec un seul homme. Le treuil de MM. Chollet-Champion est donc une addition précieuse à faire à tout pressoir à lanterne, à levier, à encliquetage, dont on veut augmenter la force. Ce petit treuil ne coûte que 60 francs (n° 1) ou 100 francs (n° 2).

Le pignon, l'arbre et la manivelle motrice de ce treuil sont solidaires et retenus à leur place par un petit levier à bascule, un *chien*, qui s'engage dans une rainure faite sur le milieu de l'arbre ; on peut ainsi changer la manivelle de côté, ce qui rend le treuil applicable dans toutes les positions.

Ce treuil se fixe, comme l'indique la figure, à l'aide de 7 boulons directement sur un poteau ou contre un mur ou, pour plus de solidité, par l'intermédiaire d'un madrier.

Voici comment on se sert de ce treuil : on fixe la corde à l'extrémité du levier et à l'arbre du treuil ; on embraye le pignon en plaçant la manivelle du côté le plus commode pour la manœuvre et on agit sur cette manivelle : la corde est attirée par le treuil ; dès que le levier est à bout de course, on soulève le petit levier à bascule d'embrayage, placé au centre de la douille, on débraye le pignon et on repousse le levier en bois jusqu'à ce qu'il vienne reprendre un autre cran du plateau (si l'encliquetage est à plateau) ou jusqu'à ce que la clavette ait repris un nouveau trou (si l'encliquetage est à clavette). Dans cette dernière manœuvre l'arbre du treuil a tourné de manière à dérouler la corde : il ne s'agit donc plus que de réembrayer à l'aide du petit levier à bascule pour recommencer l'opération.

Voici d'abord le prix des pressoirs à treuil simple de M. Pichon, qui ne multiplie la force du levier que par 4.

N° 1. faisant en	3 heures	9 hectolitres	20 litres	avec deux hommes	300 fr.,	ou par hectolitre	32 fr. 60
2 —	3 —	11 —	80 —		350 —		29 66
3 —	4 —	18 —	40 —		400 —		21 74
4 —	4 —	26 —	00 —		450 —		17 31
5 —	5 —	32 —	00 —		500 —		15 62
6 —	6 —	40 —	09 —		550 —		13 75

Des attestations nombreuses prouvent que l'addition de ce simple treuil à manivelle fait rendre à un marc 5 pour 100 de plus que ne l'eût fait un pressoir à levier seulement.

Voici les prix des pressoirs à treuil à engrenages de MM. Chollet-Champion, plus forts encore que les précédents, dits *pressoirs à lanterne, à cliquet*, et *treuil vertical complet* :

N°s 1.		avec vis de 70 mill. et treuil n° 1 275 fr.,	sans le treuil 215 fr.,	sans la maie, ni levier. 100
	— 80	— 305	— 245	110
2	— 90	— 365	— 305	150
	— 100	— 480	— 420	175
3	— 110	— n° 2 620	— 520	215
	— 120	— 790	— 690	240
4	— 130	— 910	— 810	330
	— 140	— 1050	— 930	370

Si l'on veut des vis à filets renforcés, elles coûtent en plus de 9 à 10 pour 100.

Pressoirs à vis, levier et engrenage. — M. Loquay n'expose que son pressoir à trois paires d'engrenages ; mais il en fait à une seule paire ainsi disposés : deux colonnes fixées dans la maie supportent en haut un chapeau ou traverse au centre de laquelle passe la vis : celle-ci se termine par une grande roue dentée commandée par un pignon placé sur l'axe d'une des colonnes qui lui sert de tourillon et de centre au levier. En faisant tourner le levier on entraîne le pignon qui commande la roue, et par suite fait tourner la vis qui fait baisser son écrou placé au milieu d'une traverse guidée par les deux colonnes. La construction de ce pressoir laisse à désirer comme simplicité, eu égard au but à atteindre.

Le pressoir à levier et à deux vis du même constructeur est pour ainsi dire formé de deux pressoirs du modèle précédent accolés et ayant leur pignon commun : mais il est mieux combiné ; les deux vis sont reliées en haut par une traverse, au milieu de laquelle passe l'axe du pignon commandeur et sur lequel est fixé le double levier moteur. Le pignon commande en même temps deux roues égales, dont les moyeux forment les écrous des deux vis et entraînent la charge, mais seulement dans leur mouvement de descente pour la pressée et d'ascension pour le *dépressage*, pour permettre d'enlever le plus vite possible la pression. Les grandes roues ont une seconde denture commandée par un pignon plus grand que celui qui sert à presser : il peut être à volonté amené en contact. Dans le premier cas la multiplication était de 7.6, elle n'est plus que de 3.8 pour desserrer : on a donc, dans ce dernier cas, une vitesse double. C'est déjà un progrès sur le précédent modèle ; mais ce système, s'il peut donner une bonne pression, laisse à désirer sous le rapport de la solidité et de la simplicité.

M. Loquay assure que la pression se fait toujours avec une régularité parfaite lorsqu'il y a deux vis, et qu'il n'en est pas ainsi pour les pressoirs à une seule vis ; car si la charge descend inégalement, la vis tend à plier, ou à se tordre et peut se briser parce qu'elle n'est retenue que par le pied.

Pressoir à deux ou plusieurs paires d'engrenages. — Dans la plupart de ces pressoirs, les grands leviers qui exigent beaucoup de place sont remplacés par des volants à chevilles ou des manivelles, et la multiplication de la force se fait par deux ou trois paires successives d'engrenages qui agissent sur l'écrou de la vis ou sur la vis elle-même. En raison de la multiplicité des organes, les combinaisons sont ici extrêmement nombreuses ; nous n'examinerons que les plus convenables.

Parmi les pressoirs à deux paires d'engrenages, nous pouvons citer celui de M. Marillier, d'Argenteuil.

La vis traverse le fond de la maie et peut tourner ; la partie filetée est en haut et traverse un écrou encastré dans un fort sommier de charge. Sous la maie, en bas, le corps de la vis dépasse et porte une roue dentée commandée par un pignon sur l'arbre duquel, et au dessous, se trouve une roue conique commandée par un pignon clavelé sur l'arbre d'un volant moteur de grand diamètre, portant des poignées ou une manivelle, dont le rayon est d'environ 0ᵐ.72. Les deux paires d'engrenages multipliant la force motrice par environ 5,4 chacune, la vis ayant environ 0ᵐ,080 de diamètre et un pas de 24, voici quelle serait la pression pratique approximative. La vis repose sur un pivot :

$$P = F \times \frac{L}{r} \times n \times \frac{s}{tg\,(\alpha+\gamma)+0.33\,tg\,\gamma} \qquad (22)$$

Or, $\alpha = 5° 59' 20''$ environ et γ, $5°.42'.40''$; $L = 0.72$ et $r = 0.035$; nous aurons donc :

$$P = F \times \frac{0.72}{0.035} \times 5.4 \times 5.4 \ \frac{4}{tg.\,11°.42' + tg.\,0.33.\,5°42'.40''} = 1953.4 \times F.$$

Or, on peut compter qu'un homme exercera un effort d'environ 30 kilog. sur les chevilles de la roue ; la pression sans tenir compte du frottement des engrenages, serait donc de 58,602 kilogr.

Le frottement des engrenages peut diminuer le rapport de la pression à la force motrice d'environ 9 p. 100.

Le rendement ou l'effet utile mécanique est égal à

$$\frac{58802^k \times 0,024}{6.2832 \times 0.72 \times 5.4 \times 5.4 \times 30} = 0.3554$$

sans les frottements d'engrenages, et à environ 0,293 si l'on tient compte de tous les frottements. La pression peut donc être estimée pratiquement à 30,000 kilogr. pour un marc de 1.5 carré et 0.70 de hauteur : ce qui donne par centimètre carré de marc une pression de $2^k.222$, ce qui est un peu faible ; il est vrai qu'en disposant un volant moteur un peu fort avec de fortes chevilles, on peut y mettre deux hommes qui donneraient une pression à peu près double.

Il y a deux modèles du pressoir Marillier : l'un sur roue, l'autre fixe.

Le desserrage est lent, car rien n'est disposé pour changer alors de vitesse.

Le pressoir Coq, exposé aussi à Billancourt, est fait suivant le même principe et locomobile. Seulement, c'est la première paire d'engrenages qui est cylindrique ; elle a 42 dents et est commandée par un pignon de 14 dents placé sur l'arbre du volant moteur. Sur l'extrémité de l'arbre de la roue cylindrique est un pignon conique de 12 dents, commandant une roue de 72 dents fixée sur la partie inférieure du corps de la vis, qui fait ainsi un tour pour 18 du volant. Ce dernier a 0,435 de rayon.

La pression (sans tenir compte du frottement des engrenages) est donc donnée par la formule (22) : en y mettant pour L, r, n, α et γ, les chiffres, on trouve 7288 F ; ou pour un homme 24,864 kilogr. pour un marc de 0,70 de diamètre et 0,85 de hauteur, ce qui fait $5^k,682$ par centimètre carré de marc. C'est un bon chiffre. En outre, le pignon peut être débrayé et le volant fixé sur l'arbre du pignon conique, ce qui donne une vitesse de desserrage trois fois plus grande que celle du serrage définitif.

Le pressoir de M. Lotte, exposé aussi à Billancourt, est portatif, et d'une disposition assez recommandable. Il se compose, comme l'indique la fig. 10 (page suivante), d'une vis fixe placée au centre d'une cage cylindrique, et dont l'écrou, solidaire avec une grande roue d'engrenage, est mû par deux paires d'engrenages multiplicateurs.

Lorsqu'on agit sur le volant A, à chevilles, de 0,2725 de rayon, le pignon B, de 10 dents, qui est fixé sur le bout de l'arbre de ce volant, commande la roue C de 87 dents : cette dernière est fixée au bas d'un long arbre vertical, qui porte un très long pignon D de 8 dents qui commande la dernière roue de 120 dents fixée sur le haut de l'écrou mobile. Donc ce dernier fait 130 tours et demi $(8.7 \times 15$ pour un tour de volant.

La vis ayant un pas de 18 millimètres pour un rayon moyen de 0.041, l'inclinaison du filet est de 4 degrés.

Or, on a dans ce cas :

$$P = F \times \frac{L}{r} \times n \times \frac{1}{tg\,(\alpha + \gamma) + 1.33\,tg\,\gamma} \tag{24}$$

Dans ce pressoir L = 0,2725, $r = 0,041$, $n = 130,5$, $\alpha = 4°$ et $\gamma = 5°.42'.40''$.

En mettant ces chiffres dans la formule 24, nous trouvons $P = F \times 3200$.

Dans la position qu'occupe le volant, l'homme ne peut guère donner que 15 kilogr. sur les chevilles; donc P=48,000 kilogr. sans tenir compte du frottement des engrenages; soit, si ces frottements sont pris en considération, environ

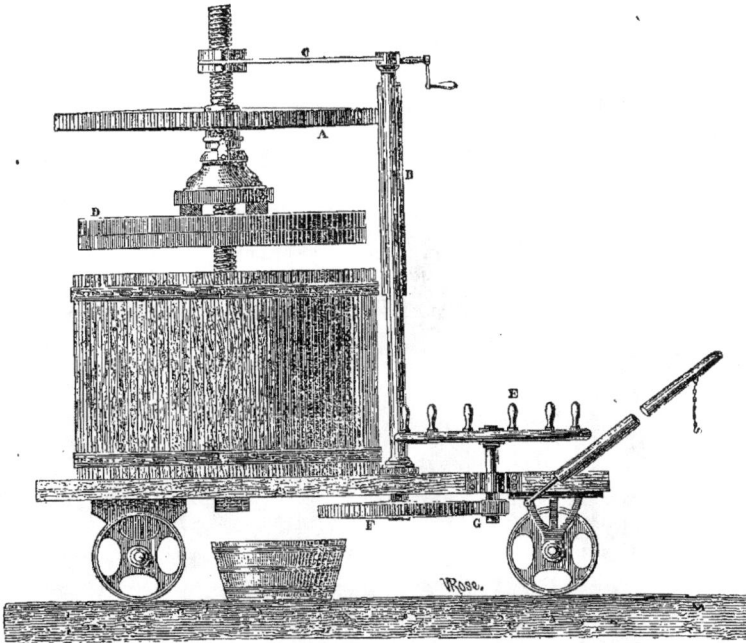

Fig. 10. — Pressoir à engrenages, de M. Lotte.

40,000 kilogr. pour un marc de 1ᵐ.260 de diamètre ou de 1ᵐ².2469; soit par centimètre carré 2ᵏ.2 environ. En mettant deux hommes pour finir le marc on peut doubler cette pression.

Le rendement est ici :

$$\frac{48,000 \times 0^m,018}{130.5 \times 2\,\pi.\ 0,2725 \times 15} = 0,257$$

Si l'on tient compte du frottement des engrenages et des tourillons, ce rendement s'abaissera à 0,213, soit un peu plus de 21 p. 100.

Lorsque l'on veut desserrer, on débraye le long pignon P, en agissant sur la vis de rappel C, car l'arbre du pignon est articulé à sa partie inférieure; bientôt la grande roue de 120 dents est débrayée, et comme elle porte en dessus des chevilles elle sert de volant moteur, ce qui permet un très-prompt desserrage.

Ce pressoir est d'une belle et bonne exécution.

Le pressoir à deux vis et à trois paires d'engrenages de M. Loquay est représenté par la fig. 11 qui suit. Il rappelle le pressoir à deux vis et à levier déjà décrit; mais ici le levier moteur est remplacé par une paire de roues coniques G, H, multipliant la force motrice par 5.5 et en outre par une paire I, J, multipliant par 9.27, ou en tout par 50.

La dernière paire de roues P, F multipliant par 7.9, il en résulte que les vis font un tour pour 395 de la manivelle de 0,39 de rayon, placée sur un volant.

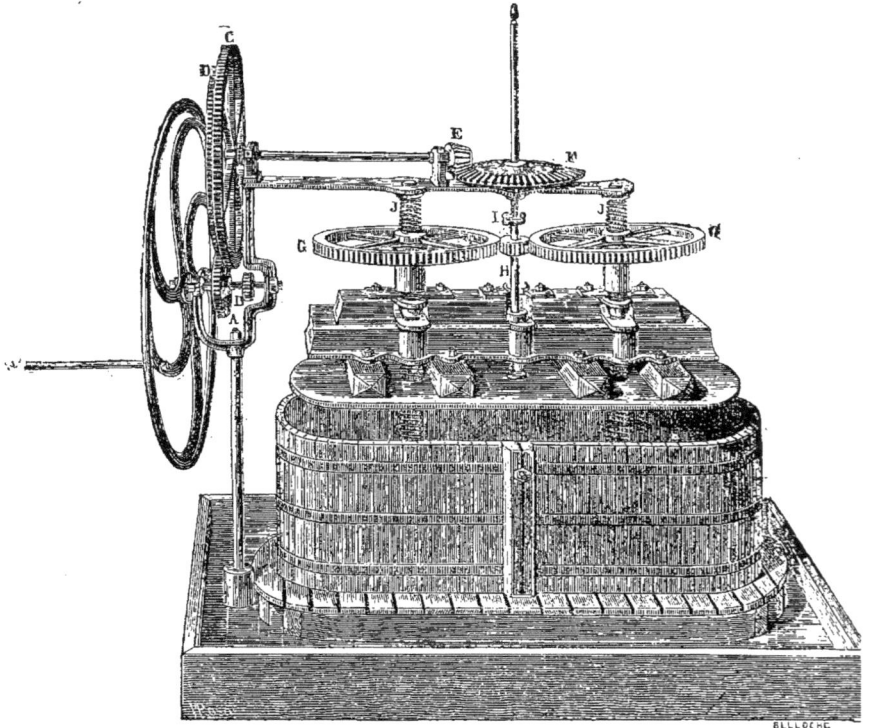

Fig. 11. — Pressoir à engrenages et à 2 vis, de M. Loquay.

En adoptant un pas de vis de 24 pour 80 millimètres de diamètre, la pression obtenue dans ce pressoir sera donnée par la formule (21).

$$P = F \times \frac{L}{r} \times n \times \frac{1}{\operatorname{tg}(\alpha+\gamma) + 1.33\,\operatorname{tg}\gamma} = F \times \frac{0,39}{0,0575} \times 395$$

$$\times \frac{1}{\operatorname{tg} 11^{\circ}.42 + 1.33\,\operatorname{tg} 5^{\circ}.42'.40''}$$

l'où P = F × 8881. Or, F à la manivelle ne peut guère dépasser 15 kilogr.; donc P = 133,215 kilogr., et le rendement serait :

$$\frac{133215 \times 0,024}{395 \times 2\,\pi \times 0,39 \times 15} = 0,22.$$

C'est donc un très-fort pressoir rendant peu d'effet utile mécanique, comme ous les pressoirs à trois paires d'engrenages, même sans tenir compte des frottements de ces organes, ce qui diminuerait encore le rendement jusqu'à 20 p. 100 ulement.

La première paire de roues peut être remplacée par une autre ne multipliant la vitesse que dans le rapport de 1,5 au lieu de 9,27, ce qui donne une vitesse six fois plus forte pour le desserrage que pour le *pressurage*.

Toutefois, dans ce pressoir, la pression et les vitesses ne sont pas obtenues par des moyens assez simples.

Le pressoir Lemonnier-Nouvion, dit Châtillonnais, a une très-grande réputation en Bourgogne. Le modèle exposé à Billancourt est représenté par la fig. 12, sauf qu'une paire d'engrenages cylindriques et une manivelle remplacent chaque levier à déclic. Tout le mécanisme est en dessous de la maie, que le corps de la vis traverse.

Fig. 12. — Pressoir de MM. Lemonnier et Nouvion.

Le pignon placé sur l'arbre de la manivelle motrice a 14 dents et conduit une roue de 90 dents ; sur l'arbre de cette dernière un pignon conique de 10 dents conduit une grande roue de 102 dents : la multiplication est donc de 6.43 × 10.2 ou de 65.586 : c'est-à-dire que la vis fait un tour pour 65.586 tours de manivelle. La vis a un diamètre moyen de 0,1015 et 25 de pas; ce qui donne pour l'inclinaison des filets $\alpha = 4°.30'$.

Le rayon de la manivelle est de 0m.40 au plus, c'est-à-dire que L = 0,4, r = 0,05075, n = 65,586, $\alpha = 4°.30$ et $\gamma = 5°.42'.40''$; mettant ces chiffres dans la formule 21, on a :

$$P = F \times \frac{0,4}{0,05075} \times 65,586 \times \frac{1}{\operatorname{tg} 10°.12'.40'' + 1.33 \operatorname{tg} 5°.42'.40''} = 1651.5 \, F.$$

Pour F = 15 kilogr. par homme ou 30 kilogr. en tout, P = 49545, et en tenant compte du frottement des engrenages, 40,000 kilogr. au moins.

Le rendement ou l'effet utile mécanique est

$$\frac{49,545^k \times 0,025}{65,586 \times 2 \pi. \times 0,4 \times 30^k} = 0,25,$$

en ne tenant pas compte des frottements des engrenages, et, en les prenant en considération, 0,207 seulement, ou environ 21 p. 100.

Pour commencer la pression ou pour desserrer, on peut marcher plus vite en

débrayant le petit pignon, engageant le plus grand de 24 dents dans les dents
de la roue de 90 dents, et adaptant la manivelle sur le bout de son arbre; on a
alors une vitesse une fois et demie plus grande, ce qui n'est pas tout à fait assez
rapide.

Pressoirs de MM. E. Mabille. — MM. E. Mabille frères, constructeurs à Am-
boise, exposent à Billancourt deux pressoirs à engrenages et une vis à lanterne,
d'une exécution remarquable. La plus importante est leur pressoir it *perfectionné*, à débrayage spontané, du grand modèle ; la multiplication de la force
s'y fait comme dans tous les pressoirs de cette classe, par des leviers (les volants
à chevilles), une vis et son écrou, et enfin deux paires d'engrenages. On effectue
la *pressée* en trois temps : d'abord en faisant tourner directement l'écrou en
employant comme levier le bâti quadrangulaire qui porte les engrenages ;
ensuite en agissant sur le volant horizontal à chevilles, après avoir rendu *folle*
la seconde roue, en enlevant la clavette qui la relie au pignon (ce dernier commande une roue placée sous l'écrou); enfin, on remet la clavette, pour que
la seconde roue tourne solidairement avec le pignon, et l'on agit sur le volant vertical à cheville. Dans ce dernier cas, tous les moyens de multiplication de la
force motrice sont mis en jeu ; l'écrou descend très-lentement, mais il opère
une pression très-forte (175,000 kilogrammes pour deux hommes au volant).

Tout le mécanisme est porté par un bâti quadrangulaire en fonte et fer,
qui repose sur l'écrou même et tourne avec lui. Le volant a un diamètre
de 1 m, 23 au milieu des poignées, ce qui donne à la force motrice (la main
de l'homme) un bras de levier de 0m.615 ; le pignon conique n'ayant que
0m.150 de diamètre moyen, le bras de levier de la résistance n'étant que
de 0m.075 ; on a donc ainsi sur les dents de la roue conique une pression
égale à celle qu'exerce l'homme multipliée par le rapport entre les bras de
leviers, 0,615 et 0,75, ou par 8.2. Or un homme peut exercer pendant quelques instants sur les chevilles du volant un effort d'environ 30 kilogr.; il aura
donc une pression de 246 kilogr. environ sur la roue conique ; on peut de même
calculer les pressions successives jusque sur la vis. Ou plus simplement : le chemin décrit par la main motrice est au chemin décrit par le milieu du filet de la
vis dans le rapport d'un tour de vis de 0,115 de diamètre à71.15 tours de volant
de 1m23 de diamètre ou 761 fois plus grand ; l'effort sur le filet de la vis sera
donc égal à 761 fois celui qu'exercera l'homme sur les chevilles du volant ; si
cet effort est de 30 kilogr., la pression horizontale sur le filet de vis sera 761 fois
30 ou 22830 kilogr.

La roue conique ayant 84 dents fera un tour pour 4.941 tours du volant et du
pignon, qui n'a que 17 dents; la première roue droite, qui a 72 dents, fera un
tour pour 3 de son pignon de 24 dents ou de la roue d'angle, ou pour 14,823
tours de volant : enfin, la troisième roue, de 48 dents, fera un tour par 4,8 de
son pignon de 10 dents ou de la deuxième roue, ou pour 71,15 tours du volant.

La vis ayant 0m,115 de diamètre au milieu de la partie hélicoïdale de son filet,
et un pas de 36 millim., l'effort vertical ou la pression exercée par l'écrou, sera
égale à l'effort horizontal réel, 18,721 kilogr., divisé par la tangente d'un angle
égal à la somme de l'angle du filet (5° 41' 20") et de l'angle de frottement
(5° 42' 40"), soit 11° 24' : la pression verticale est donc égale à 92,846 kilogr.
pour l'effort d'un seul homme exerçant un effort de 30 kilogr. Il faut encore tenir
compte du frottement de l'écrou sur son siége, ce qui ne laisse que 58,600 kilogr.
environ.

Si les tourillons, les engrenages et la vis ne donnaient aucun frottement, on
aurait : pression horizontale sur le filet de vis, 22,830 kilogr., et pression verti-

calc, 229,180 kilogr. On perd donc par le seul fait du frottement des diverses pièces multipliant la force, 75 p. 100 de l'effort total, c'est-à-dire que le pressoir ne rend que 25 p. 100 de l'effort moteur. Avec deux hommes, ce pressoir peut donner une pression effective de 116,000 kilogr. d'après notre calcul. MM. E. Mabille annoncent 175,000 kilogr. : c'est un chiffre sur lequel on peut, à la rigueur, compter, car un homme peut, au dernier moment, exercer plus de 30 kilogr.; cette pression s'exerçant sur un marc de 1^m.90 de diamètre ou 2^m².83.53, c'est un peu plus de 6 kilogr. par centimètre carré, pression plus que suffisante pour faire le vin et le cidre. Encore faut-il ne pas oublier qu'à la fin d'une pression et pendant quelques instants, les hommes peuvent exercer chacun une pression de plus de 30 kilogr. Cette dimension de pressoir permet un marc de 28 hect. environ.

Pour éviter toute rupture par une pression trop énergique des hommes sur le volant, MM. Mabille ont imaginé un très-ingénieux mode de *débrayage spontané*; le moyeu du volant vertical est creux et porte à l'intérieur et au fond un taquet qui est poussé, ainsi que le moyeu tout entier, par un ressort en boudin logé dans une boîte cylindrique qui enveloppe l'extérieur du moyeu du volant et est fixée solidement au bout de l'arbre, fileté par un écrou; tant que la pression ne dépasse pas un certain chiffre, le taquet, grâce au ressort, entre dans une *encoche* trapèze à bords arrondis, ménagée dans une rondelle adhérente à l'arbre du pignon, et entraîne par suite cet arbre; mais si la pression devient trop grande le taquet glisse dans son encoche, parce qu'il peut alors comprimer le ressort qui le contient, et le moyeu du volant s'écarte un peu de la rondelle d'embrayage; cet écartement, égal à la compression que subit le ressort, augmente avec la force et finit par être tel que le taquet d'embrayage s'échappe de l'encoche et le volant est fou sur son arbre. Il est donc impossible aux ouvriers inhabiles ou mal intentionnés de casser le pressoir : il faut toutefois que les ouvriers qui tournent le volant évitent le retour de celui-ci.

Le second pressoir exposé par M. Mabille, est plus petit et d'un système différent : c'est le pressoir à engrenages et à vis sans fin; la pression peut se faire rapidement, car on dispose de quatre vitesses et tout est bien disposé pour marcher rapidement et permettre à deux hommes d'agir en même temps pendant les quatre phases de la *pressée*.

Sur l'arbre supérieur un pignon de 12 dents conduit une roue de 27 dents : sur l'arbre de cette dernière, un pignon de 12 dents conduit une roue de 27, placée sur l'extrémité d'un arbre qui porte en son milieu une vis sans fin de trois filets, qui conduit une roue à dents hélicoïdale de 56 dents. Chacun de ces trois arbres peut recevoir une manivelle à chacune de ses extrémités, ce qui constitue trois vitesses différentes de marche. En outre, à l'aide d'une petite manivelle, on peut débrayer la vis sans fin en l'écartant avec tout le bâti de la roue qu'elle commande. Alors, et c'est la première phase d'une *pressée*, on peut tourner directement la roue dentée qui est solidaire avec l'écrou de la vis. On fait donc alors un tour de roue pour un tour de vis; pour continuer et presser un peu plus, on met une manivelle sur l'arbre de la vis sans fin et on fait 56 tours de manivelle pour un tour de vis; ensuite, on met la manivelle sur l'arbre inférieur externe et on fait 126 tours de manivelle pour un de la vis; enfin, pour donner la plus forte pression possible, on met les manivelles sur l'arbre supérieur et il faut faire 283.5 tours de manivelle pour un de la vis : appliqués à la manivelle, les hommes ne peuvent guère donner chacun plus de 15 kilogr., en tout 30; la multiplication de force donnerait donc théoriquement 8505 kilogr. pour la pression horizontale sur le filet de vis, multipliée par le rapport entre le rayon de la manivelle et le rayon de la vis, soit 8505 × 88, ou 74,844 kilogr.

et pratiquemen environ 19,000 kilogr. La vis ayant un diamètre moyen de $0^m,075$ et un pas de 21^{mm}, la pression verticale réelle sera égale à la pression horizontale, divisée par la tangente de l'angle $10°\ 55'\ 30''$, somme de l'inclinaison de la vis ($5°\ 12'\ 90''$) et de l'angle de frottement ($5°\ 42'\ 40''$), soit 164,200 kilogr. Théoriquement, ce devrait être 820,380. Le rendement est donc de 0,2000. Malgré ce faible rendement, inhérent à tous les pressoirs à engrenages, c'est un excellent instrument, capable d'une énorme pression.

Voici les prix des divers pressoirs à engrenages de MM. Mabille :

No 2. — Pressoir à levier continu et deux paires d'engrenages.

Pour	3 barriques :	maie en fonte 400 fr.,	maie en bois 350 fr.,	ou par barrique	133f.33 ou	116f.66
—	6	—	— 490	— 440	— 81 66 —	72 33
—	9	—	— 630	— 570	— 70 00 —	63 33
—	12	—	— 830	— 760	— 69 16 —	63 33

No 3. — Pressoir à deux paires d'engrenages et engrenage à vis sans fin.

Pour	6 barriques :	maie en fonte 400 fr.,	maie en bois 350 fr.,	ou par barrique	66f.66 ou	58f.33
—	13	—	— 490	— 440	— 37 69 —	33 85
—	22	—	— 630	— 570	— 28 63 —	25 90
—	34	—	— 830	— 760	— 34 58 —	22 35

Les constructeurs exagèrent peut-être un peu le travail que peuvent faire ces derniers pressoirs.

No 4. — Pressoir à volants et trois paires d'engrenages.

Pour	3 barriques :	maie en bois 390 fr.,	avec claie circulaire 440 fr.,	ou par barrique	130f.00 ou	147f.67
—	6	—	— 480	— 530	— 80 00 —	80 58
—	9	—	— 620	— 680	— 68 80 —	75 50
—	12	—	— 830	— 900	— 67 50 —	75 00

Ce dernier modèle nous paraît le meilleur.

Lorsque le volant est monté avec débrayage spontané, ce mécanisme se paye à part environ 50 fr.

Voici une autre indication de prix pour ce même no 4 tout complet, avec maie en bois.

Pour	8 hect. de vin ou 4 hect. de cidre 410 fr.,		ou par hect. de vin 51f.25	et par hect. de cidre	103f.50
— 16	—	8	— 500	— 31 25	— 62 50
— 24	—	12	— 615	— 25 625	— 51 25
— 32	—	16	— 850	— 26 56	— 53 12
— 40	—	20	— 1050	— 26 25	— 52 50
— 50	—	25	— 1200	— 24 00	— 48 00
— 60	—	30	— 1350	— 22 50	— 45 00

Ces premiers sont efficaces, d'une manœuvre rapide par suite des changements de vitesse.

Pressoirs de MM. Chollet-Champion. — Le pressoir dit à boisseau, breveté, de ces excellents constructeurs, est représenté par la fig. 13. On voit qu'il se compose d'une pièce principale formant à la fois crapaudine de l'écrou par son fond et un bâti en forme de collier reliant solidement toutes les parties du mécanisme. La crapaudine se trouve tellement renforcée par les côtés du boisseau ou collier dans lequel tourne l'écrou, qu'il est presque impossible qu'elle rompe, ce qui arrive parfois à d'autres pressoirs. La grande roue à dents intérieures forme en même temps écrou.

La multiplication de la force se fait par 3 paires d'engrenages : la première est cylindrique, le pignon a 9 dents et conduit une roue de 45. Sur l'arbre de celle-ci est un pignon conique de 10 dents qui commande une roue de 42 dents ; enfin sur le haut de l'arbre de cette dernière est un pignon droit de 10 dents qui commande la roue à dents intérieures de 65 dents dont le moyeu forme l'écrou de la vis. Par ce mécanisme, la vis fait un tour pour 136,5 de la manivelle

$$\left(\frac{45}{9} \times \frac{42}{10} \times \frac{65}{10}\right).$$

La vis ayant 100 millimètres de diamètre extérieur et 24 millimètres de pas, l'inclinaison du filet moyen est de $4°,54'$. Le rayon de la manivelle est $0,33 = L$, le rayon moyen de la vis $0^m,0445 = r$, l'angle de frottement $5°,42',40'' = \gamma$. Mettant ces chiffres dans la formule générale (21), nous avons :

$$P = F \times \frac{0.33}{0.0445} \times 136.5 \times \frac{1}{\text{tg } 10°, 36', 40'' + 1.33 \text{ tg } 5°, 42', 40''} = 3160.3 \text{ F}.$$

Un homme pouvant à la rigueur, pendant quelque temps, exercer sur une manivelle 15 kilogr., la pression qu'il donnera avec ce pressoir, sera donc de 47,404 kilogr., sans tenir compte du frottement des engrenages, qui peut réduire cette pression à 35,000 kilog. environ, et avec deux hommes à 70,000 kilogr.

Le rendement ou l'effet utile est donné par la formule

$$\frac{47404^k.5 \times 0.024}{136.5 \times 2\pi \times 0.33 \times 15^k} = 0.2679.$$

En tenant compte des frottements, ce rendement s'abaisse à 0,2014, soit 20 p. 100.

Un des principaux avantages de ce beau pressoir, c'est la variété de vitesse du travail.

Fig. 13. — Pressoir à boisseau, de M. Chollet-Champion.

Pour commencer la pression on fait tourner directement le *boisseau* à la main, ce qui donne un tour de la force motrice pour un tour d'écrou ; on continue dès qu'on sent une forte résistance, en plaçant la manivelle sur l'arbre inférieur portant le pignon d'angle (les deux pignons droits débrayés). Ce pignon de 10

Fig. 14.

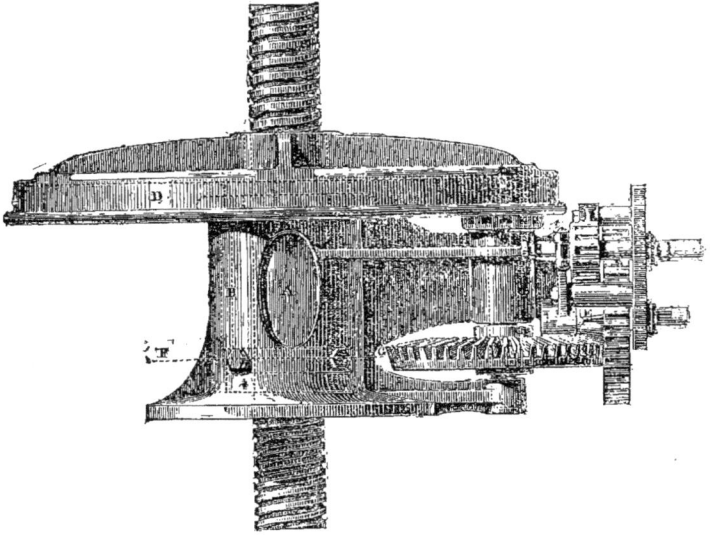

Fig. 15.

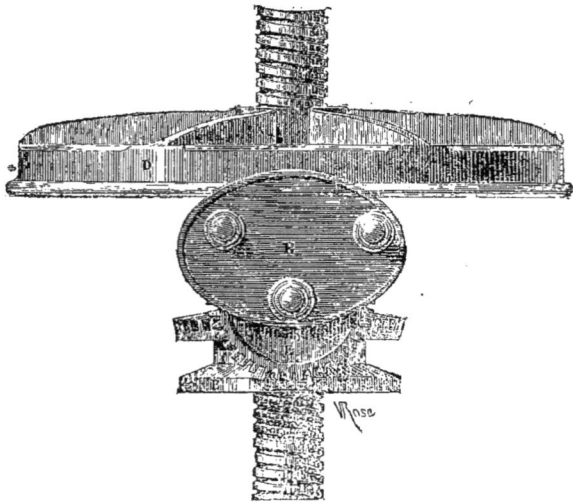

Engrenages du pressoir à bois au, de M. CLOUET Champion.

dents commandant une roue de 42 sur l'arbre de laquelle est un pignon droit de 10 dents commandant la roue à dents intérieures, on doit faire alors 27 tours de manivelle pour 1 tour d'écrou; puis dès qu'il est difficile de tourner, on place la manivelle sur le bout de l'arbre du gros pignon droit de 15 dents qui commande la roue de 45 dents; la multiplication de la force motrice est alors dans le rapport de 81 tours de manivelle pour un tour d'écrou. Enfin, pour terminer

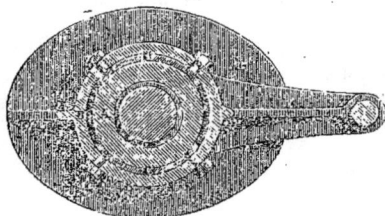

Fig. 16. — Plan du boisseau du pressoir Chollet-Champion.

la pression, on place la manivelle sur le plus petit pignon droit n'ayant que 9 dents et commandant la même roue de 45; on obtient alors 1 tour de vis pour 136,5 tours de manivelle.

Nous avons décrit le pressoir n. 3 du nouveau tarif ainsi détaillé :

NUMÉROS des MODÈLES.	DIAMÈTRE des VIS.	PAS DES FILETS.	PRESSION PRODUITE.	PRIX pour PRESSOIR EN BOIS.	PRIX pour PRESSOIR EN PIERRE
	millim.		kilogrammes.	fr.	fr.
1	60	24	30.000	225	240
	70	18	40.000	250	270
	80	12	50.000	280	300
2	80	24	40.000	280	300
	90	18	60.000	325	350
	100	12	80.000	370	400
3	100	24	70.000	360	400
	110	18	100.000	410	450
	120	12	130.000	450	500
4	120	30	150.000	560	600
	130	24	100.000	600	650
	140	18	100.000	700	750
	150	12	220.000	820	900

La formule (21)

$$P = F \times \frac{l}{r} \times n \times \frac{1}{tg\,(\alpha + \gamma)\,1.33\,tg\,\gamma} \qquad (21)$$

montre que, pour avoir une forte pression avec une série d'engrenages donnée dans ses rapports, un diamètre de volant moteur et un rayon de vis fixé, le seul moyen consiste à diminuer l'inclinaison α du filet de la vis. Or chaque filet résiste à la pression, ou réaction de l'écrou, comme une pièce encastrée par une de ses extrémités : la meilleure forme est alors celle dite d'égale résistance ou d'une demi-parabole du côté opposé de la pression. On imite cette forme, en faisant de forme trapézoïdale le filet dans la section diamétrale de la vis ; on a ainsi ce qu'on peut appeler des *filets couchés* ou *renforcés*, et l'on peut en mettre théoriquement deux fois plus sur une même longueur de vis, ce qui, en réduisant le pas de 50 pour cent, double la pression dont est capable la vis. Il ne faudrait pas pousser aussi loin ce principe; mais il est certain que cette forme de filets renforcés est la meilleure. Pour une même hauteur d'écrou, il y aura plus de filets engagés, plus de surfaces frottantes, et par suite moins d'usure.

Dimensions des pressoirs de MM. Chollet-Champion.

N°s 2. Vis d'un pas de 23 millim., le dernier axe fait 131 tours pour un de l'écrou-manivelle de 0.33

3	—	23	—	190	—	0.35
4 {	—	30	—	308	—	0.38
	—	23	—	302	—	0.38

Ces trois numéros peuvent recevoir sans crainte l'effort moteur de deux hommes, ce qui ferait une pression double.

Pressoir à genou de M. Samain. — Cette presse, d'un usage général, se compose, comme le montre la figure 17, de quatre doubles bielles AC, BD,

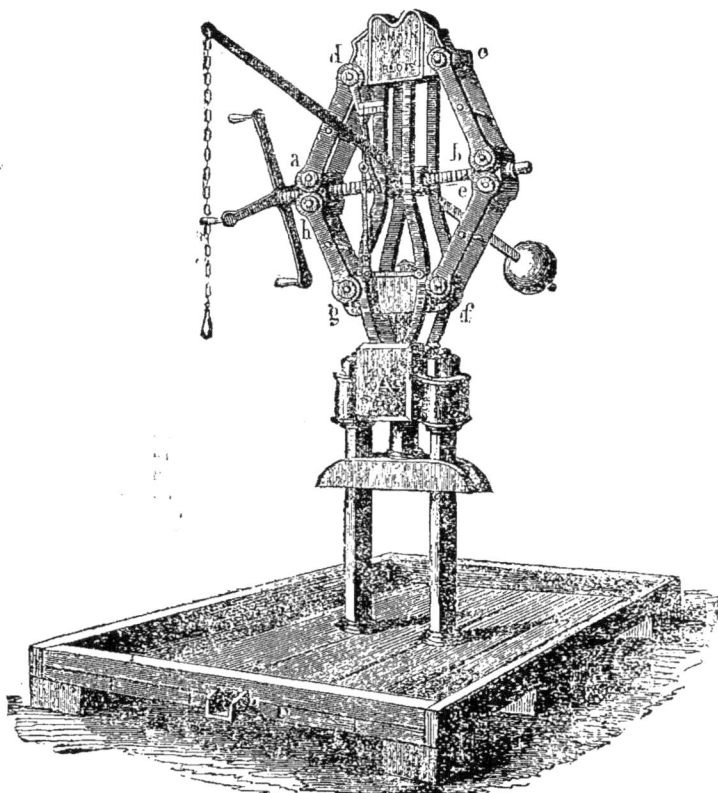

Fig. 17. — Presse à genou ou à losange, de M. Samain.

EG, FH, articulées et formant par leur ensemble un losange; les sommets horizontaux de ces losanges sont des écrous filetés en sens inverse pour le passage d'une vis à filetages opposés aussi. C'est d'abord sur ces écrous à oreilles que s'articulent les quatre branches du double genou. Lorsqu'on fait tourner la vis, les sommets horizontaux s'écartent ou se rapprochent suivant le sens de la rotation. Les deux branches supérieures du losange s'articulent en haut sur les oreilles d'une forte pièce de fonte supportée par de petites colonnes en fer forgé qui la relient au chapeau des deux colonnes inférieures fixées sur la maie ; par suite, dès que le losange se rétrécit horizontalement, le haut des branches supérieures étant invariable, les branches du bas seules peuvent descendre, et elles entraînent avec elles une tige passant dans la douille, qui guide le chapeau ou angle inférieur ; cette tige porte un piston ou une pièce formant charge et transmettant la pression à la matière à comprimer.

Les tiges en fer qui relient les deux sommiers subissent des efforts d'allongement ; si elles étaient parfaitement droites elles s'allongeraient peut-être d'une quantité infiniment petite, mais sans utilité ; M. Samain a eu l'heureuse idée de les courber un peu vers le bas de façon que plus la pression croît plus elles se redressent. Les sommets des courbures tendent donc à se rapprocher, et ils poussent alors les petites branches d'un levier-aiguille dont l'extrémité parcourt un cadran que l'on peut graduer en faisant agir la pression sur la petite branche d'une très-forte romaine.

L'ensemble forme un dynamomètre d'une utilité incontestable puisqu'il permet de fixer par expérience la pression par centimètre carré pour les diverses matières à comprimer ; aussi cette presse peut-elle servir pour toute espèce de matières.

On fait tourner la vis motrice par divers moyens : 1° par des bras ou un volant à chevilles placés sur une de ses extrémités ; 2° pour terminer la pression par un grand levier *fou* sur le corps de la vis, mais muni d'un *cliquet* ou *chien* qui engrène dans le sens convenable avec des roues à rochet fixées sur la vis à droite et à gauche du levier.

L'homme peut exercer sur ce grand levier un effort presque égal à son poids, ce qui permet d'exercer, pour la fin de l'opération, une pression énorme même avec un seul homme.

Nous avons déjà fait remarquer (*Théorie du genou*) que si l'effort moteur est constant, la pression obtenue ira en croissant de plus en plus rapidement au fur et à mesure du redressement du genou ; c'est une condition tout particulièrement favorable, puisque la résistance de la matière à comprimer *croît* de plus en plus.

C'est surtout ce qui constitue le mérite de la presse Samain sous toutes ses formes ; la pression y est progressive par le fait même du mécanisme et indépendamment de l'homme qui l'emploie.

Enfin, si l'on continuait à redresser le coude, on arriverait avant qu'il ne soit vertical à exercer une pression presque infinie ; donc l'appareil casserait. Aussi M. Samain a-t-il disposé son aiguille de dynamomètre de telle façon qu'elle arrête le levier moteur en l'accrochant, ou bien l'aiguille fait mouvoir un *pied de biche* qui vient caler le levier moteur.

Ce débrayage spontané est une excellente addition puisqu'il prévient toute rupture de l'appareil.

La seule objection que l'on peut faire à la presse à genou, résulte de l'examen du tableau théorique, page 99.

La multiplication de la force motrice par le genou ne commence que pour un angle de coude égal à 127°,48', et la course que l'on obtient de ce point jusqu'au rendement complet n'est que d'environ le quart de la course de la force motrice. Or, à moins de faire des genoux très-grands, on est limité dans l'étendue de la pression : pour les matières qui diminuent beaucoup de volume par la pression, le foin, le coton, la vendange, c'est un inconvénient assez grave ; il force dans les

Voici les dimensions et prix des divers numéros du pressoir Samain.

NUMÉROS des pressoirs.	DIAMÈTRE DES VIS.	PAS DE VIS. (millim.)	PRESSION en kilogrammes.	DEMI FIXE — Maie en bois. (mètr.)	DEMI FIXE — Maie en bois. (fr.)	DEMI FIXE — Maie en fonte. (mètr.)	DEMI FIXE — Maie en fonte. (fr.)	LOCOMOBILE — Maie en fonte. (fr.)	LOCOMOBILE — Maie en bois.	VENDANGE BLANCHE. (hectol.)	VENDANGE ROUGE CUVÉE. (bectol.)	PRIX par hectolitre — VENDANGE BLANCHE. (fr.)	(fr.)	(fr.)	PRIX par hectolitre — VENDANGE ROUGE CUVÉE. (fr.)	(fr.)	(fr.)
1	7	18	25.000	1.20	370	1.20	470	2 roues 610	2 roues.	10	20	37.00	47.00	61.00	18.50	23.50	30.50
	8	12	35.000	1.50	420	1.20	500	640	—	14	28	30.00	35.71	45.71	17.85	17.85	22.85
2	9	24	40.000	1.60	450	1.40	560	700	4 roues.	16	32	28.12	35.00	43.75	17.50	17.50	21.87
	10	18	60.000	2.00	600	1.40	600	750	—	24	48	25.00	25.00	31.25	12.50	12.50	15.62
3	11	24	70.000	2.20	700	1.70	750	900	—	28	56	25.00	26.78	32.14	12.50	13.39	16.07
	12	18	100.000	2.60	880	1.70	800	960	—	40	80	22.00	20.00	24.00	11.00	10.00	12.00
4	13	24	120.000	2.80	1.050	2.00	1.100	4 roues 1.370	—	48	96	21.87	22.91	28.54	10.93	11.45	14.27
	14	18	160.000	3.20	1.300	2.00	1.200	1.470	—	64	128	20.31	18.75	22.99	10.15	9.37	11.48

pressoirs à vin et à cidre à répartir la pression sur une large maie avec peu d'épaisseur de marc, ce qui donne un bon travail, mais exige plus de place.

La hauteur du mécanisme est assez considérable : de 2^m,20 à 3^m,70, suivant les forces.

Voici un aperçu des prix et des forces de ces pressoirs. M. Samain estime que sa force nominale doit être du quadruple de celle réelle ; ceci nous semble exagéré, aussi n'en tiendrons-nous pas compte.

Le mécanisme tout entier en fer forgé :

1re force de pression réelle de 100.000^k 1700 fr. ou par 1000^k de pression 17 fr. 00;

2°	—	80.000	1400	—	—	17 50.
3^e	—	60.000	900	—	—	15 00.
4°	—	40.000	650	—	—	16 25.
5^e	—	20.000	400	—	—	20 20.

M. Samain a exposé, en modèle à Billancourt et au Palais, et en première force à l'annexe, un nouveau système de presse qu'il appelle *presse sans frottement*. Elle est représentée par la figure 18.

Fig. 18. — Presse dite sans frottement, de M. Samain.

Elle se compose essentiellement d'une maie mobile entre quatre colonnes, servant de guide; cette maie est soulevée par une vis à filets excessivement inclinés ($\alpha > \gamma$) sur laquelle se trouvent deux écrous soulevés alternativement par le jeu de quatre pieds de biche chacun. Ces pieds reposent en bas sur le balancier moteur qui reçoit un mouvement circulaire alternatif.

Lorsque l'on abaisse le levier moteur, deux pieds de biche s'abaissent et laissent alors descendre en tournant l'écrou qu'ils soutenaient et qui vient s'appliquer sur un disque guidé, aux deux bouts d'un diamètre, pour l'empêcher de tourner; d'autre part, deux autres pieds de biche s'élèvent dans le même temps et soulèvent le second écrou au-dessus de son disque de repos. Cet écrou ne peut tourner par suite de ce mouvement d'élévation, car la pente que les filets auraient à monter est trop raide; donc ces filets d'écrou soulèvent ceux de la vis qui porte la maie et s'élèvent alors d'une quantité proportionnée à l'étendue du mouvement du balancier.

Lorsque l'on soulève le balancier tout se passe de même, mais les écrous ont changé de rôle ; celui qui vient de soulever la vis retombe seul, et l'autre qui était retombé se relève en soulevant la vis et la maie qu'elle supporte.

On voit qu'alternativement chaque écrou fait l'office d'un double encliquetage muet, puisque l'écrou descend sur la vis en tournant pour revenir prendre sa place primitive, sans qu'il y ait d'autre bruit qu'un petit choc sur le disque d'arrêt.

Le travail utile est, comme dans tous les pressoirs, le produit de la pression exercée par le chemin qu'elle parcourt.

Le travail moteur, le produit de la force motrice par le chemin parcouru par son point d'application.

Les travaux résistants nuisibles sont: 1° celui de l'axe de l'arrêt moteur : ce frottement n'est pas nul mais son travail est insignifiant, puisque le chemin parcouru est très-petit, quoique souvent répété ; 2° le travail du frottement des quatre pieds de biche à leurs huit extrémités, peu important par la raison que nous venons d'indiquer; 3° le frottement des disques (qui soulèvent l'écrou) dans les rainures qui leur servent de guides. Ce frottement n'est pas insignifiant; chaque double pied de biche, en soulevant un disque par un diamètre, a une tendance à pousser ce disque contre une des coulisses; c'est donc une portion de la pression totale P qui appuie et fait naître un frottement; le pied de biche peut être comparé à une bielle qui donnerait évidemment du frottement dans la glissière qui la guiderait. Ce frottement sera d'autant plus petit que les pieds de biche seront plus longs ; 5° le travail perdu à soulever un écrou à chaque *aller* et *retour* du levier moteur; 6° enfin le frottement des douilles de la maie contre les colonnes-guides.

En réalité tous ces frottements sont peu importants eu égard à ceux que donnerait une vis, surtout avec écrou tournant sur son siège. On peut donc, avec quelque raison , sinon d'une manière absolue, l'appeler presse sans frottement.

Elle a le grand avantage de permettre toute la longueur de course nécessaire à la matière à comprimer.

Pressoirs hydrauliques à vis centrale d'E. Mannequin (Pl. CXXXII).

Le problème de mécanique que doit résoudre tout pressoir est celui-ci : avec un effort moteur très-faible, exercer une pression considérable. On peut y arriver par des moyens extrêmement variés : 1° en multipliant (suivant l'expression fausse, mais consacrée) la force motrice, à l'aide de *leviers*, de *vis* et d'*engrenages*, ce que nous avons vu dans l'article précédent ; 2° en foulant de l'eau par un petit piston sous un grand piston, ce qui *multiplie* la force dans le rapport inverse des surfaces des pistons, en vertu du principe de l'égalité de pression posé par Pascal :

« Toute pression exercée en un point quelconque d'une masse liquide se transmet en tous sens avec la même intensité sur toute surface égale à celle qui reçoit la pression. » Si donc le piston fouleur n'a qu'un centimètre carré et qu'on le charge de 300 kil., le piston foulé de 100 centimètres carrés supportera cent fois 300 kil. ou 30,000 kil.

La première classe de pressoirs, dite à *engrenages*, présente une très grande variété de dispositions, en raison même de la multiplicité de combinaisons qu'il est possible de faire avec des leviers, des genoux, une ou deux vis, et une, deux ou trois paires d'engrenages (cylindriques coniques, hélicoïdaux, etc.), et en outre, en raison de la diversité de position que ces pièces peuvent occuper l'une par rapport à l'autre et par rapport au *cuveau*.

La seconde classe de pressoirs, dits *hydrauliques*, présente peu de variétés : on y trouve toujours une *pompe foulante* et ensuite un, deux ou trois pistons recevant l'eau refoulée. S'il y a une vis, ce n'est que pour la facilité d'arrangement des *charges*.

Le pressoir de M. E. Mannequin, représenté par la fig. 19 et pl. CXXXII, est de cette dernière classe. En voici une description succincte.

Sur un cadre en bois K est boulonnée une pièce de fonte A, au centre de laquelle passe la vis dont la tête d'arrêt est en dessous ; cette pièce en fonte forme deux corps de pompe avec cuir embouti dans lesquels peuvent se mouvoir deux pistons en fonte B, qui supportent par l'intermédiaire d'une plaque de fonte la table ou fond de bois D du cuveau. Lorsque les pistons s'élèvent, ils soulèvent le cuveau : la vis fixe, placée entre les deux cylindres, traverse le fond du cuveau et est entourée, jusqu'au-dessus de la vendange à presser, par un tuyau de fonte G boulonné sur la table en bois ; il en résulte que le vin ne peut couler entre la vis et cette table.

Fig. 19. — Pressoir hydraulique à un piston et à vis centrale de E. Mannequin.

Un tuyau à deux branches J amène en dessous des deux pistons l'eau que l'on refoule à l'aide d'une petite pompe à balancier, vue sur la droite du dessin.

Lorsque l'on veut se servir du pressoir, on remplit de vendange le cuveau formé de trois pièces réunies à charnières ; on met quelques pièces de bois ou charges, puis on abaisse l'écrou à poignées en le faisant tourner directement à la main : la pièce plate, sous l'écrou, est articulée à genou sphérique très grand avec l'écrou, de façon à prendre bien toutes les positions de la charge sans que l'écrou cesse de descendre verticalement.

Cette première opération donne une légère pression, obtenue rapidement, et place l'écrou comme *arrêt*.

On agit ensuite sur le balancier de la pompe ; il porte un contre-poids qui aide le piston foulant à remonter : le centre de rotation de ce balancier peut être mis en trois points différents, de façon à donner à l'homme qui foule l'eau un bras de levier d'autant plus grand que la pression qu'il doit vaincre est plus forte.

Au commencement du serrage, on n'a qu'un petit bras de levier ; on exerce donc moins de pression, mais on va plus vite. A la fin, ayant à vaincre une très-forte pression, on prend un grand bras de levier qu'on peut agrandir encore en ajoutant un levier à douille, mais on va plus lentement.

Comme la pression obtenue ne dépend absolument que du rapport entre la surface des grands pistons et celle du petit, et non d'une application d'engrenages, les pressoirs hydrauliques ont ordinairement une très-grande puissance : les cinq modèles de M. Mannequin sont faits pour des contenances de 27 à 112 hectolitres et donnent une pression de 175,000 à 300,000 kilog.

Une soupape de sûreté s'ouvre dès que la pression, par centimètre carré, dépasse le moindrement celle utile pour faire le vin.

Il n'y a donc pas de rupture à craindre, le poids dont la soupape est chargée étant calculé convenablement.

La pression réelle sur le marc est à très-peu près la pression théorique, puisqu'il n'y a que le frottement des pistons contre des cuirs emboutis logés dans une rainure en haut des corps de pompes et vue à part sur la planche.

La vis ne sert pas à presser mais à régler les charges : elle n'est soumise qu'à un effort d'allongement et non à la torsion, et la descente facile et rapide de l'écrou permet de presser du coup peu ou beaucoup de marc, sans être forcé de faire marcher les pistons pendant tout leur cours.

Pour enlever la pression, il suffit d'ouvrir un robinet ; l'eau refoulée s'écoule rapidement et les pistons descendent par leur propre poids, pendant qu'on fait remonter à la main l'écrou afin de laisser le plus de place possible pour le service. En général, il suffit de recouper le marc une seule fois pour retirer tout le vin.

Le reproche fait à tous les pressoirs hydrauliques, c'est que, dans l'intervalle du travail, le cuir se sèche et qu'il n'est plus étanche lorsque l'on veut travailler. Le remède est facile : conserver toujours de l'eau dans les cylindres, ou au moins en mettre quelques jours avant le moment des *pressées*. En revanche, ces pressoirs sont simples, efficaces et exempts de toutes ruptures.

Les anciens pressoirs hydrauliques de M. E. Mannequin étaient à un seul piston, et par suite la vis centrale le traversait, ce qui forçait (fig. 20, page suivante) à placer un cuir embouti autour du bas de la vis : on avait ainsi deux cuirs au lieu d'un.

Le cuveau est en trois pièces qui se montent et se démontent facilement ; les brèches d'assemblages ont des repères dans la table même :

C, corps de pompe ; B, tête de la vis ; B, vis ; E E, charges en bois ; O, cuveau ; N, pièce de fonte soulevée par le piston et qui porte la table en bois du cuveau ; U, levier moteur à contre-poids L ; H, soupape de sûreté qui se soulève et laisse échapper l'eau dès que la pression dépasse celle qui est utile, fort inférieure à celle qui pourrait causer des ruptures.

Après quelques minutes d'attente, pour laisser écouler le vin, on ouvre le robinet J ; alors l'eau refoulée sous le piston revient dans la pompe, et ce piston n'ayant plus de résistance en dessous descend de lui-même avec la table et le cuveau.

En général, il suffit de recouper le marc une fois.

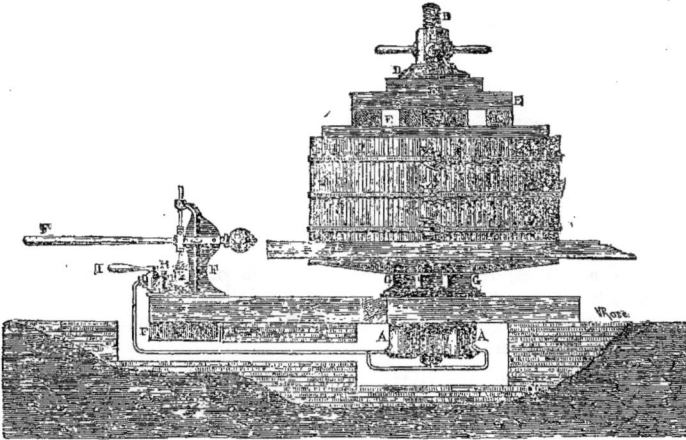

Fig. 20. — Pressoir hydraulique à vis centrale et à deux pistons de E. Mannequin.

En comparant au pressoir hydraulique les divers pressoirs à engrenages sans dynamomètre ni débrayages de sûreté, on voit que ces derniers ont l'inconvénient de ne pas indiquer la pression atteinte : aussi pensant bien faire, on fait souvent agir plusieurs hommes, et, faute d'un appareil équivalant à la soupape de sûreté du pressoir hydraulique, on cause quelque rupture d'autant plus fâcheuse qu'elle arrête le travail.

Les pressoirs à engrenages ayant toujours en définitive une action tangentielle sur la vis, celle-ci est soumise à un effort de torsion, tandis qu'ici, dans le pressoir hydraulique, elle n'est soumise qu'à un effort de traction. Calculée pour résister au triple de la pression maximum qui fait soulever la soupape, elle ne peut être rompue.

L'écrou mobile permet de faire des marcs aussi hauts que le cuveau, ou aussi petits que cela peut être nécessaire, sans qu'on soit forcé de mettre plus de charges en bois, ni de faire monter les pistons.

Dans le modèle exposé à Billancourt, le diamètre de chacun des deux pistons était de 0m,262, celui de la soupape de 8 millimètres : ce modèle pourrait donner théoriquement 215,000 kilog. de pression.

M. Mannequin fait cinq grandeurs de pressoirs hydrauliques à deux pistons.

Les n°s 1 pouvant contenir le marc de 27 à 34 hectolitres de vin dans une pression de 175.000k théoriq.

2	—	34	41	—	190.000	—
3	—	41	54	—	210.000	—
4	—	43	63	—	250.000	—
5	—	91	114	—	300.000	—

Pressoir hydraulique de MM. Mabille frères.

Ce pressoir est représenté en coupe dans la planche CXXXII. On voit que la vis A est soudée à un piston d'un assez grand diamètre, dans lequel est un autre petit piston B. Les pistons et la tige de la vis A joignent au corps de pompe ou à la boîte par des cuirs emboutis complétement étanches, s'ils sont en bon état d'entretien.

Pour presser un marc, dès qu'il est entassé dans le cuveau, on met les charges en bois nécessaires ; puis on agit sur l'écrou à volant et à percussion par les poignées, on donne ainsi très-rapidement un commencement de pression ; puis on agit sur la pompe foulante et on envoie de l'eau par le tuyau E au-dessus du gros piston. Dès que la compression de l'eau est suffisante, ce piston descend avec la vis et son écrou qui, par les charges, comprime le marc. On continue jusqu'à ce que la pression atteigne le maximum, alors la soupape laisse échapper l'eau ; on cesse de pomper et on arrête cette soupape pendant quelques minutes pour donner au vin le temps de s'écouler, puis on fait remonter la vis en envoyant l'eau par le tube F sur le petit piston B, ou dans la cavité intérieure du grand piston ; celui-ci monte en renvoyant l'eau dans le réservoir d'aspiration de la pompe.

Le tuyau G sert à expulser l'eau qui a pu passer sous le piston. Sur le corps de pompe est boulonnée la maie fixe en fonte I : on voit que la vendange ou le vin ne peuvent passer en dessous, car un double tuyau fixe entoure la vis ; l'extérieur est en fonte et l'intérieur en cuivre.

Ce pressoir est un peu compliqué.

Les pistons sont en fer forgé ; le plus petit n'a que 35 millimètres de diamètre et sa course est de 0m,30. Cinq coups de balancier suffisent pour faire remonter la vis en moins d'une minute.

La pompe est munie d'un robinet à double distribution, de sorte que pendant qu'elle introduit l'eau sur un des pistons, elle ouvre le tuyau d'extraction par l'autre piston ; il suffit donc de tourner le robinet pour faire fonctionner le pressoir soit de bas en haut, soit en sens contraire.

Ce pressoir peut être à maie, en fonte ou en bois. Voici les prix de vente :

Pour	8 hectol. à maie en fonte 580 fr., à maie en bois 530 fr., soit par hectol.	72 fr. 25 à 66 fr. 25
16	— 650 — 600 —	40 62 37 50
24	— 850 — 790 —	35 41 32 91
32	— 1100 — 1040 —	34 37 32 50

Pressoir hydraulique de M. Chollet-Champion (Pl. CXXXI).

La fig. 21 représente l'ensemble de ce pressoir. La planche CXXXI représente en outre la partie mécanique en élévation, en plan, en coupe verticale avec tous les détails utiles à l'échelle. La fig. 2, coupe verticale, représente la charge au plus bas de sa course. Le couvercle l du corps de pompe arrête la tige de la soupape de sûreté qu'il ouvre, et alors l'eau introduite précédemment dans tout le corps de presse B peut s'échapper par le tuyau en caoutchouc g fixé sur le couvercle percé en ce point.

Notons, avant d'aller plus loin, que lorsque la machine est pleine d'eau, on ouvre et on referme ensuite le bouchon des chambres à clapets de la pompe C afin de chasser l'air qui peut s'y trouver. Cette opération terminée, on peut faire marcher la pompe en ayant soin d'abord de placer le robinet dans la position indiquée par les fig. 1 (vue d'ensemble), 5 (détail vu extérieurement) et 11 (coupe verticale du robinet). On voit (fig. 5) que l'extrémité de la poignée du robinet forme aiguille et que trois mots gravés, monter, fermer, descendre, indiquent où il faut placer le robinet pour chacune des opérations à effectuer. Dans cette position du robinet, si l'on agit sur le balancier de la pompe, l'eau aspirée est refoulée dans le petit corps de presse *b* qui est forcé de s'élever en entraînant avec lui le grand corps et tout ce qu'il porte, car le petit corps de presse est fixé sur

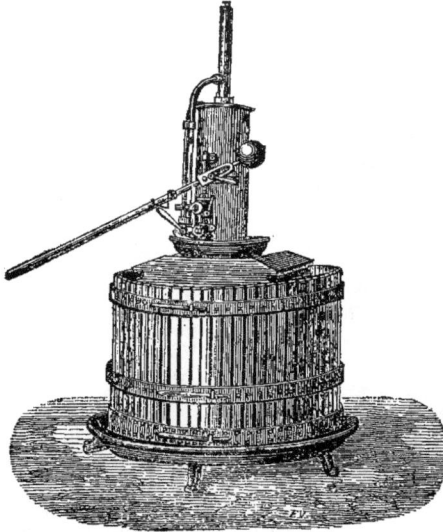

Fig. 21 — Vue perspective du pressoir hydraulique de M. Chollet-Champion.

le couvercle du grand. Ce couvercle, en s'élevant, abandonne à elle-même la tige de la soupape de sûreté qui se ferme et interrompt la communication entre le dessous du piston C et le tuyau de caoutchouc *g*.

Si l'on continue de pomper, l'eau qui se trouve en dessous du piston C est forcée de passer par le robinet *d* et par le tuyau d'alimentation de la pompe et de là au-dessus du piston, l'espace compris entre ce piston et le couvercle servant de réservoir d'eau : on peut ainsi faire monter l'appareil jusqu'à ce que le fond de la presse B vienne toucher le dessus du piston C.

Pour faire descendre le corps de presse, c'est-à-dire pour opérer la pression, il faut tourner peu à peu le robinet dans le sens indiqué par le cadran jusqu'à ce qu'il soit placé sur le mot — *descendre :* — quand il est, comme l'indique la fig. 12, l'eau existant dans le petit corps de presse *b* trouvant une ouverture libre et sans retenue dans le robinet *d*, fuit dans le tuyau d'alimentation, pressée qu'elle est par le poids de la presse qui alors descend. C'est pour la faire descendre lentement que l'on n'ouvre que peu à peu le robinet. S'il était nécessaire, on pourrait ouvrir peu à peu, mais aussi vite que l'on voudrait; l'eau vient alors par le tuyau d'alimentation, passe dans la pompe C par le robinet *d*, puis dans la partie inférieure de la presse B qui l'a pour ainsi dire aspirée. L'eau peut aussi passer par le clapet de sûreté et de communication J dont le ressort est tendu au-dessous de la pression atmosphérique : par conséquent celle-ci fait ouvrir la soupape qui, par dessous, est soumise à une pression moindre que celle de l'atmosphère, puisque sous le piston C il s'est formé une espèce de vide pendant que le corps de presse descend; mais aussitôt qu'il ne descend plus, la soupape se ferme. On peut alors pomper l'eau que l'on envoie dans la presse, entre son fond et le dessous du piston C, et qui ne trouvant pas d'issue la fait descendre et presser sur la charge.

Voici les principales dimensions de ce pressoir très-recommandable :

Diamètre du piston C..................... 0^m.202

Surface .... 0 .032028

Diamètre de la tige du piston............. 0 .090

Surface réelle......................... 0 .00636174

Diamètre extérieur du corps de presse...... 0 .290

Diamètre du piston de la pompe........... 0 .022

Surface du piston de la pompe : 0^m.00038013 millimètres carrés.

Surface de pression (piston moins la tige).......... 0.025666

Rapport de la surface de pression du grand piston et de celle du petit..................... } 67.54

Diamètre de l'orifice de la soupape de sûreté...... 0^m.006

Surface — — ...... 0 .000028.27

Charge sur le levier..................... 8^k.247

Pression par millimètre carré.................. 0^k.2917

— centimètre carré...'.............. 29.17

— en atmosphère.......'............. 28 atmosph. 23

Ce pressoir a pour avantages principaux :

1° *La rapidité du serrage*, ce qui constitue une notable économie de temps, condition principale du pressage du vin. En effet, au commencement de la pressée, la presse descend d'abord par son propre poids avec la vitesse que l'on veut et qui ordinairement est progressive. Dès que la résistance est suffisante pour arrêter cette descente, on commence à faire marcher le balancier de la pompe foulante, en prenant pour centre de rotation le point le plus rapproché de la main de l'homme : la course du piston est ainsi maxima. Dès que la résistance devient trop forte, on diminue la course de la pompe en rapprochant le centre de rotation, et on procède ainsi avec une course de pompe décroissante (voir la coulisse du balancier *b*) fig. 1, pl. CXXXI). Ainsi, le bras de levier moteur va en croissant avec l'énergie de la résistance du marc.

2° *Le bas prix*. Ces pressoirs sont vendus de quatre forces différentes : la presse seule, la presse avec une maie en bois, avec une maie en fonte, fixe ou montée sur deux roues.

NUMÉROS.	PRESSANT		PRIX DE LA PRESSE		PRESSOIR à maie en bois complet.	PRESSOIR à maie en fonte complet.	LE MÊME. — Locomobile.	LARGEUR des maies en bois carrées.	DIAMÈTRE des maies en fonte.
	vendange blanche cuvée.	vendange rouge cuvée.	pour maie en bois.	pour maie en pierre.					
1	12^h	24^h	375^f	390^f	500^f	625^f	800^f	1^m.50	1^m.20
2	25	50	525	575	775	850	1000	2 .00	1 .40
3	40	80	800	825	1230	1200	1600	2 .60	1 .70
4	70	140	1550	1660	2240	2000	2300	3 .20	2 .00

3° *Application facile de la presse hydraulique dans les maies en pierre, en bois, en fonte; transport facile*. On voit en effet qu'il n'y a qu'à sceller la tige du piston soit dans la pierre, le béton, le bois ou la fonte, sans autres frais que ceux exigés par les pressoirs non hydrauliques les plus simples.

Il est facile à placer sur un train de roues, puisqu'il n'y a aucun mécanisme en dessous.

4° *Son bon marché d'entretien*................. Les agrès de la pompe sont des plus simples, et leur agencement est facile à comprendre. Le levier dont le manche est en fer creux formant douille, peut être enlevé s'il gêne après le travail; il porte une coulisse embrassant un tourillon, formant l'axe de rotation, et qu'il est facile d'éloigner ou de rapprocher suivant le plus ou moins de résistance à vaincre : le piston de cette pompe est articulé dans une mortaise du levier et sa tige *i* (pl. CXXXI, fig. 1) est guidée. Deux clapets montés chacun dans une chambre spéciale complètent la pompe; chaque chambre à clapet est fermée par un bouchon à vis facile à enlever pour nettoyer ou visiter les clapets.

La soupape de sûreté est disposée sur le côté de la pompe (fig. 5), et le ressort qui la comprime est calculé de façon à céder dès que la pression approche de la charge de sécurité que peut supporter la fonte dont la presse est faite.

Tous les organes sont en vue et sous la main.

5° *Facilité de manœuvre.* La seule manœuvre à faire c'est de tourner le robinet dont la manivelle porte un doigt indicateur parcourant un petit cadran à arrêts sur lequel sont indiquées les diverses positions pour *monter*, *descendre* (ou presser) et *fermer* la presse; et de pomper, en agissant sur le balancier à contrepoids ;

6° *Peu encombrant.* On peut voir que l'ensemble de la presse tient fort peu de place, et que toutes les pièces sont groupées dans ce but. Il n'y a pas de réservoir d'eau spécial : c'est l'espace en dessus du piston qui en tient lieu, et comme il est placé au-dessus de la pompe, *celle-ci s'alimente le plus facilement possible.*

Le pressoir hydraulique dont nous venons de parler, a subi, depuis l'Exposition de 1867, un heureux perfectionnement indiqué par les fig. 22, 23 et 24, qui suivent. Voici le but de la modification. Lorsqu'on veut se servir du pressoir hydraulique de M. Chollet-Champion, il faut commencer par s'assurer si le corps de presse contient assez d'eau; il vaut mieux qu'il y en ait plus que moins, le surplus s'écoulant dans le vase inférieur.

Ensuite on dévisse presque entièrement le bouchon A de manière à laisser échapper l'air qui peut se trouver enfermé dans la pompe, ce qui nuirait à son fonctionnement; cela fait, si l'on veut faire remonter le corps de presse, on dévisse le volant D et l'on visse celui C jusqu'à ce qu'il soit à fond et bien serré; alors on pompe et le corps de presse remonte.

Pour le faire descendre, on dévisse légèrement le volant C, et le corps de presse descend de lui-même sur la matière à presser; ensuite, pour presser. On continue à dévisser le volant C jusqu'à ce qu'il soit à fond et serré, on pompe d'abord avec le levier G (fig. 22) sans sa rallonge *h*, en poussant le volant I du côté gauche afin de faire toute la course possible; dès que la résistance paraît trop grande, on remet la rallonge et l'on continue à presser en rapprochant de plus en plus le volant I du côté droit. Enfin, lorsque la résistance est à son plus haut degré, on visse le volant D jusqu'à complet serrement pour éviter le desserrage de la vendange ou du marc en pression.

Dans le cas où la pompe ne fonctionnerait pas bien, on dévisserait les deux bouchons A et B ; on nettoierait parfaitement les petites soupapes et leurs siéges avec un chiffon imbibé de bonne huile, et en enlevant toute crasse qui empêcherait ces soupapes de jouer; on remettrait ensuite tout en place en ayant soin de chasser l'air par le bouchon A. Pour faire ce nettoyage, on tourne le robinet E dans la position indiquée en pointillé sur la fig. 22 afin de ne pas perdre d'eau, puis on le ramène à sa première position dès que l'on veut faire marcher de nouveau la presse.

Si cette machine doit rester dans un endroit exposé à la gelée, il faut faire remonter la presse à son point le plus haut et mettre un morceau de bois debout en dessous pour la retenir dans cette position ; puis bien vider toute l'eau.

celle de l'intérieur du corps de la presse se vide à l'aide d'un tuyau en plomb formant syphon : on graisse bien toutes les pièces afin d'éviter l'oxydation. Avec ces précautions qui n'ont rien de difficile, on aura une presse en état de servir

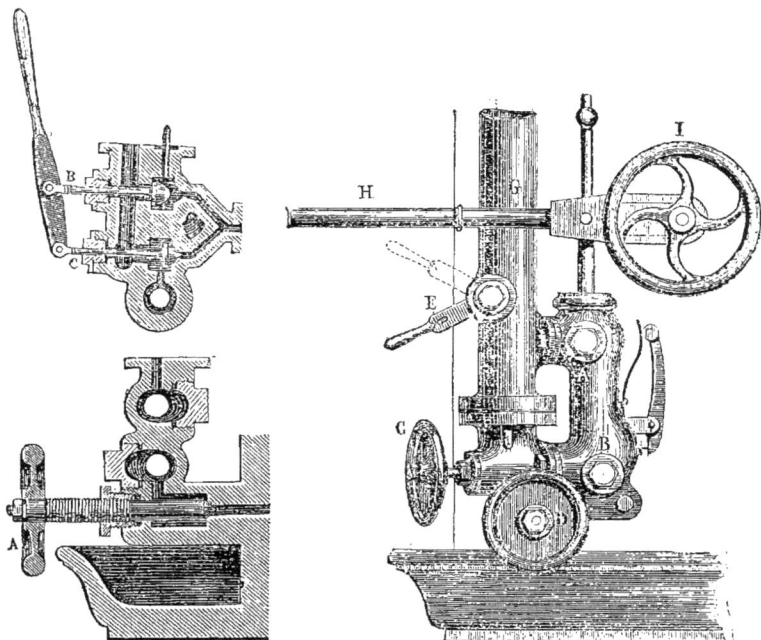

Fig. 23 et 24. Coupe verticale.   Fig. 22. Détail du nouveau pressoir hydraulique de Chollet-Champion.

l'année suivante, surtout si, huit ou quinze jours avant de l'employer, on y met de l'eau pour tremper et assouplir les cuirs des pistons.

Les fig. 23 et 24 donnent les coupes nécessaires pour faire comprendre la nouvelle disposition des soupapes B et C remplaçant le robinet actuel indiqué dans la planche LXXXI dans tous ses détails ; leur manœuvre se fait toujours forcément bien. Le bouchon à volant A sert à empêcher l'eau de perdre sa pression lorsque l'on cesse d'agir sur le balancier moteur.

M. Laurent, à Dijon (Côte-d'Or), exposait un beau pressoir hydraulique, d'une disposition analogue à l'ancien pressoir Mannequin à un seul corps de presse.

Voici les prix des divers modèles :

Nos 1	pouvant presser le marc de	18 h.	900 fr.,	ou par h.	50f.00,	si locomobile	1100 fr.	ou par h.	61.	17
2	—	25	1100	—	64 90	—	1250	—	50	00
3	—	38	1350	—	35 52	—	1590	—	41	80
4	—	56	1650	—	19 46	—	‚	—	‚	

Jusqu'ici nous ne connaissons pas de données certaines sur l'intensité de la pression nécessaire pour faire les divers vins et le cidre. Les praticiens agissent suivant la routine locale, et très-peu cherchent à se rendre compte de la pression qu'ils exercent sur leur vendange ou leur marc par centimètre carré. L'emploi du dynamomètre sur les pressoirs, comme le fait M. Samain et même M. Mabille, à non-seulement l'avantage d'éviter les ruptures mais de permettre d'arrêter la pression à volonté à un chiffre donné. Les pressoirs hydrauliques jouissent aussi de cet avantage et à un plus haut degré même, car en changeant le poids qui presse la soupape, on peut faire varier à volonté la pression en dessous de celle indiquée comme limite par le constructeur.

Il est certain en outre que la pression nécessaire à l'extraction des jus serait plus faible si l'on pouvait disposer la matière à presser de façon que le liquide puisse très-facilement arriver du centre du marc jusqu'à la circonférence. On a proposé de le drainer avec des tuyaux de poterie très-résistants, ce qui offre au liquide des conduits intérieurs.

M. de Saint-Trivier fait mieux : il place, dans le marc, de petits cônes draineurs en fonte formés chacun de deux pièces faciles à réunir par un ou deux

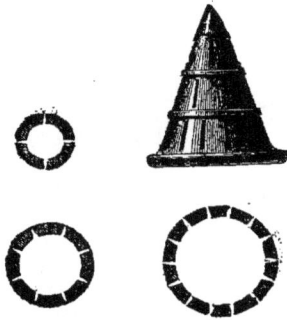

Fig. 25. — Cônes draineurs en fonte pour pressoir, par M. de Saint-Trivier.

anneaux de fer (fig. 25). Toutefois nous n'aimons pas le fer dans la vendange ou dans les pommes à cidre ; il serait préférable de faire ces cônes draineurs en porcelaine grossière d'une seule pièce.

Dans notre examen des presses de l'Exposition de 1867, nous avons dû nous restreindre aux appareils les plus agricoles : nous passons donc sous silence les presses à huile et autres ayant un caractère industriel.

LE GÉNIE RURAL

(Planches 223, 224, 225, 226, 227, 228 et 229.)

MACHINES A VAPEUR RURALES.

(Planche 223).

PRÉLIMINAIRES.

Nous n'avons à apprécier dans cette étude que les machines à vapeur destinées plus spécialement à l'industrie agricole, et surtout à rechercher les conditions particulières auxquelles ces moteurs doivent satisfaire pour répondre le mieux possible aux travaux de la ferme.

Suivant les travaux agricoles à exécuter, les machines à vapeur viennent remplacer dans la ferme le travail moteur de l'homme ou des animaux.

La première question qui se pose est celle-ci : la vapeur, comme moteur, est-elle préférable à l'homme et au cheval. Ceci n'est guère discutable pour *l'homme* ; mais on peut douter que le prix de revient de l'unité de travail fait au manége soit supérieur à celui du même travail fait par la vapeur.

Si l'on établit ces prix de revient par diverses hypothèses, il en résulte que, du moment qu'un cultivateur a fréquemment besoin dans sa ferme d'une force, ou, pour parler plus exactement, d'un travail moteur d'environ quatre chevaux-vapeur, il a intérêt à employer la machine à vapeur, et l'avantage (que nous détaillerons plus tard en parlant du jugement des manéges) est d'environ 30 p. 100 sur le prix de revient de la même *force* en chevaux de manége, si l'on adopte une *excellente* machine à vapeur, et presque nul si la machine à vapeur est très-mauvaise.

Mais les manéges ont, relativement aux moteurs à vapeur, d'autres infériorités qui doivent être signalées, bien qu'elles ne puissent être chiffrées.

1º Le *cheval-vapeur* ne consomme que lorsqu'il travaille, il mange en travaillant et n'a pas besoin de repos ;

2º Lorsque les chevaux ou les bœufs doivent servir comme moteurs à l'intérieur de la ferme, les travaux à faire dans la grange sont solidaires des travaux extérieurs, et quelque bonne que puisse être la répartition générale de tous ses travaux, le fermier est quelque peu esclave de ses attelages : il réduit alors la force destinée à son manége à ce qui paraît rigoureusement nécessaire, et tout travail *excédant ou nouveau*, quelle que soit son utilité, est forcément abandonné. On renonce ainsi à de bonnes pratiques agricoles pour *l'alimentation* des animaux, faute de *force* et de *temps* à consacrer aux préparations mécaniques nécessaires à une bonne alimentation.

La force motrice devrait toujours être calculée notamment au-dessus des besoins ;

3º Le travail fait par des animaux nourris sur la ferme, c'est de la *viande* qui ne se fait pas, situation aussi fâcheuse pour le cultivateur que pour la nation tout entière ;

4º Le maximum de travail est d'autant plus grand que le moteur marche plus régulièrement : or, une parfaite régularité est toujours possible avec les bonnes machines à vapeur ; tandis qu'elle ne peut être obtenue par les manéges qui font le plus souvent un nombre de tours moyen pratique égal à 85 pour 100 seulement de celui calculé.

En résumé donc, les fermes moyennes ou grandes ont avantage à faire faire leurs travaux d'intérieur par un moteur à vapeur. Nous discuterons plus loin s'il doit être fixe, transportable ou locomobile. Nous allons d'abord examiner les qualités à rechercher dans toutes machines à vapeur.

Dans le premier fascicule de ces *Études* nous avons prouvé que *le prix de revient de l'unité de travail* est le seul bon *criterium* de toutes les machines.

Dans le cas présent, c'est le prix de revient du *cheval-vapeur* qui nous servira de base pour déterminer non-seulement *l'avantage* des moteurs à vapeur sur les manéges, mais encore le *classement* des qualités que l'on doit rechercher dans les diverses machines à vapeur.

Du prix de revient de l'unité de travail moteur dans les machines à vapeur rurales.

Le prix de revient du travail moteur d'un cheval-vapeur dans une heure dépend de la force nominale de la machine et du nombre d'heures pendant lequel elle peut être occupée chaque année.

Il faut donc d'abord fixer et la force de la machine à vapeur, et le nombre probable d'heures de travail dans l'année.

Admettant d'abord comme moyenne une machine à vapeur locomobile de la force de 4 chevaux, pouvant être occupée 1,500 heures par année, nous aurons le sous-détail suivant pour chaque heure de travail.

	CIRCONSTANCES	
	FAVORABLES.	DÉFAVORABLES.
Intérêt à 5 pour 100 du prix d'achat, pouvant varier de 3.600 à 5.000 fr................	0f.120 à 0f.170	0f.120 à 0f.170
Entretien en huile et graisse et petites réparations usuelles : ces frais peuvent être estimés à 3 ou 6 p. 100 du prix d'achat, suivant le plus ou moins de perfection de la construction, et le plus ou moins de soins de la part du chauffeur....	0.072 à 0.144	0.100 à 0.200
Amortissement du prix d'achat dans une durée qui peut varier entre huit et vingt ans, suivant le plus ou moins de perfection dans la construction de la machine. L'amortissement a été calculé par annuités : cette annuité comprend implicitement les frais de grosses réparations dans la chaudière, dans les tiges, etc., etc. Nous avons pris comme moyennes des annuités de 4 et de 7 p. 100, en assimilant les grosses réparations et les arrêts à une moindre durée..........	0.096 à 0.168	0.133 à 0.233
Conduite : Suivant que la machine sera simple ou compliquée, il faudra ou seulement un ouvrier intelligent du pays, ou un mécanicien habile..	0.250 à 0.400	0.250 à 0.400
A reporter..........	0.538 à 0.882	0 603 à 1.003

Report............	0.538 à 0.882	0.603 à 1.003

Combustible : Suivant que la machine sera bien ou mal entendue dans toutes ses parties (foyer, générateur et mécanisme), la consommation de charbon ou de bois, par heure et par cheval, variera (sans détente ni réchauffage de la vapeur) entre 3 et 5 kil. de houille par cheval et par heure, coûtant, suivant les lieux, de 2^f.50 à 4^f.50 les 100 kilog...................... 0.300 à 0.500   0.540 à 0.900

Prix de revient de l'heure de travail d'une machine à vapeur de 4 chevaux bonne ou mauvaise.............................. 0^f.838 à 1^f.382   1^f.143 à 1^f.903

Soit par cheval et par heure de 0.210 à 0.346 en circonstances favorables et 0.285 à 0.475 au plus, et en moyenne générale 0.329.

Nous ne tenons pas compte des frais de transport ou d'élévation de l'eau d'alimentation qui seraient sensiblement les mêmes pour une bonne et une mauvaise machine dans le même lieu.

D'après le tableau ci-dessus, la différence entre les prix de revient de l'heure de travail d'une bonne et d'une mauvaise machine à vapeur de 4 chevaux dans les mêmes circonstances d'emplacement sera donc de 0^f.544 dans les circonstances favorables et de 0^f.760 en circonstances défavorables.

Base du jugement des machines à vapeur à 4 chevaux.

Si donc (suivant le principe posé dans notre article du premier fascicule) nous convenons que la perfection d'une machine à vapeur rurale sera cotée 100 points, ces 100 points représentent l'économie totale de 0^f.544 à 0^f.7 60, et, par suite, chaque point correspond à une économie de 0^c.544 centimes à 0^c.760 centimes, suivant les circonstances, et en moyenne 0^c.652.

Si, actuellement, nous cherchons à estimer l'influence des diverses qualités que peut présenter une machine à vapeur de 4 chevaux, voici ce que nous trouvons :

Les parties ou les perfectionnements de la machine influençant :

	ÉCONOMIES.		BONS POINTS.	
(a) L'intérêt du prix d'achat, peuvent économiser de.......	0^f.050 à 0^f.050	et représentent	9.21 à	6.50
(b) L'entretien de la machine, peuvent économiser de.......	0.072 à 0.100	—	13.23 à	13.15
(c) L'amortissement, peuvent économiser de...............	0.072 à 0.100	—	13.23 à	13.15
(d) La conduite de la machine, peuvent économiser de.......	0.150 à 0.150	—	27.57 à	19.74
(e) La consommation de charbon, peuvent économiser de...	0.200 à 0.360	—	36.76 à	47.46
La perfection de la machine économise............	0^f.544 à 0^f.760	—	100.00 à	100.00

Pour traduire ces éléments du prix de revient par des termes vulgaires, et indiquant les qualités de la machine qui influent sur ces chiffres d'économie, on peut dire :

1º *Le bas prix* est, pour une machine à vapeur rurale, une qualité dont l'importance (a) doit être représentée par 9.24 ou 6.59 points suivant les circonstances, soit en moyenne par 7.90 points ;

2º *La perfection de la construction* (précision, solidité), le bon choix des matériaux (nature et qualité), augmentant la durée active de la machine et diminuant l'entretien en huile ou graisse, en petites ou grosses réparations, peuvent être représentés par le nombre de points dûs au moindre amortissement (c), c'est-à-dire 13.23 à 13.15 points augmentés des trois quarts environ de ceux dus au moindre entretien, c'est-à-dire 9.92 à 9.83 : soit en tout 23.15 à 23.01, ou en moyenne 23.08 ;

3º *La simplicité du mécanisme* influe en réalité sur les deux éléments précédents : c'est-à-dire qu'une machine est d'autant moins coûteuse qu'elle est plus simple, et que l'entretien est relativement plus faible si la machine est moins compliquée. Nous affecterons donc à la simplicité d'abord le quart des points représentant l'économie d'entretien.

En second lieu, si la machine est la plus simple possible, elle pourra facilement être conduite par un ouvrier rural intelligent, au lieu d'exiger, comme les machines trop compliquées, un mécanicien habile. Toutefois cette différence que nous posons n'est pas absolue : il est certain, en effet, qu'un ouvrier de bonne volonté s'habituera tout aussi bien à une machine compliquée qu'à toute autre après un certain temps ; le seul avantage au point de vue de la conduite d'une machine très-simple, c'est de pouvoir être *conduite* après un très-court apprentissage par tout ouvrier intelligent, tandis qu'une machine compliquée exige plus de temps.

En accordant donc les *points* dus à l'économie de conduite, à la *simplicité de mécanisme*, nous exagérons notablement l'importance de cette qualité. Le quart des points (b) ou 3.30 en moyenne et la totalité des points (d) forment, pour représenter la simplicité, un total de 30.88 à 23.03 ou en moyenne 26.955 ;

4º *L'économie de combustible* est la qualité la plus importante d'après les nombres trouvés précédemment, et son influence peut être représentée par 36.76 à 47.36 points, ou en moyenne par 42.06.

Résumons les chiffres ci-dessus, en les arrondissant.

On accordera 8 points à la machine la moins chère.

— 23 points à la machine la mieux construite, la plus solide.

— 27 points à la machine la plus simple de mécanisme, la plus facile à démonter et remonter.

— 42 points à la machine qui consommera le moins de combustible par cheval-vapeur et par heure.

Ce qui donne 100 bons points à la machine parfaite de tous points.

Pratique du système de jugement des machines à vapeur de 4 chevaux.

Mais comment apprécier et peser ces qualités dans plusieurs machines concourantes ? Nous voudrions laisser le moins possible d'*arbitraire* afin de rendre le jugement inattaquable.

Passons donc en revue les quatre qualités que nous venons de reconnaître et de poser en principe.

1º *Bas prix.* Les jurés ont à se mettre en garde contre des malentendus assez fréquents. Parfois la machine présentée par un constructeur n'est pas celle qu'il vend habituellement au prix de son catalogue. Dans le rapport il faut de toute nécessité décrire la machine, en indiquant toutes les parties caractéristiques et même les principales dimensions.

Le prix de vente sera constaté par un exemplaire du catalogue imprimé, ou par une attestation dûment signée du constructeur, relatant le signalement de la machine, qui resteraient annexés au procès-verbal des essais.

Le jury devra, en outre, se rendre compte autant que possible du prix de revient probable de la machine ; des raisons de bas prix, telles que le prix des matériaux et de la main-d'œuvre dans le lieu de fabrication ; l'importance des ateliers de construction et de leur outillage.

2° *La bonne construction* d'une machine ne peut être déterminée que par un examen minutieux de toutes les pièces au repos et en marche, et un ingénieur mécanicien peut seul être chargé de cet examen : la facilité de graissage et de nettoyage doit être prise en considération.

3° *La simplicité* peut être apparente ou réelle ; on en jugera en faisant démonter la machine par le chauffeur, et en la faisant ensuite remettre en état ; le temps nécessaire pour ces opérations sera constaté.

Les membres du jury devront multiplier ces essais et se livrer à un minutieux examen pour constater si la simplicité est réelle.

4° *L'économie de combustible* est la seule qualité qu'il soit possible d'apprécier par un essai direct comparatif de toutes les machines et ne laissant absolument rien à l'arbitraire s'il est bien dirigé.

Relativement à une médiocre machine, la plus parfaite économiserait par heure 8 kilog. de charbon valant 0f.20 à 0f.36, suivant les localités : par suite chaque kilogramme de houille économisé en dessous de 5 kilog. par cheval et par heure mériterait à la machine de 18.38 à 23.60 bons points, ou en moyenne, 21 ; et naturellement 2.1 points par chaque cent grammes d'économie.

La quatrième qualité étant de beaucoup plus importante, il est clair que le jury doit faire l'essai de toutes les machines au frein et de plus avec l'indicateur de pression.

Les plus grandes précautions doivent être prises pour que cet essai soit exempt d'erreurs. Voici un aperçu des règles que la pratique nous a suggérées :

1° Toutes les machines concourantes, si cela est possible, doivent être placées côte à côte, ce qui permettra aux constructeurs de se surveiller réciproquement ; 2° la durée de l'essai sera aussi longue que possible, la plupart des manœuvres coupables ne pouvant avoir alors qu'un effet restreint ; 3° chaque machine devra être munie d'un compteur de tours actionné par le volant et soigneusement taré ; 4° on fixera aussi, s'il est possible, un indicateur de pression sur le cylindre de chaque machine ; 5° les freins employés devront être très-sensibles et établis suivant le principe indiqué par nous il y a plusieurs années dans les *Annales du Génie civil*, c'est-à-dire qu'il pourra être assez stable, quoique sensible, et donner une indication approximative de la régularité de la marche de la machine. L'addition de ressorts au frein pour en augmenter la régularité peut être admise ; mais si un ressort est placé en opposition au poids soulevé, il doit être soigneusement taré et surveillé minutieusement : il donnera une idée assez approximative de la régularité de marche ; 6° lorsque les machines auront atteint la pression indiquée par le timbre de leur chaudière et que le frein sera prêt, on abattra le feu, et on le rallumera immédiatement avec de la paille, du bois pesé soigneusement, puis on maintiendra le frein en équilibre avec la charge qu'elle peut porter en alimentant le foyer avec le combustible pesé d'avance ; 7° enfin il est utile qu'un surveillant spécial soit attaché à chaque machine.

Jugement des machines à vapeur rurales de 2 et 6 chevaux.

Nous conseillons rarement pour les fermes des machines à vapeur de moins de 4 chevaux. Toutefois pour de petites fermes bien montées, une machine de 2 chevaux peut suffire en toutes circonstances. D'autre part en France, les fermes ont rarement besoin d'un moteur de plus de six chevaux-vapeur. Nous pouvons donc, après avoir pris comme moyenne la machine de 4 chevaux, admettre comme extrêmes celles de 2 et 6 chevaux, et chercher quelles doivent être les *échelles de points* pour ces dernières forces de machines.

Nous ne détaillerons pas à nouveau les éléments du prix de revient de l'heure de travail ; le tableau des frais suffira.

	MACHINES DE	
	2 CHEVAUX. (2.500 à 3.400ᶠ)	6 CHEVAUX. (4.400 à 6.500ᶠ)
(a) *Intérêt* du prix moyen d'achat de la machine, 5 p. 100	0.083 à 0.113	0.157 à 0.217
(b) *Entretien* en huile et petites réparations, 3 à 6 p. 100	0.050 à 0.100 0.068 à 0.136	0.094 à 0.188 0.130 à 0.260
(c) *Amortissement* (compris grosses réparations et arrêts), 4 à 7 p. 100	0.066 à 0.117 0.091 à 0.159	0.125 à 0.219 0.173 à 0.303
(d) *Conduite de la machine*	0.250 à 0.400	0.250 à 0.400
(e) *Combustible brûlé :* 3ᵏ.5 à 5ᵏ.5 par cheval et par heure pour la petite machine, et 2ᵏ.5 à 5 kil. pour la grande	0.175 à 0.275 0.315 à 0.495	0.375 à 0.750 0.675 à 1.350
Prix de revient total, par heure et par machine	0.624 à 1.005 0.807 à 1.303	1.001 à 1.774 1.385 à 2.530
Soit par cheval et par heure	0.312 à 0.502 0.403 à 0.651	0.167 à 0.296 0.231 à 0.421
Ou en moyenne	0.358 à 0.577	0.200 à 0.358
Ou enfin	0.467	0.279

D'où l'on conclut, pour l'influence de chaque qualité :

	MACHINES DE		
	2 CHEVAUX.	4 CHEVAUX.	6 CHEVAUX.
(a) Sur l'intérêt du prix d'achat, une économie moyenne de	0.0300	0.050	0.060
(b) Sur l'entretien de la machine, une économie moyenne de	0.0585	0.086	0.112
(c) Sur l'amortissement, une économie moyenne de..	0.0595	0.086	0.112
(d) Sur la conduite de la machine, une économie moyenne de	0.1500	0.150	0.150
(e) Sur la consommation du combustible, une économie moyenne de	0.1400	0.280	0.525
Et pour la perfection, une économie totale de	0.4380	0.652	0.959

Par suite l'échelle des points pour les trois machines se traduira ainsi :

1º *Bas prix*....................   6.85 ou 7   7.90 ou 8   6,25 ou 6
2º *Bonne construction.*

Les 3/4 de l'entretien ou 0.75 de 13.356 ⎫
= 10.017 et 8.76.................⎬ 23.60 ou 24   23.08 ou 23   20.44 ou 20
L'amortissement entier 13.584 et 11.68.. ⎭

3º *Simplicité.*

Le 1/4 de l'entretien.. 0.25 de 13.356 ⎫
= 3.339 et 2.92................⎬ 37.58 ou 37   26.95 ou 27   18.56 ou 19
La conduite entière 34.246 et 15.64.... ⎭

4º *Économie de combustible*.........   31.96 ou 32   42.06 ou 42   54.74 ou 55

Il est facile de conclure tout d'abord de l'examen de ce dernier tableau que, dans tous les cas, l'*économie de combustible* est la qualité à rechercher avant toute autre, et d'autant plus que la force de la machine est plus grande. La *simplicité* a d'autant moins d'importance que la machine est plus forte.

Échelles empiriques.

Par des considérations positives et pratiques qui ne peuvent laisser le moindre doute sur l'exactitude du principe et de ses conséquences, nous avons déterminé *une échelle de points* pour le jugement des machines à vapeur rurales. Elle nous paraît la seule juste pour les circonstances particulières supposées (prix de la main-d'œuvre et de la houille), et même pour des cas assez différents ; car tous nos calculs ont pour base la différence des prix de revient entre une très-bonne et une médiocre machine à vapeur.

Cependant la plupart de nos lecteurs ne seraient pas fâchés de comparer notre *rationnelle* échelle de points avec celles qui ont pu être proposées avant nous, sans méthode, empiriquement, ou même par suite d'une espèce d'intuition pratique dont nous faisons grand cas.

Voici les échelles de points proposées par quelques constructeurs anglais : nous nous sommes permis de les arranger dans le cadre de notre notation afin de pouvoir les comparer. La plupart des machines anglaises qui se présentent dans les concours sont d'au moins 6 chevaux-vapeur ; c'est donc ce cas que nous supposons.

ÉCHELLES DE POINTS DE MM.

	Garrett.	Hornsby.	Ransome.	Moyenne anglaise.	Grandvoinne!,
1º Bas prix......................	8	14	10	10.66	8
2º Bonne construction. solidité et facilité de transport (locomobiles)..........	43	45	50	46	23
3º Simplicité.....................	27	23	20	23.1/3	27
4º Économie de combustible..........	22	18	20	20	42

Entre la moyenne des échelles anglaises et la nôtre il y a deux écarts tranchés : mais loin d'infirmer notre principe, l'un d'eux au moins le confirme. En effet, nous ferons observer que la houille étant très-notablement moins coûteuse en Angleterre qu'en France, l'économie de combustible a beaucoup plus d'importance ici que chez nos voisins ; le second écart s'explique aussi par l'origine des échelles de points anglaises : elles sont l'œuvre de trois exposants. Or, les constructeurs en général désirent que les juges attachent moins d'importance à *l'économie de combustible* qu'à la *bonne construction*, à la *simplicité* et à la *solidité* ; et cela se comprend, car *l'économie de combustible* est la qualité la plus difficile à atteindre dans des machines de fabrication courante qu'il faut faire aussi écon-omiquement que possible pour résister à la concurrence réciproque des fabri-cants; tandis que la simplicité et le bas prix sont à la portée de tous les construc-teurs, et sont demandés, quand même, par les acheteurs, ignorants pour la plupart de leurs véritables intérêts.

De la nécessité d'une bonne méthode de jugement des machines.

Nous sommes loin de croire que notre méthode générale de jugement, et l'ap-plication que nous venons d'en faire au cas particulier des machines à vapeur rurales, soient, dès aujourd'hui, arrivées à leur perfection, et que nos chiffres ne puissent être remplacés par des nombres plus exacts obtenus par de longues observations. Mais nous maintenons le principe, d'autant plus que depuis 1855, époque où nous l'avons posé, il n'a donné lieu à aucune critique.

Jusqu'ici la nécessité d'une méthode positive de jugement des machines agri-coles ne semble avoir été comprise ni par les hommes appelés à diriger les concours, ni par les juges chargés de décerner les récompenses, ni par les constructeurs, ni même par les agriculteurs qui doivent employer les machines.

Nous n'avons cessé, depuis 1838 surtout, d'appeler l'attention du monde agri-cole sur les inconvénients de l'absence d'une bonne méthode de jugement, en nous bornant à signaler quelques-unes des erreurs commises. C'était notre devoir. Nous eussions pu signaler chaque année, dans nos concours, des erreurs de juge-ment incroyables ; nous avons reculé devant les personnalités qu'auraient entraî-nées nos critiques. Mais nous n'abandonnons pas notre principe, et nous rappelons encore d'une manière générale quels en sont les avantages.

L'étude de ce mode rationnel de jugement des machines agricoles n'est pas seulement nécessaire, comme on pourrait le croire, aux hommes éminents appe-lés à juger les machines dans les concours, mais encore et surtout aux *exposants* et aux *acheteurs*.

En effet, les constructeurs consciencieux doivent exiger que leurs machines soient jugées suivant une méthode positive, afin de supprimer ce qu'il peut y avoir d'imprévu dans les jugements par suite de causes fort complexes et qu'il serait difficile d'exposer ici, car elles ont trait à la composition même des jurys, et à leur mode d'appréciation si variable.

L'habitude des concours, l'éclat d'anciennes récompenses ne seraient plus pour un exposant la cause déterminante de ses succès, et le constructeur débutant ne serait plus pris au dépourvu par les essais fictifs, le mode de procéder et le système de notation que nous proposons (ou tout autre meilleur) pouvant être publié à l'avance, comme *code* des essais et jugements.

Les cultivateurs doivent aussi exiger que les essais et les jugements qui s'en-suivent aient une base positive, car ils seraient ainsi certains que les prix seront décernés aux machines agricoles qui, dans la ferme, leur donneront la plus grande somme d'avantages.

Enfin, les hommes éminents, appelés à l'honneur de juger les machines, doi-vent aussi désirer qu'une méthode positive d'appréciation soit adoptée, après une publication préalable, parce qu'ils seraient ainsi débarrassés de la plus grande part de la respondabilité qu'ils ont à supporter actuellement, et de toute récrimination de la part des exposants ; car, l'échelle de points étant publiée et adoptée implicitement ou explicitement par les constructeurs, et les essais faits dans des conditions prévues, les exposants mal partagés dans la distribution des récom-penses n'auraient plus qu'à s'incliner devant la moyenne des points obtenus par les machines primées : il ne resterait plus alors dans les jugements de machines agricoles que la petite part d'imprévu inséparable de tout jugement humain, cette part étant réduite au minimum.

On ne verrait plus de ridicules instruments obtenir trois fois de suite le premier prix, sans que dans dix ans un seul ait pu être adopté par un seul cultivateur;

Des machines incapables de travailler récompensées d'une médaille d'or sans essai, et tant d'autres exemples semblables.

Au contraire, en adoptant une méthode positive, et en faisant exécuter des essais systématiques sérieux, les jurés traceraient la voie aux inventeurs et aux constructeurs, signaleraient les machines véritablement bonnes aux cultivateurs, et le pays tout entier y gagnerait. Plus d'inventeurs ou de constructeurs se ruinant à poursuivre l'exploitation d'un mauvais système de machines; plus de coûteuses machines mises au grenier ou à la ferraille par le cultivateur assez simple pour baser son jugement sur les récompenses accordées à ces machines.

Notre système de jugement des machines à vapeur rurales exigerait, pour être appliqué dans toute sa précision, un certain outillage. Avant le concours, on peut exiger que chaque concurrent se munisse, à ses frais, d'un frein fait suivant le meilleur modèle indiqué, d'un compteur mécanique, et même d'un indicateur des pressions.

Chargé en 1867, par le jury de la classe 74, de la direction des essais pour toutes les machines agricoles, nous n'avions pas malheureusement l'outillage le meilleur, et les constructeurs n'avaient pas été prévenus à temps. Plusieurs n'osèrent concourir. Avant de rendre compte de nos essais et de décrire les machines primées, rappelons que, dans ce qui précède, nous avions admis, en 1862, d'après les *faits* connus alors pour les machines rurales, une différence dans la consommation égale à 66 pour 100 du poids de houille consommée par la meilleure machine.

Depuis cette époque, nous avons pu essayer comparativement plusieurs machines, et les résultats ont confirmé nos prévisions.

Ainsi à Auxerre (en 1866), avec de mauvaise houille, et pour une durée d'essai trop courte, ce qui est défavorable pour toutes les machines, nous avons eu les chiffres consignés dans le tableau ci-dessous.

Tableau des essais faits au concours d'Auxerre, en mai 1866.

NOMS DES EXPOSANTS.	FORCE NOMINALE de la machine.	FORCE RÉELLE accusée par le frein.	NOMBRE DE TOURS par minute.	LONGUEUR du levier du train.	POIDS placé au bout du levier.	CHARBON consommé dans une heure d'essai.	CHARBON par cheval et par heure.	OBSERVATIONS.
					kil.	kil.	kil.	
Damby, de Dôle.......	5	5.285	103	1.50	24.50	24.50	4.635	
Gérard, de Vierzon....	5	5.710	133	1.50	20.50	26.60	4.658	
Durenne, de Courbevoie.	5	4.895	114	1.50	20.50	29.00	5.920	Le chauffeur est peu expérimenté.
Rigot, de Paris.......	4	4.070	92	1.44	22.00	24.66	6.060	
Muzey, d'Auxerre.....	4	4.021	100	1.44	20.00	31.00	7.710	La machine est ancienne et un peu usée.

On voit que, dans cet essai, la moins bonne machine a consommé, à égalité de force, 66.34 pour 100 de plus que la meilleure.

Dans ce qui précède, pour établir nos prix de revient et notre échelle de points, nous avons supposé une consommation de 3 kilog. par cheval et par heure pour la meilleure machine, la houille étant de bonne qualité : or, il peut y avoir entre deux houilles une très-grande différence de puissance calorifique. Dans un grand essai fait en Angleterre, la *puissance évaporante* paraît avoir varié entre les nombres extrêmes 6.32 et 10.36; c'est-à-dire que la meilleure houille évaporait 64 p. 100 de plus que la plus mauvaise : ou il ne fallait, pour évaporer le même poids d'eau avec la meilleure houille, que 61 pour 100 du poids nécessaire en mauvaise houille.

L'essai fait par nous à Billancourt en 1867, pour le jury de la classe 74, corrobore cette indication. Le charbon fourni par la commission impériale était d'excellente qualité; aussi, presque toutes les machines ont donné de bons résultats.

Mais il est toutefois resté entre les diverses machines, suivant les perfectionnements des générateurs et des mécanismes, et suivant l'habileté des chauffeurs, des différences proportionnelles à celle que nous avons prise pour base de notre échelle de points à appliquer dans le jugement des machines à vapeur rurales.

Ces deux essais, avec des houilles si différentes de qualité, prouvent qu'en adoptant notre *échelle de points*, il faut que l'économie maxima de bonne ou mauvaise houille soit représentée par le même nombre de points; mais alors 3 kilog. d'économie de mauvaise houille vaudraient 42 bons points comme aussi une économie de 2 kilog. seulement de bonne houille.

Il y aurait donc, dans la notation proposée, nécessité d'avoir égard à la qualité de la houille employée.

Revenons à l'essai des machines à vapeur, à Billancourt.

Nous avons divisé les machines concourantes en quatre catégories :

1° Machines de plus de six chevaux, destinées aux très-grandes fermes ou aux entrepreneurs de battage;

2° Machines de six chevaux pour des grandes fermes françaises;

3° Machines de quatre à cinq chevaux pour fermes moyennes;

4° Machines de deux chevaux pour petites exploitations.

Le tableau ci-dessous montre, comme le précédent, fait pour des conditions bien différentes, cependant, qu'entre les meilleures machines et les médiocres il y a des différences de consommation variant de 54 à 87,5 pour 100 de la plus faible dépense de houille.

Ce tableau montre, en outre, qu'entre une machine de deux chevaux à faible surface de chauffe, sans détente, et une forte machine à longue détente, il peut y avoir une différence énorme de consommation de combustible : $1^k.691$ pour la meilleure et la plus forte machine, et $7^k.406$ pour la plus petite et la moins perfectionnée.

En présence du prix croissant de la houille nous n'avons pas besoin d'insister sur les avantages que présentent les machines bien faites, au point de vue de l'économie du combustible; mais il peut être intéressant pour nos lecteurs de connaître les dispositions qui permettent d'atteindre ce but.

La machine à vapeur à longue détente de MM. Ransomes et Sims, d'Ipswick (planche 223), a été faite plus spécialement pour les pays où l'économie de combustible est de première importance : le foyer est disposé de façon à brûler la houille, le coke, le bois, et en général tous les combustibles, même les plus mauvais.

La surface de chauffe est de 16.257 mètres carrés. La boîte à feu est parallélipipédique. Le cylindre à vapeur a un diamètre de dix pouces anglais ($0^m.254$); la course est de treize pouces ($0^m.330$).

TABLEAU DES ESSAIS FAITS A BILLANCOURT LES 26 ET 27 AOUT 1867, PAR M. J.-A. GRANDVOINNET, MEMBRE DU JURY (Classe 74).

NOMS des exposants.	NATIONALITÉS.	FORCE NOMINALE.	TIMBRE de la chaudière.	PRESSION MOYENNE en marche.	NOMBRE de tours de la poulie.	LONGUEUR du levier du frein.	POIDS dont il est chargé.	POIDS équilibrant le levier	POIDS TOTAL tenu soulevé.	FORCE RÉELLE pendant l'essai.	HEURES de la mise en marche.	HEURES de l'arrêt.	DURÉE TOTALE de l'essai.	HOUILLE fournie réellement.	VALEUR de la houille, du bois et de la paille pour allumage.	POIDS TOTAL de houille consommée.	POIDS DE HOUILLE par cheval et par heure.
		ch.	kilogr.	kilogr.	tours.	mètres.	kilogr.	kilogr.	kilogr.	chev.	h. m. s.	h. m. s.	h. m. s.	kilog.	kilog.	kilog.	kilogr.
Machines de plus de 6 chevaux.																	
Ransomes et Sims.	Angleterre.	10	6.000	5.681	156.75	0.758	152.00	38.015	113.385	18.707	1 28 10	4 41 00	3 12 50	100	4.000 — 2ʳ300	101.700	1.691
Marshall.	Angleterre.	8	»	4.568	157.00	0.700	51.35	»	51.350	7.880	1 48 50	5 15 00	3 16 10	80	4.000 — 2·30	81.700	3.171
Machines de 6 chevaux.																	
Allen.	Angleterre.	6	•	4.765	138.23	0.690	51.35	»	51.350	6.038	2 21 45	5 01 00	2 39 15	60	2.150 — 1·15	61.000	3.360
Brisson.	France.	6	7.227	7.948	123.36	1.600	20.70	2.950	23.650	6.503	1 55 05	5 40 03	3 44 55	60+3ʳ217	2.730 — 1·15	61.817	2.665
Del.	France.	6	6.195	6.773	133.00	1.600	20.70	2.950	23.650	6.974	45 00	5 02 37	3 17 37	60	2.250 — 1·15	61.100	3.660
Girard.	France.	6	7.227	8.260	132.00	2.000	14.40	2.875	17.275	6.370	43 30	5 05 12	4 21 32	60—15ʳ10	2·750 — 1·15	46.500	3.174
Machines de 4 à 5 chevaux.																	
Gautreau.	France.	5	6.163	5.162	110.00	2.000	19.00	3.500	22.500	6.908	2 02.12	4 19.00	2 09 48	50	2.250 — 1·15	51.100	3.630
Prothe.	France.	5	6.000	5.466	139.00	2.000	8.00	5.100	13.100	5.085	34 10	26 00	2 51 50	50	2.150 — 1·15	51.000	3.503
Damey.	France.	4	6.099	5.864	119.77	1.500	17.00	»	17.000	4.264	1 42 60	5 59 00	4 17 00	60—11ʳ05	2·250 — 1·15	49.150	2.680
Machine de 2 chevaux.																	
Mays.	France.	2	7.000	7.000	122.00	1.520	7.00	»	7.000	1.808	1 50 00	5 39 00	3 49 00	50	2·250 — 1·15	51.100	7.406

La détente peut commencer au cinquième de la course : alors la machine donne son minimum de force; mais, en revanche, chaque kilogramme de combustible produit son maximum d'effet.

Fig. 1.

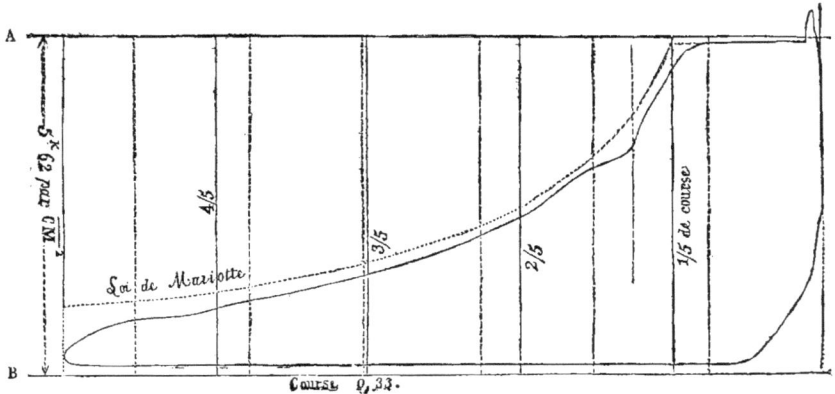

A, ligne de la pression dans la chaudière.
B, ligne de la pression atmosphérique. Fermeture de l'admission au cinquième de la course : 148 tours par minute.

Le diagramme (figure 1), donné par l'indicateur de Watt, la vapeur étant dans le générateur à la pression de 5k.682 par centimètre carré, et le nombre de tours de 148 par minute, a été fait dans un essai à la plus longue détente.

On voit que cette détente se fait suivant une courbe assez régulière, s'éloignant très-peu de celle qu'indique la loi de *Mariotte*. A l'origine, pendant un instant la pression dans le cylindre, comme le montre la figure, est supérieure à celle de la chaudière, ce qui tient probablement à l'avance à l'admission; le piston en finissant la course précédente a comprimé la vapeur neuve qui avait déjà pénétré sous le cylindre avant le commencement de la nouvelle course.

En revanche, en même temps la contre-pression est très-forte (2k.027); mais elle diminue très-rapidement, jusqu'à n'être plus que de 0k.133 au-dessus de la pression atmosphérique, soit un peu plus d'une atmosphère et un huitième.

La pression au commencement de la course étant d'abord de 5k.144, s'élève pendant un instant à 231 grammes au-dessus de celle de la chaudière, puis retombe subitement à 1434 grammes au-dessous de la pression de la chaudière.

A partir du cinquième de la course, la détente commence : la contre-pression après le parcours de 8.27 pour 100 de la course, reste constante à 133 grammes au-dessus de la pression atmosphérique, ce qui représente la charge nécessaire pour produire l'écoulement de la vapeur.

La détente se fait de telle sorte que la pression réelle est d'abord de 5 pour 100 (aux deux cinquièmes de la course) en dessous de ce qu'elle devrait être théoriquement; puis de 10 aux trois cinquièmes, de 20 pour 100 aux quatre cinquièmes; et, vers la fin de la course, lorsqu'il n'en reste plus que le dix-septième à parcourir, la pression s'abaisse très-rapidement par suite de l'avance à l'émission.

En somme, d'après la loi de *Mariotte* pour cette détente au cinquième de la course, le travail de la détente devrait être de 1.6084 du travail de la pleine pression, soit, pour 148 tours de poulie, 12chev.46. Pratiquement, d'après le diagramme ci-dessus, le travail sur le piston n'est que de 11chev.8; et en ajoutant le travail de la détente, ce serait 32.512 (théoriquement) et 30.74 (pratiquement dans le cylindre). Le frein nous a donné sur l'arbre du volant 18.707 chevaux. Le rendement de la machine proprement dite est donc ici de 57.5 pour 100 du travail théorique, ou 60.77 du travail sur le piston, rendement supérieur à celui des machines ordinaires.

Ainsi; comme rendement et comme économie de combustible, c'est une excellente machine.

Dans l'essai de Billancourt, la détente commençait à peu près au quart de la course, et le nombre de tours était de 156.76 : on eut ainsi un peu plus de force que dans l'essai pendant lequel le diagramme fut obtenu. Les chiffres ci-dessus sont donc assez près de la vérité, mais un peu forts.

La machine Ransomes doit ses qualités non-seulement à une bonne construction, mais surtout à l'adoption d'une longue détente.

On peut, du reste, faire varier cette détente suivant la force ou le travail moteur dont on a besoin. Si, avec la détente au cinquième et d'excellente houille, la machine donne environ 16 chevaux, au quart elle donnerait 18.5 chevaux (essai de Billancourt); au tiers elle donnerait 21 chevaux; aux trois quarts 29 chevaux, et enfin 31 chevaux environ si elle marche à pleine vapeur pendant toute la course.

La force obtenue ne sera celle que nous indiquons qu'avec d'excellente houille. Pour des combustibles médiocres le rendement sera moindre, mais restera encore assez fort pour que la machine rende de bons services dans les pays où les combustibles sont très-mauvais.

Dans l'essai de Billancourt, la machine Ransomes était munie d'un réchauffeur d'eau d'alimentation, d'une bonne disposition, ne risquant pas d'arrêter le jeu de la pompe alimentaire, et assez efficace pour porter, par la chaleur perdue de la vapeur d'échappement, l'eau d'alimentation à 80 degrés.

L'adoption d'une longue détente et d'une chaudière à grande surface de chauffe n'a d'autre inconvénient que d'accroître le prix de la machine par cheval.

Les bons constructeurs français font aussi des machines à vapeur à longue détente; mais elles ne sont pas encore adoptées par les fermiers, qui attachent trop d'importance à la *simplicité* et au *bas prix* des machines, faute de connaître l'énorme avantage des machines perfectionnées. Le principal but de cet article est précisément de faire ressortir cet avantage par des chiffres.

La machine Ransomes, comme le font voir les figures de la planche 223, est portée par quatre roues : les deux premières, formant avant-train tournant, ont 0^m.914 de diamètre; celles de derrière ont 1^m.371, avec une largeur de jante de 0^m.229. L'ensemble est donc bien roulant. La plus grande largeur de la machine est de 2^m.032.

La plus grande hauteur (quand la cheminée est abattue) est de 2^m.693; enfin l'extrême longueur est de 3^m.546, sans la flèche d'attelage.

Le mouvement de va-et-vient, que donne la vapeur au piston, est transmis à l'arbre du volant (1.524 de diamètre) par une bielle dont la tête est guidée par une glissière ordinaire. Les paliers supportant l'arbre du volant sont reliés par deux grandes tringles à écrous avec le cylindre à vapeur, pour consolider les paliers et reporter les efforts sur tout l'ensemble de la machine; car il n'y a pas de fondation commune à tout le mécanisme, comme dans nombre de petites machines.

Sur l'arbre du volant sont calés deux excentriques, pour le tiroir de distribution et la détente. Un troisième, placé au bout de l'arbre et à la tige verticale, conduit la pompe alimentaire.

En somme, cette machine, sans présenter de complication, mais par une bonne disposition de foyer, une grande surface de chauffe et une longue détente, donne de très-bons résultats. Avec les plus mauvais combustibles, ou avec un faible poids de bonne houille, elle peut donner une force de dix à vingt chevaux au moins.

Elle est plus spécialement faite pour les conditions particulières de l'Inde, du Levant, de l'Égypte, de l'Espagne, du Mexique et de l'Amérique méridionale; et en général pour les pays où le combustible est mauvais, rare ou cher.

Sans le réchauffeur d'eau, appliqué surtout dans les concours, bien qu'il nous ait semblé pratique, la consommation en bonne houille peut être estimée à $1^k.914$ par cheval et par heure, et à $1^k.687$ seulement avec le réchauffeur, comme l'a prouvé l'essai de Billancourt.

Les constructeurs anglais ont grand soin de rechercher les conditions auxquelles doivent satisfaire les machines d'exportation, pour se conserver les marchés étrangers. Nous espérons que les constructeurs français, sans négliger le marché national déjà fort important, chercheront à prendre pied dans les pays éloignés. Le moment est peut-être favorable. Si la houille est, en France, à un prix très-supérieur à celui que payent les mécaniciens anglais, en revanche, la main-d'œuvre est chez nous à plus bas prix et moins exigeante.

L'exportation anglaise des machines à vapeur, qui était de 35,500,000 francs pour les huit premiers mois de 1865, s'est élevée pour la même période, en 1866, à 44,000,000 francs; puis s'est abaissée à 34,000,000 en 1867.

La machine Ransomes dont nous venons de parler était dans notre essai sans concurrence sérieuse, eu égard à sa grande puissance.

La machine de M. *Marshall*, la seule qui, avec la machine Ransomes, dépassât six chevaux, est aussi une bonne machine, qui s'est trouvée dans l'essai dans des conditions de conduite moins bonnes que d'autres.

Bien que sa consommation (voir le tableau) n'ait pas dépassé $3^k.171$ par cheval et par heure, ce qui est un chiffre assez beau, elle eût pu dépenser moins si elle avait été suffisamment préparée et conduite par un chauffeur habile.

RATEAUX.

(Planches 224, 225, 226, 227, 228, 229.)

Observations préliminaires.

Le perfectionnement des procédés de culture conduit nécessairement à l'amélioration des divers appareils employés dans les fermes, et la marche de ce progrès est toujours la même : on commence par modifier les appareils à bras; puis la nécessité d'un moteur plus fort, plus rapide et moins coûteux que l'*homme*, se fait sentir, et les appareils manuels perfectionnés sont peu à peu remplacés par des *machines* traînées par des chevaux, ou même mues par la vapeur.

Tout le matériel agricole a passé ou passera par cette série de transformations; mais, parmi les nouveaux appareils dus au génie des inventeurs, il n'en est qu'une bien petite portion qui soient accueillis avec faveur par le public dès leur apparition; ce sont surtout les machines destinées à faciliter la récolte : ainsi, tandis que nombre de bons cultivateurs conservent des charrues médiocres et des herses barbares, ils achètent des faneuses et des râteaux à cheval, dont l'utilité est réelle, mais moindre, en somme, que celle des char rues et des herses perfectionnées. Cette injuste préférence est facile à expliquer : les inconvénients d'une mauvaise herse, d'une médiocre charrue, ne se voient pas facilement : il faut le témoignage d'un *dynamomètre* ou une rare faculté d'observation et un jugement sain pour comprendre quelle perte de temps et d'argent entraine l'emploi de mauvais instruments de préparation du sol, tandis que les avantages d'une FANEUSE MÉCANIQUE ou d'un *râteau à cheval* sautent aux yeux de tous : ils permettent de sauver une récolte qu'il est très-facile d'estimer en argent ; de plus, la nécessité force le cultivateur à employer ces appareils. Qui ne connait en effet le contraste existant entre la foule de bras nécessaires au recueil des récoltes et le nombre d'ouvriers employés habituellement sur la ferme ? Aussi, sans ces machines nouvelles, faucheuses, faneuses et râteaux, que de difficultés pour rentrer à temps les foins et les blés, et combien de craintes donne l'aspect si habituellement variable de notre ciel ! L'agriculteur, malgré toute l'activité dont il peut être doué, malgré tous les sacrifices d'argent auxquels il se soumet depuis quelques années, n'évite même pas toujours la perte d'une partie des récoltes qu'il a eu tant de peine à produire.

Le râteau à cheval est donc un hôte bien accueilli dans toute ferme, et nous aurons bien moins à prouver son utilité qu'à faire connaître la variété de ses emplois et les conditions auxquelles il doit satisfaire pour rendre les plus grands services possibles. Toutefois, comme il reste encore bien des cultivateurs qui cherchent plutôt des raisons pour ne pas employer les nouveaux appareils que des preuves de leur utilité, nous laisserons sur ce sujet la parole à un de nos meilleurs cultivateurs de France, M. G. Hamoir : « Le râteau, dit-il, peut rendre de grands services dans les fermes mêmes où la récolte de fourrage n'est pas la culture principale.

« En effet, ses fonctions de ramasseur s'appliquent aussi bien aux froments, aux avoines, aux féveroles, aux hivernages, etc., qu'aux foins, aux trèfles et aux luzernes. Des maires ou des administrés peuvent encore supposer que le cultivateur n'a pas le droit de faire entrer cet outil dans la pratique de sa moisson. C'est une ignorance qu'il faut leur pardonner ; il y a à cet égard des arrêts judiciaires qui ne laissent aucun doute. Si l'agriculteur n'emploie pas encore les engins qui doivent lui faire rentrer jusqu'au dernier épi de blé dans ses granges, c'est qu'il respecte le vœu plein d'humanité du législateur, qui a voulu que ce surplus du riche appartient aux vieillards, aux infirmes et aux enfants, à tous ceux, en un mot, qui ne peuvent pas travailler à l'œuvre commune du moment. De toute part aujourd'hui cette disposition de la loi est violée par ceux mêmes qui devraient la faire respecter, des plaintes s'élèvent nombreuses, et vous entendez dire de tous côtés : les bras manquent à l'agriculture au moment de la moisson. Bien des personnes cependant qui ont de l'aisance au foyer, qui cultivent elles-mêmes, qui ont du bien au soleil, ne veulent pas louer leurs bras inoccupés, elles préfèrent les réserver pour le glanage, où on les tolère, et où ce fâcheux abus en fait naître d'autres plus grands encore.

« Contre cette situation, le cultivateur n'a qu'un remède et il est vigoureux : qu'il nettoie assez son champ pour que cette troupe vagabonde, qui s'y lance comme une nuée de sauterelles, n'y trouve plus de quoi couvrir ses peines, et tout rentrera dans l'ordre légal.

« Il est à désirer que le râteau ne soit, dans les mains du plus grand nombre, qu'une épée de Damoclès suspendue sur la tête des glaneurs trop valides, on en retirera la plupart du temps un service bien suffisant déjà : celui d'avoir des femmes pour lier ses gerbes et les mettre à l'abri des orages.

« Que si on l'emploie, on sera étonné de ce qu'il peut ramasser dans sa journée de travail et de l'espace qu'il peut embrasser.

« Appliqué au fourrage, voici des faits : j'ai voulu d'abord déterminer la perfection du travail de cet outil et le comparer à celui des bras.

« J'ai envoyé sur une prairie de 2 hectares, dont on venait d'enlever le foin, dix femmes, avec un surveillant auquel elles étaient bien recommandées ; elles ont mis quatre heures pour le nettoyer parfaitement avec les râteaux de bois.

« Le râteau à cheval, avec un seul conducteur, a repassé la besogne en deux heures et a ramené au logis 104 kilogr. de foin. Si on compte le foin à 6 fr. les 100 kilogr., c'est environ 3 fr. par heure qu'un homme et un cheval peuvent gagner en se promenant.

« Un champ de trèfle de 6 hectares, fané dans de mauvaises conditions, relevé quand le rejet était déjà haut, et alors que les grosses pluies d'orage avaient entassé dans le sol une partie de la récolte coupée, ce champ, dis-je, mis en monts, le râteau l'a nettoyé jusqu'au dernier brin en un jour et demi ; c'était un travail estimé à soixante journées de femmes.

« Que de fois, par une belle matinée, une récolte de fourrage a été étendue pour recevoir un dernier coup de soleil avant sa rentrée ; survient un changement de temps, un orage, tout le monde se met à la besogne ; tous les bras sont occupés à refaire les monts, le râteau suit, ramasse ce que la précipitation a laissé derrière ; la pluie arrive, tout est couvert. Sans le râteau, on eût abandonné par hectare 400 à 500 kil. de foin aux hasards du temps.

« Deux hectares de trèfle de seconde coupe sont fauchés en une attelée et demie avec la machine Wood-Peltier. La récolte reste sur la terre régulièrement étendue en couches minces comme la dispose cette machine, la tige coupée supportée par le pied de la plante qui reste ; il pleut, l'eau s'écoule, un peu de vent s'élève, qui trouve passage sous la récolte et la sèche en peu de temps ; le troisième jour, le râteau, en une après-midi, amasse le trèfle bien fané en deux lignes parfaitement parallèles ; le lendemain deux journées et demie de femmes sont employées à le mettre en monts, à le chaperonner, aujourd'hui on l'a rentré en grange ; il y en a 5,000 kilogr., soit 2,500 par hectare.

Résumé du fauchage et du fanage de deux hectares de trèfle.

Coupé à la machine. {	0,75 journées d'homme à 2 fr............	1f.50
	— de chevaux à 5 fr. (chaque)..	7.50
Amassé au râteau... {	0,50 journées d'hommes à 2 fr..........	1.00
	— de cheval à 5 fr...........	2.50
Mise en monts : 2,5 journées de femmes à 1 fr.................		2.50
	Ensemble............	15f.00

Soit 7 fr. 50 par hectare.

« Une seule de ces dépenses se solde par *caisse*, c'est la plus minime, la mise en monts, 2 fr. 50 ; le reste passe au crédit du compte d'écurie et ne grève en aucune façon la bourse du cultivateur, car alors que s'exécutent les travaux de fauchage ou de fanage, les attelages sont assez peu occupés dans la ferme pour pouvoir faire facilement face à ce petit surcroit de besogne.

« Le râteau n'a marché dans cette dernière circonstance qu'à raison de 4 hectares par jour. Il est nécessaire d'en dire la raison : la pièce était étroite, les tournants répétés ; ajoutons que le râteau, chargé jusqu'au haut des dents et traînant sur terre, ne permet plus au cheval un pas de course comme dans le simple nettoyage : puis enfin le cheval était vieux et le conducteur n'était plus jeune. Quoi qu'il en soit, la place était aussi nette que si on l'eût balayée.

« J'ai pris ces faits au hasard dans tous ceux qui se sont passés depuis deux ans dans ma culture; je pourrais les multiplier, ce serait toujours la même chose.

« Ce que je pense devoir résulter de l'emploi de la faucheuse et du râteau combinés pour la récolte des prairies artificielles, c'est la suppression du fanage par les bras; on coupera à la machine, on laissera sécher, on amassera au râteau et on mettra de suite en gros monts chaperonnés. Nous n'aurons plus sur la campagne ces troupes de femmes et d'enfants remuant les trèfles et les luzernes pour en faire tomber les feuilles, et nous serons maîtres absolus de la besogne, que nous pourrons faire à l'heure favorable que le ciel nous donnera. Nous couperons nos premiers jets plus tôt, nous en aurons des seconds excellents avant la moisson et des troisièmes ensuite.

« La faucheuse, qui rase aussi près que la faux en moyenne, le fait d'une manière beaucoup plus régulière; elle n'attaque pas comme celle-ci le collet des plantes, qui en souffrent si elles n'en meurent; elle laisse intact le jeune rejet déjà disposé à s'élever et donne une seconde coupe plus régulière et plus prompte.

« Le râteau, de son côté, en grattant la surface du sol, en arrache bien des herbes parasites, épand les taupinières, émiette la terre et rehausse un peu les plantes, qui en reçoivent une notable activité de végétation.

« Ces observations sérieuses, qui m'ont tout d'abord frappé, ont aussi frappé tous les cultivateurs qui ont examiné de près mon travail; elles m'assurent la réussite du résultat que je viens d'indiquer. »

Le recueil des récoltes éparses sur le sol se faisait exclusivement autrefois, et se fait presque généralement encore aujourd'hui, à l'aide de râteaux à bras essentiellement composés d'une barre de bois portant d'un côté, parfois de deux, de courtes dents en bois, et armés d'un long manche, tantôt normal, tantôt oblique. Cet instrument, appelé dans quelques localités — fauchet,—était lancé en avant, puis attiré, traînant sur le sol : il recueillait le foin ou la paille épars; mais le travail qu'un homme ou une femme pouvait faire avec un outil de ce genre était fort limité. En premier lieu, la nécessité de porter en avant le râteau, en — fauchant, — pour l'attirer ensuite à soi, entraînait la légèreté de cet appareil, et par suite restreignait sa largeur et sa capacité; la multiplicité des mouvements alternatifs des bras occasionnait une grande fatigue pour un faible résultat.

Des perfectionnements successifs du râtelage à la main.

La première amélioration du râteau à bras consiste dans une construction donnant à la fois légèreté et solidité; on le fait ordinairement d'une forte barre de frêne percée de part en part pour recevoir des dents à section circulaire et de même bois : le long manche, en bois ferme et léger, est consolidé par un ou deux étais aussi en bois ou mieux en petit fer rond avec écrous de rappel pour serrer ces étais suivant le besoin. Ces râteaux coûtent, en Angleterre, s'ils n'ont qu'un étai : 1 fr. 90; à deux étais, 2 fr. 20. La douzaine de dents vaut 45 centimes.

La seconde amélioration consiste dans l'augmentation de la largeur de râtelage, qui de 0m.60 est portée à 1m.50, et dans la substitution de longues dents courbes en fer ou en acier, d'une grande capacité, aux courtes dents de bois ne

7

pouvant recueillir qu'une petite portion de tiges d'herbes ou de blé ; et comme
à un long rang de fortes dents, un manche léger ne peut suffire, on fixe à la
traverse du râteau un double manche concourant à la poignée ou une espèce
de bâti triangulaire à l'aide duquel il peut être *traîné* par un homme ou un
jeune garçon.

Un râteau ordinaire, mais grand et solide, fait par MM. Hunt et Pickering, est
représenté par la fig. 1 (pl. 224) : il se compose d'une traverse en fer *cornier* que
des dents d'acier traversent près de l'angle ou du coin ; ces dents sont rivées sur
l'autre face du fer comme le montre la figure ; le manche à douille gagnerait à
être consolidé par deux petits étais en fer rond. Tel qu'il est représenté, ce râteau coûte 4 fr. 38 et sans manche 3 fr. 75 ; les dents en acier coûtent 1 fr. 55
la douzaine et un peu plus de 13 centimes pièce. Ce râteau est un intermédiaire
entre les *fauchets* et les râteaux à traîner à bras.

La fig. 2 représente, en perspective, un des râteaux à bras à traîner plus solide
et plus efficace, qui remplacent avec grand avantage les râteaux ordinaires à
main et que les Anglais nomment *hand drag rake* : il coûte 15 fr. 60 chez Ransomes.
Pour râteler avec cet instrument, on le saisit par l'extrémité du manche et on
le traîne ainsi jusqu'à ce qu'il soit rempli ; alors, on redresse un peu le manche
et on le saisit à peu près vers le milieu de sa longueur ; tenu ainsi, ses dents ont
leur pointe au-dessus du sol et on peut traîner l'appareil chargé de récolte sur
le dos courbé des dents jusqu'à l'endroit où l'on veut rassembler le foin ou les
glanes ; il se vide aisément par un mouvement brusque en avant en appuyant
un peu sur le dos des dents. La largeur de ce râteau est de 1m.45.

Plusieurs constructeurs en Angleterre fabriquent ce genre de râteau à bras ;
c'est surtout un râteau glaneur, bien qu'il serve avantageusement pour réunir
en ondains le foin éparpillé.

La fig. 3 représente un râteau du même genre, mais tout en fer avec dents
d'acier : il est fait par Underhill et coûte aussi 15 fr. 60.

Il serait bon de fixer au bout extrême du manche (fig. 3) une petite crossette
pour éviter qu'il ne glisse dans la main de l'ouvrier, ou même le traîner par
l'intermédiaire d'une bretelle en toile ou en cuir passant sur l'épaule. Avec cet
instrument un jeune homme ou une femme peuvent râteler ou glaner *trois* hectares par jour, tandis qu'avec le *fauchet* ils atteignent à peine à un hectare.

Le troisième perfectionnement des râteaux à bras consiste à faire reposer le
râteau à traîner sur deux roues, afin de diminuer l'effort nécessaire pour le
traîner.

Cette diminution de traction permet de faire des râteaux très-larges, mais
alors se présente un inconvénient sérieux : les dents rigides des râteaux précédents fixées solidairement sur une seule traverse suivent toujours la position
prise par la traverse, que les roues passent dans des dépressions ou sur des saillies ; de sorte que tandis que quelques dents restent au-dessus de la surface sans
travailler, ou sans râteler *à fond*, celles qui passent sur des éminences ou des
touffes s'y enfoncent et peuvent être rompues ou faussées, en entraînant en
outre, avec le blé ou le foin, de la terre ou des mauvaises herbes.

L'adoption des roues de transport entraîne donc un quatrième perfectionnement, *l'indépendance et la mobilité des dents.* Alors chaque dent peut tourner
indépendamment de ses voisines, tomber au fond des dépressions ou s'élever sur
les petits monticules qui peuvent se trouver dans quelques terrains, de sorte
que le râtelage se fait à fond et uniformément sur toute la largeur de l'instrument quelle qu'elle soit.

Enfin le cinquième et dernier perfectionnement, conséquence du précédent,
consiste dans l'emploi d'un mécanisme permettant de soulever, facilement et

ensemble, toutes les dents pour les débarrasser du foin ou du blé qu'elles ont ramassé. A cet état, le râteau à main (fig. 4) ne diffère plus du râteau anglais à cheval dont nous parlerons plus loin, qu'en ce que ce dernier est plus large, à dents plus hautes, et qu'il est muni de limons propres à recevoir un cheval.

Le râteau représenté par la fig. 4 est de *Ransomes et Sims*. Toutes les dents sont enfilées sur une tringle en fer rond allant d'un côté à l'autre du râteau. Ces dents qui peuvent s'élever ou s'abaisser indépendamment l'une de l'autre passent par-dessus une barre AA repliée à chaque bout, d'équerre, et enfilée par les extrémités de ces équerres sur l'axe commun des dents autour duquel elle peut aussi tourner. Les tringles BB réunies par une poignée sont articulées sur la barre AA : si donc l'homme qui tient le râteau attire à lui la poignée C, il soulève la barre AA qui bientôt rencontrant les dents en dessous, les soulève assez pour qu'elles abandonnent le foin : celui-ci, du reste, ne peut suivre le mouvement d'ascension des dents parce qu'il est arrêté par les tringles E fixées après les battes DD. Les flèches indiquées dans la figure montrent les mouvements des diverses pièces lorsque l'on vide le râteau.

Ce râteau à bras, d'un très-bon usage pour les moyennes et petites fermes, râtèle sur 1m.52 de largeur : il peut être traîné par une femme ou un garçon de 15 à 16 ans : il coûte 67 fr. et pèse 38 kilog., soit 1 fr. 76 c. par kilog. Ce prix, en apparence élevé, s'explique parfaitement, l'appareil étant tout en fer forgé de petit échantillon, sauf les roues en fonte.

La fig. 5 représente un râteau du même genre, construit par MM. Smith frères, de Thrapston. Le mode de soulèvement des dents est différent. Le levier A a son point de rotation sur l'axe même des dents et le petit bras de ce levier est formé par deux tiges fixées sur la barre placée sous les dents : en appuyant sur le levier A, on soulève la barre entraînant les dents qui se débarrassent du foin en passant tout contre la barre d'arrière D du châssis qui fait ainsi fonction de nettoyeuse de dents. Ce râteau, un peu plus simple que le précédent et plus léger, ne coûte que 50 fr. Le témoignage de cultivateurs prouve que ce râteau glane si bien qu'il est payé quand il a servi à râteler 2 hectares et demi d'orge. Ce qui suppose qu'il restait environ 5 p. 100 de la récolte sur le champ et que le râteau l'a entièrement recueilli. Un jeune homme de 15 ans peut râteler 2 hectares et demi par jour. Avec un seul râteau de ce genre on a fait, sur une ferme, 24 à 28 hectares de foin, et dans 4 ans il n'a pas nécessité de réparations. C'est le râteau roulant à bras que nous recommandons particulièrement.

Râteaux à cheval.

Il est facile de comprendre qu'en appliquant une paire de limons à un râteau analogue à ceux représentés fig. 5 et 6, mais plus grand, et en le faisant suivre d'un homme pour le débarrasser périodiquement, et à l'aide d'un mécanisme, du foin ramassé, on aura un râteau à cheval capable de faire beaucoup plus de besogne dans un jour. Cette disposition, qui présente beaucoup de variantes parce qu'elle est de beaucoup la plus appliquée, constitue en principe le râteau *anglais* qui a pour caractère des dents indépendantes, se vidant en tournant autour d'un axe fixe, lorsqu'elles sont soulevées par un mécanisme quelconque.

Le système de râteau *américain* est tout à fait différent : l'ensemble des dents forme deux rangs opposés solidaires sur une seule barre ; il se vide lorsqu'un des rangs de dents s'arrête par leurs pointes sur le sol : alors le râteau pivote sur ces pointes comme axe et se retourne complétement. Nous avons imaginé une troisième disposition de râteaux ; mais comme elle n'a pas encore été appliquée, nous ne la mentionnerons pas ici.

Le tableau suivant donne notre classification des râteaux. Elle permet de faire une étude complète de cette classe d'instruments.

Dans la classe des râteaux *anglais*, les genres sont caractérisés par le principe du soulèvement fait par l'homme, 1° à la main, ou 2° avec le pied, ou 3° avec le cheval : ce dernier genre est celui des râteaux dits automatiques. La présence d'un nettoyeur fixe ou mobile peut servir à caractériser des sous-variétés.

Les *râteaux américains* ne comportent qu'un genre.

1re CLASSE. — Râteaux anglais.

des mains du conducteur.

Appuyant :
- de l'arrière du râteau, sur
  - levier simple { soulevant une barre placée sous les dents.
  - levier composé { pressant une barre placée sur les dents.
- d'un siége solidaire avec le râteau, sur
  - levier simple { soulevant une barre placée sous les dents.
  - levier composé { pressant une barre placée sur les dents.
- de l'avant du râteau, sur
  - levier simple { (La classification comme ci-dessus.)
  - levier composé { id.

se vidant par le soulèvement des dents à l'aide

des pieds du conducteur.

Soulevant : (Toute la classification comme ci-dessus.)

Appuyant : (Toute la classification comme ci-dessus.)

du cheval.

Agissant :
- sur une des roues
  - levier simple { Le reste de la classification, comme ci-dessus.
  - levier composé {
- par un arbre intermédiaire sur
  - levier simple { id.
  - levier composé {
- par un patin appuyant sur le sol et sur
  - levier simple { id.
  - levier composé {

2e CLASSE. — Râteaux américains.

du cheval.

Se vidant par le retournement des dents à l'aide

En outre, comme caractéristique des sous-variétés dans les diverses variétés, il peut y avoir un nettoyeur fixe ou mobile.

Des râteaux anglais, à cheval.

Un râteau anglais à cheval se compose essentiellement, comme pièces travaillantes : 1° de dents indépendantes l'une de l'autre et pouvant être soulevées en tournant autour d'un axe fixe commun, 2° d'un nettoyeur, 3° d'un mécanisme de soulèvement des dents ; comme pièces de conduite et de règlement : 1° de roues, 2° d'un régulateur d'entrure des dents, 3° d'un régulateur du nettoyeur, 4° d'un régulateur de hauteur du levier moteur ; comme pièces de liaison : 1° d'un bâti ou châssis reliant les dents et le mécanisme aux roues porteuses; 2° d'étançons supportant les divers axes, etc.

Des dents. — La partie antérieure des dents présente un plan incliné sur lequel les herbes ou les pailles montent, lorsque le râteau s'avance, poussées par la réaction de la récolte reposant sur le sol. Il convient donc que le premier élément de la courbe formée par les dents soit peu incliné sur l'horizon pour que le foin puisse y monter facilement; mais, dans ce système, les dents ne doivent pas seulement élever le foin en le ramassant, mais encore l'emmagasiner: il faut donc qu'après avoir présenté une faible inclinaison, la courbe des dents se redresse de plus en plus pour former une grande concavité avant de revenir en avant à l'axe de rotation. La seule règle pour le tracé de la dent est donc une inclinaison croissante et une grande capacité pour toute la partie travaillante : en outre, le centre de rotation doit être tel que, dans le soulèvement de la dent, tous les éléments linéaires de la courbe arrivent au moins à une inclinaison avec l'horizon, telle que le foin tombe de son propre poids.

Soit (fig. 7, pl. 224) O le centre de rotation d'une dent, dont les éléments successifs A B, B C, C D... sont de plus en plus inclinés sur l'horizon. Soit A' la position de A après le soulèvement. Pour que le foin tombe de lui-même, il faut que A' B' soit incliné sur l'horizon d'un angle β supérieur à l'angle de frottement γ; et plus cet angle β sera grand à partir de $\beta = \gamma$ (angle de frottement du foin sur le fer égal à environ 15 degrés) jusqu'à la verticale, plus sera rapide la chute du foin : ainsi β doit être compris entre 15° et 90°, car toute inclinaison supérieure à 90° n'ajoute rien à la rapidité de la chute. Soient B A Z $= \alpha$ et A O A' $= \delta$: on aura $\beta - \alpha = \delta$, c'est-à-dire que pour une valeur donnée de β (de 15° à 90°), δ ou l'angle de soulèvement doit être égal à la différence entre β et α : il y a donc intérêt à faire α assez grand pour qu'il ne soit pas nécessaire d'effectuer un grand angle δ de soulèvement; mais, d'autre part, comme nous l'avons vu, pour faciliter la montée du foin sur les dents il faut que α soit le plus petit possible. On se trouve ainsi toujours entre deux conditions contradictoires. Il faut donc, en pratique, se tenir entre les deux limites, α non trop faible et β un peu moindre que 90°. A partir du premier on augmentera l'inclinaison de plus en plus, mais non pas trop brusquement; car, plus rapide est la partie travaillante de la dent, plus il faut de force pour faire monter ce foin, et par suite aussi plus ce foin est comprimé dans la partie supérieure de la dent, ce qui donne des andains trop tassés difficiles à dessécher.

La capacité intérieure du râteau doit être en rapport avec le travail à faire. Pour glaner et râteler le foin épars, une faible capacité peut suffire à la rigueur, bien qu'une plus grande capacité soit avantageuse; mais il faut des râteaux spéciaux très-spacieux pour la mise en carré des foins, pour la préparation des meules : ou bien des râteaux de grandeur intermédiaire dits à toutes fins.

La dent dont nous venons de déterminer la forme repose sur le sol seulement par sa pointe et y presse en raison de sa forme et de son poids; or la grandeur de cette pression n'est pas indifférente : il peut donc y avoir nécessité de modifier cette pression et même la position de la pointe au-dessus du sol, ou l'inclinaison de la dent par rapport au sol, afin d'éviter par exemple que la dent ne pique en terre lorsqu'on ramasse du blé ou du foin, sans cependant risquer de laisser des tiges à terre; ou bien, au contraire, pour faire mordre les dents lorsqu'on se sert du râteau pour enlever le chiendent préalablement déraciné par un scarificateur ou une forte herse. On arrive à ce but en rapprochant plus ou moins de terre le centre de rotation des dents, en changeant l'inclinaison du châssis portant l'axe des dents par rapport aux limons, ou en faisant varier la hauteur des roues par rapport au châssis; enfin en contre-balançant la pression des dents par des contre-poids variables.

Les dents doivent pouvoir se soulever spontanément dans une certaine limite et s'abaisser d'autant par rapport aux points d'appui des roues afin de s'adapter d'elles-mêmes à toutes les inégalités du sol.

Section des dents. — Les formes de section des dents dans les divers râteaux que nous aurons à examiner sont très-variées : certains constructeurs font les dents de leurs râteaux avec du fer plat mis de champ, d'autres avec du fer rond, d'autres avec du fer ovale ou de section lenticulaire. La section doit être examinée à deux points de vue : la *résistance* qu'elle présente à la rupture et l'influence de cette forme sur le remplissage du râteau. Au point de vue de la résistance, la section circulaire est défavorable ; le fer plat de champ présente une grande résistance de même que le fer à section lenticulaire, mais celui-ci est un peu supérieur à égalité de section pour la résistance latérale.

Supposons, en effet, que la section lenticulaire soit remplacée par une section losange de même section qu'un rectangle ayant même largeur. La grande diagonale du losange sera égale au double de la hauteur b du rectangle dont la largeur est $a;$ on aura donc pour le moment de résistance du rectangle posé de champ $\dfrac{R\,a\,b^2}{6}$ et pour la section losange $\dfrac{R\,a}{6}\,b^2$ aussi. La section lenticulaire serait un peu moins avantageuse au point de vue de la résistance latérale que la section losange ; mais la différence est bien peu sensible : donc, à ce premier point de vue (la résistance), les dents plates ou à section lenticulaire ne diffèrent pas sensiblement, bien que la dernière ait un avantage pour la résistance latérale.

Quelques constructeurs attribuent aux dents à arête antérieure aiguë la propriété de laisser glisser plus facilement le foin surtout s'il est un peu humide. Cette observation est juste parce que le foin mouillé adhère aux dents; mais il ne faut pas attribuer une importance exagérée à l'acuité de la dent: elle laisse moins de prise à l'adhérence, ceci est certain, et c'est un avantage dont il faut tenir compte; mais d'autre part, pour certains usages du râteau, l'enlèvement du chiendent, par exemple, l'arête aiguë a l'inconvénient de couper ce chiendent au lieu de l'arracher. En arrondissant la face étroite travaillante de la dent à section plate, on satisfait à la fois aux deux conditions désirables, diminuer l'adhérence du foin humide et ne pas couper le chiendent (la fig. 6 montre les diverses formes de section des dents).

Écartement des dents. — Pour râteler le foin épars ou glaner sur un chaume, l'écartement des dents d'axe en axe ou d'arête en arête doit être de 76 à 89 millimètres. Pour ramasser les andains un écartement double suffit à la rigueur: de sorte que si, dans un râteau de grande capacité, à dents serrées, on supprime toutes les dents paires ou impaires, on en fait un râteau propre à réunir le foin en carré ou à préparer les meules.

Fixation des dents. — Il est bon que chaque dent puisse être enlevée sans déranger les autres, lorsqu'elle a besoin d'être réparée. On y parvient en fixant les dents sur une petite douille en fonte enfilée sur l'axe commun des dents : ces douilles doivent être solides, sinon l'avantage qu'elles procurent disparaît.

Du soulèvement des dents. — Les râteaux anglais se vident lorsqu'on soulève les dents la pointe en l'air, leur tête restant sur l'axe. Or comme le tableau de classement donné précédemment l'a déjà fait comprendre, ce soulèvement peut

se faire de plusieurs façons bien distinctes : par un homme marchant derrière
le râteau et appuyant sur un levier ou le soulevant; ou par un homme marchant à côté du cheval; ou par un homme placé sur un siége au-dessus des
dents et agissant sur un levier par les mains ou par les pieds; enfin le soulèvement peut se faire par le râteau lui-même, périodiquement ou à la volonté du
conducteur.

Le soulèvement par un homme marchant derrière le râteau est le plus généralement adopté : il a l'inconvénient d'exiger de l'homme une marche rapide,
en outre de l'effort qu'il doit exercer périodiquement sur le levier, et de plus
d'exiger un jeune garçon pour conduire le cheval.

Si le levier de soulèvement est placé en avant sur le côté du râteau, un homme
peut en même temps conduire le cheval et vider le râteau : il y a donc l'économie du garçon conduisant les chevaux dans le mode précédent.

Lorsque le conducteur est placé sur le siége et conduit, on accroît d'environ
un tiers la traction du cheval, mais le travail peut être plus rapide ; le conducteur fatigue très-peu si le siége est élastique. Dans ce cas, le soulèvement peut
se faire à l'aide d'un levier placé devant le conducteur et à portée d'une de ses
mains, ou à l'aide d'une pédale sur laquelle l'homme appuie de tout son poids,
ce qui permet une action plus directe des leviers.

Lorsque le soulèvement se fait par le cheval, il faut qu'il n'ait lieu qu'à la volonté de l'homme qui conduit le râteau : il doit n'avoir qu'un léger effort à faire
pour tirer une ficelle ou un levier de débrayage. Le seul inconvénient de ces
mouvements automatiques c'est qu'il est difficile, sans s'exposer à des ruptures,
de leur donner une rapidité égale à celle que la volonté d'un homme peut
donner à ses bras. Toutefois, lorsque ce mode de soulèvement est bien établi, il
y a économie sur tous les autres râteaux, au moins d'un homme, puisqu'un
garçon capable de conduire un cheval suffit alors.

Effort de soulèvement. — En principe, le soulèvement des dents doit être le
plus brusque possible : il faudrait donc que l'homme exerce un grand effort en
un instant, ce qui entraînerait une grande fatigue et exigerait un homme fort.
Si pour mettre le râteau à la portée d'un jeune homme on fait le bras de levier
de la puissance très-grand par rapport à celui de la résistance, il faut moins
d'effort, mais, en revanche, la main motrice doit parcourir un grand arc de
cercle. Entre ces deux limites extrêmes, il convient de se ménager le moyen de
faire varier le rapport des bras du levier.

L'homme agissant de tout son poids sur une pédale, le rapport des leviers
peut être moins grand que dans le cas précédent. Enfin, quand le soulèvement
a lieu par la traction même du cheval, l'effort disponible étant considérable, on
peut faire le bras du levier de la puissance égal à celui de la résistance, ou
même plus petit pour avoir un mouvement plus rapide; mais alors une construction plus solide devient indispensable, et peut entraîner à plus de lourdeur.

Nettoyeur. — Dans leur rapide mouvement d'élévation, les dents peuvent retenir le foin : il faut donc placer entre les dents un léger peigne ou châssis
garni de tringles fixes qui arrêtent le foin, exposé à suivre les dents dans leur
ascension. Pour augmenter l'effet du nettoyeur, on l'a parfois rendu mobile, de
façon qu'il s'abaisse quand les dents s'élèvent : on peut ainsi vider parfaitement
les dents sans les élever beaucoup, ce qui facilite la disposition des leviers de
soulèvement; on ne peut reprocher à cette mobilité du nettoyeur qu'un peu de
complication ; mais, bien établi, c'est un perfectionnement sérieux.

Régulateurs. — Ils varient tellement de forme que nous ne pouvons pas les décrire ici entièrement : nous aurons occasion de faire connaître les plus convenables en décrivant les principaux râteaux. Voici quels sont les moyens de régler la pression des dents sur le sol : 1° lever ou baisser les roues par rapport au châssis porte-dents ; 2° incliner plus ou moins, par rapport au sol ou au limon, le châssis qui porte l'axe des dents, ce qui élève ou abaisse l'axe de ces dents.

Quelques trous, percés dans les supports de l'axe du levier moteur ou dans leurs branches même, permettent de mettre la poignée du levier à la portée du conducteur quelle que soit sa taille : on peut de même modifier le rapport des leviers suivant la force du conducteur ou le poids de la charge.

Enfin, suivant que le foin adhère plus ou moins aux dents, on doit régler la position des dents ou tringles du nettoyeur : des supports à coulisse permettent ce règlement du nettoyeur.

Roues. — Il y a un grand intérêt à rendre la traction aussi faible que possible ; car alors le même cheval peut prendre un pas plus accéléré, ce qui, dans certains cas, est de première importance. Il y a trois moyens de diminuer la traction : 1° en diminuant le poids du râteau, ce qui est limité par la section de résistance que doivent présenter les diverses pièces pour résister aux efforts qui tendent à les plier ou à les rompre ; 2° en augmentant le diamètre des roues, ce qui peut se faire dans d'assez grandes limites, si les roues sont tout en fer forgé ; 3° en diminuant la fusée des essieux, en leur assurant un bon graissage et en les préservant des poussières ou de la boue qui augmentent le frottement.

Les roues sont faites parfois en fonte par économie, elles n'ont alors qu'un diamètre assez faible et sont sujettes à rompre. Par précaution, quelques constructeurs les entourent d'un cercle en fer : mais il vaut beaucoup mieux les faire en bois, légères, ou en fer forgé qui se prête mieux à l'exécution de roues très-hautes et très-légères.

Pièces de liaison : Bâtis. — Il doit être fait aussi léger que possible, mais sans que la solidité soit compromise ; il doit empêcher les roues de prendre de la voie. On arrive à le faire solide et léger en employant du fer plat posé de champ et même des fers creux.

Étais : Supports. — On arrive de même à les faire solides et légers en employant convenablement les fers ronds ou plats, et surtout les fers creux.

Construction. — La solidité, dans tout appareil agricole, est à rechercher : mais tout homme du métier sait qu'on peut l'obtenir par un bon choix et un bon usage des matériaux, tout en conservant la légèreté qui est ici un point capital. La *simplicité* des mécanismes doit être recherchée pour diminuer le prix d'achat, l'entretien et les réparations ; mais il ne faut adopter la simplicité que lorsqu'elle n'empêche pas de satisfaire à toutes les conditions d'un bon travail que l'on peut résumer ainsi :

1° Le déchargement du râteau doit être complet sans exiger ni un effort considérable, ni un temps trop long, ni un mécanisme compliqué.

2° Le râtelage doit pouvoir se faire avec légèreté ou lourdeur suivant le travail à faire, et quelque irrégularité que présente le sol.

3° La traction doit être la plus faible possible, pour une largeur donnée de râtelage.

4° Le râteau doit pouvoir s'adapter à toutes les tailles de cheval et de conducteur.

3° Le râteau doit être solide et simple dans toutes ses parties, et facile à démonter et remonter.

Du jugement des râteaux à cheval dans les concours.

Le cultivateur ne doit employer une machine que si elle fait un travail supérieur à celui des instruments à main, ou si elle exécute ce travail plus rapidement au même prix, ou enfin si elle le fait à un prix de revient inférieur (gain de récolte compris).

L'utilité du râteau à cheval est donc facile à démontrer.

Il peut servir non-seulement à ramasser ou glaner les froments, les avoines, les féveroles, etc.; mais encore à mettre en andains les foins de prairies naturelles et artificielles.

En outre, il peut être employé avec grand avantage pour recueillir le chiendent après un hersage ou une façon de scarificateur, pour arracher la mousse, etc.

Lorsqu'il s'agit, par exemple, de ramasser du foin, un râteau à cheval, employant suivant les systèmes un seul homme ou au plus un homme et un jeune garçon, râtèle au moins 5 hectares par jour, pertes de temps comptées, car théoriquement le cheval peut faire au moins 3 kilomètres par heure, et par suite parcourir, avec un râteau de $2^m.50$ de largeur, 75 ares par heure, ou 7 hectares et demi dans une journée de dix heures de travail effectif; et ce qui est à considérer pour la plupart des fermes, c'est que la dépense ne se solde pas tout entière en argent, puisque cheval et charretier ont un compte annuel invariable : le jeune garçon devant conduire les chevaux est seul payé.

Mais comme en bonne comptabilité on doit attribuer à chaque spéculation végétale la part de frais, en charretier et chevaux qu'elle emploie, nous compterons ces dépenses dans le prix de revient d'un hectare de ratelage.

Lorsqu'il s'agit de glaner un champ de céréales, la vitesse du cheval peut être plus grande d'au moins un dixième, et par suite on peut compter sur une surface d'au moins 5 hectares 5.

Le râtelage du chiendent demande plus de force évidemment, et par suite le râtelage d'un hectare sera plus coûteux; mais on peut compter sur 5 hectares par jour au plus et pratiquement sur 3 hectares et un tiers.

Détail du prix de revient. — Il se compose : 1° des frais d'attelage et de main-d'œuvre; 2° des frais de graissage et de petites réparations ou d'entretien; 3° des grosses réparations et de l'amortissement du rateau.

En déduction de ce prix de revient, il est juste de compter l'économie de récolte due au bon fonctionnement du râteau à cheval, comparé au travail à bras.

Les frais d'attelage et de main-d'œuvre seront, toutes choses égales d'ailleurs, d'autant moindres par hectare, que le râteau pourra râteler une plus grande surface par jour. Or, la surface parcourue dans une journée dépend de la largeur du râteau et de la vitesse que le cheval peut prendre, vitesse qui est à très-peu près en raison inverse de la *traction* exigée par l'appareil.

Pour des râteaux de même largeur et de poids peu différents (200 à 250 kil.), la traction dépend surtout du diamètre des roues et du bon fonctionnement de leurs boîtes : dans les divers modèles de râteaux que les concours nous ont fait connaître, les roues ont des diamètres variant de $0^m.60$ à $1^m.20$. Or, sur un sol gazonné, le coefficient de frottement ou plutôt de traction est de 0.024 au plus pour des roues d'un mètre de rayon : ce serait donc pour les roues de

0^m.30 seulement de rayon trois fois et un tiers ce coefficient, ou 0^m.08 et pour des roues de 0^m.60, ce ne serait que 0^m.04.

Si le poids le plus faible du râteau peut être de 200 kilog., et que le plus fort ne dépasse pas 250 kilog., pour des valeurs ordinaires d'une moyenne largeur, il s'ensuit que suivant le diamètre des roues la traction variera de 20 kilog. (0.08 $\times$ 250) à 8 kilog. seulement pour le transport du râteau à vide.

La quantité de foin que peut amasser un râteau ordinaire est d'environ un demi-mètre cube, pesant tout au plus 33 kilog.: or, lorsqu'un râteau est en marche, une partie du poids du râteau presse sur les roues; les dents seules traînent sur le sol et y font naître une résistance au glissement de moitié de leur poids au plus et de la charge qu'elles supportent. Chaque dent peut peser de 1^k.5 à 2^k.5, suivant qu'elles sont en acier et de bonne forme ou en fer de forme peu convenable: le poids des dents traînant sur le sol est de 42 à 70 kilog. La charge de foin est au plus de 33 kil.; par suite, la traction nécessaire pendant le fonctionnement du râteau sur un gazon peut se calculer ainsi:

De 158 kil. à 180 kil. portés par les roues (poids total, 250—70 ou 200—42) et exigeant une traction de 4 à 8 centièmes, soit de....   6^k.32   à   14^k.40

75 kil. à 103 kil. traînant sur le sol (dents: 42 à 70, plus 33 de foin) et exigeant une traction d'environ moitié au plus, ou.................................   37^k.50   à   51^k.50

Totaux........   43^k.82   à   65^k.90

Cette traction peut être facilement fournie par un cheval: celui-ci pouvant donner en marche constante un travail de 65 kilogrammètres, pourra prendre une vitesse d'autant plus grande, que la traction sera plus faible. Pour 43^k.82, sa vitesse pourra être égale à 65 kilog. divisés par 43^k.82 ou 1^m.48; tandis que pour 65^k.90 sa vitesse ne peut être que de 0^m.986. Dans le premier cas, avec un râteau de 2^m.50 de largeur, le parcours théorique par jour sera de 13 hectares et un tiers, soit pratiquement 10 hectares 66; tandis que dans le second le parcours théorique ne sera que de 8 hectares 87, soit pratiquement 7 hectares 10.

Entretien du râteau. — Il est difficile d'estimer *a priori* les frais d'entretien d'un râteau. Pour un très-bon instrument, ils se réduiront à la dépense du graissage et de quelques reforgeages de dents faussées: en estimant ces frais à 10 francs par an pour un bon râteau, et à 20 francs pour un mauvais, nous sommes au-dessus des limites de la vérité, surtout pour le bon râteau.

Amortissement du râteau. — Combien peut durer un râteau? Cette question est encore plus difficile à résoudre que la précédente. On peut citer des râteaux qui, au bout de quatre ou cinq ans, n'avaient pas nécessité la moindre réparation; dans ces conditions, s'ils sont en bonnes mains, régulièrement graissés et repeints, ils peuvent durer, sans exagération, vingt à trente ans et plus: mais pour tenir compte du manque de soins, des accidents pendant le transport, etc., nous supposerons une durée de quatorze ans seulement pour les bons râteaux. Mais un mauvais râteau mal construit, en mauvais fer, peut être hors de service ou exiger d'énormes réparations après quelques années seulement: nous lui supposerons une durée moitié moindre, ou de sept ans.

Le prix d'amortissement par hectare variera, en outre, suivant le nombre de jours d'emploi du râteau chaque année: si l'on sait l'utiliser non-seulement pour le râtelage du foin et des blés, mais encore pour les autres récoltes; si on s'en sert pour arracher et recueillir le chien-dent et les autres mauvaises herbes, sarcler les jeunes blés, etc., etc., ou peut admettre au moins vingt à trente jours d'emploi du râteau chaque année.

D'après ces hypothèses, vérifiées pour la plupart par la pratique, mais qu'il serait utile de contrôler par des essais dynamométriques et des observations suivies, voici le prix de revient par journée et par hectare de ratelage, avec un bon ou un mauvais râteau ; nous supposons que la ferme fournit 200 hectares de râtelages de toute espèce : foin, blé, chiendent, mousse, etc.

1° Le meilleur râteau faisant 10 hectares par jour sera occupé pendant vingt jours.

	PRIX.	
	Par année.	Par hectare.
Un cheval : 20 journées à 3 fr............	60f,00	0f.300
Un charretier : 20 journées à 3 fr........	60.00	0.300
Entretien...........................	10.00	0.050
Amortissement de 200 fr. en 14 ans, par annuités de 4.46 p. 100 ou de.........	8.92	0.045
Intérêt du prix d'achat, 5 p. 100 de 200 fr..	10.00	0.050
Totaux............	148f.92	0f.745

2° Un mauvais râteau faisant 7 hectares par jour seulement, sera occupé trente-trois journées un tiers.

Un cheval : 33 j. 1/3 à 3 fr..............	100f.00	0f.500
Un charretier : 33 j. 1/3 à 3 fr..........	100.00	0.500
Un gamin : 33 j. 1/3 à 1f.50.............	50.00	0.250
Entretien.............................	20.00	0.100
Amortissement de 250 fr. en 7 ans, par annuité de 11.70 p. 100 ou de...........	29.25	0.146
Intérêt du prix d'achat, 5 p. 100 de 250 fr.	12.50	0.062
Totaux............	311f.75	1f.558

Or, il est facile de comprendre qu'en glanant un hectare de blé, on ramassera du blé pour une somme supérieure au prix de revient du râtelage, et par suite quel que soit le travail fait par le râteau, les frais sont plus que payés, ou de beaucoup inférieurs au prix qu'exigerait le râtelage à la main. Nous ne tiendrons donc pas compte de cette plus-value, nous servant des chiffres ci-dessus pour déterminer les conditions auxquelles doivent surtout satisfaire les râteaux.

En comparant les deux prix de revient ci-dessus, on voit que, par cela seul que le bon râteau est plus léger, a de plus grandes roues, il exige moins de traction, ce qui lui permet de faire plus d'hectares par jour et d'économiser des frais d'attelage et de main-d'œuvre : 0f.20 d'attelage, 0f.20 de charretier et 0f.10 de jeune garçon, soit pour moindre traction................... 0f.50

2° Le mécanisme de soulèvement étant bien disposé, le charretier peut conduire ses chevaux de l'arrière, ce qui économise le jeune garçon, ou, par hectare, une économie du râteau le moins tirant par rapport au plus lourd.. 0.15

3° Une bonne construction, un bon choix des matériaux, économise en entretien 0f.05, en amortissement 0f.071, en tout.............. 0.121

4° Une disposition générale simple diminue le prix d'achat et même l'entretien, soit une économie par hectare de 0.012 en intérêts, et de 0.03 en amortissement, soit en tout.............................. 0.042

Or, la différence totale du prix de revient du râtelage d'un hectare, suivant qu'il est fait par un bon ou un mauvais râteau, est de....... 0f.813

Par suite la perfection d'un râteau étant coté 100 bons points, chacun de ces points représente une économie du centième de $0^f.813$, ou de $0^c.813$. Toute qualité donnant cette économie mérite un bon point, et autant de fois $0^c.813$ se trouve dans l'économie due à une qualité donnée, autant de bons points mérite cette qualité. D'après cela :

1° La plus faible traction économisant $0^f.50$, mérite $\dfrac{0^f.50000}{0^f.00813} = 61.5$ bons points.

2° Le meilleur système de soulèvement économisant $0^f.15$, mérite $\dfrac{0^f.15}{0^f.00813} = 18.45$ bons points.

3° La meilleure construction économisant $0^f.121$, mérite $\dfrac{0^f.121}{0^f.00813} = 14.76$ bons points.

4° La plus simple disposition d'ensemble économisant $0^f.042$, mérite $\dfrac{0^f.042}{0^f.00813} = 5.166$ bons points.

Il conviendrait de tenir compte du meilleur râtelage pouvant économiser un certain poids de récolte : faute de renseignements, nous n'en tenons pas compte, d'autant plus que les râteaux capables d'être primés râtèlent tous bien.

En traduisant en langage ordinaire les indications ci-dessus et arrondissant les chiffres, voici quelle serait notre *échelle de points* pour le jugement des râteaux dans les concours.

Moindre traction......	61	ou en arrondissant davantage..		60
Meilleur soulèvement..	19	—	—	20
Solidité.............	15	—	—	15
Simplicité...........	5	—	—	5
Totaux......	100	—	—	100

Manière de procéder pour le jugement. — Les râteaux exposés seront examinés d'abord par les jurés, qui décideront si un certain nombre de ces appareils doivent être éliminés. Il faut pour cela qu'à l'unanimité un râteau soit trouvé trop défectueux, soit comme disposition, soit comme construction.

Les râteaux sont ensuite essayés pour décider quels sont ceux qui râtèlent le plus proprement, qui ont le mécanisme de soulèvement le plus convenable, se vidant le mieux, etc. Le dynamomètre étant appliqué à chaque râteau détermine la traction, celle-ci pouvant varier de $43^k.82$ à $65^k.00$ environ, les 60 bons points correspondent donc à une économie de $22^k.1$: ainsi, une économie de traction de $0^k.370$ vaut un bon point.

Après cet essai, chaque juré donnera aux râteaux essayés le nombre de bons points qu'il mérite pour sa traction, son bon râtelage et son mécanisme de soulèvement. Tous les râteaux qui, d'après cet essai, seraient à l'unanimité reconnus comme beaucoup inférieurs aux autres, ou qui n'auraient eu qu'un nombre de points très-faible, peuvent être éliminés : les râteaux restants seront examinés au point de vue de la construction et de la simplicité, et le nombre de bons points donnés en conséquence. En définitive, le râteau ayant obtenu le plus de bons points recevra le prix.

Bien qu'il y ait trois systèmes tout à fait différents de râteaux, le système presque exclusivement employé est le râteau anglais.

1re classe : *râteaux anglais*. 1er genre, 1re espèce. Dans cette classe, les râteaux les plus communs sont ceux qui se vident à l'aide de la main appuyant à l'arrière sur un levier. La fig. 8, pl. 224, représente le mode de soulèvement par levier simple soulevant une barre placée sous les dents, adopté dans le râteau de Ransomes et dans celui de Pinel qui l'a copié. Le levier A, placé au milieu de l'arbre B de rotation du levier, étant abaissé, les deux petites branches C C calées sur les extrémités de l'arbre B et formant avec la grande branche A un levier simple du premier genre, se soulèvent, comme l'indiquent les flèches, et entraînent avec elles, par l'intermédiaire de deux chaînettes, la barre D placée sous les dents et reliée par deux retours d'équerre D E avec l'axe commun des dents autour duquel elle tourne aussi.

Les râteaux à cheval de Ransomes sont recommandés par le fabricant comme bons pour ramasser le foin et le blé, et faire le glanage sur les chaumes; en outre, on peut s'en servir pour sarcler les prairies et les jeunes blés. Pour ce dernier cas surtout, ils sont de la plus grande utilité, car le travail est exécuté mieux que par tout autre moyen et à moindres frais.

Les dents peuvent se soulever et s'abaisser, entre certaines limites, indépendamment l'une de l'autre. Sur les côtés du bâti, près des roues, se trouvent des leviers se mouvant contre des arcs régulateurs percés de trous; ils permettent de placer isolément chaque roue à la hauteur voulue, l'axe de rotation de chacun de ces leviers peut même varier de hauteur par rapport au bâti : le support de cet axe étant percé de plusieurs trous, non-seulement ces leviers permettent de régler l'enrure des dents, en mettant le centre des roues plus ou moins haut, mais on peut mettre l'une des roues beaucoup plus bas que l'autre pour la faire passer dans une dérayure, tandis que l'autre plus élevée roule sur le sol.

Un arc M en fer termine chacune des barres qui relient l'avant du châssis aux limons. Ces arcs sont percés de trous, de sorte qu'en ôtant les boulons traversant les arcs régulateurs et les limons, on peut faire tourner ces derniers autour des deuxièmes boulons N, et en plaçant les premiers boulons à l'un des trois ou quatre trous de l'arc, on fait varier l'inclinaison du châssis par rapport aux limons et par suite par rapport au sol, ce qui règle l'inclinaison du premier élément des dents par rapport au sol. Ce règlement des limons combiné avec celui des leviers du bâti, permet de râteler *légèrement* sans entraîner les pierres ou la terre ou *lourdement* pour le chiendent et quelle que soit la taille du cheval.

Les quatre étais R R R supportent l'axe de rotation du levier.

On peut soulever à part toutes les dents paires ou impaires pour faire un râteau grossier, ce qui convient, mieux lorsqu'on râtèle du chiendent ou d'autres mauvaises herbes ramenées à la surface par un hersage énergique.

Les roues représentées sur le dessin sont en fonte : leurs moyeux sont encapuchonnés pour que le foin ne puisse s'entortiller autour de la fusée des essieux et éviter en partie l'entrée des poussières ou de la boue dans les boîtes des roues.

Ces râteaux sont de trois grandeurs, avec dents de fer ou d'acier à la volonté de l'acheteur : mais le fabricant recommande avec raison les dents d'acier comme plus solides, plus durables et plus légères.

Le levier de soulèvement des dents peut être mu par un garçon de 15 à 16 ans, sans arrêter le cheval.

Prix : râteau ordinaire marqué A : 24 dents en fer, largeur extrême 2^m.286.
Poids moyen 228^k.521 : prix total 200^f.00 : prix par kilog. 0^f.863.
Grand râteau marqué B : 28 dents en fer, largeur extrême 2^m.591
Poids moyen 241^k.219 : prix total 212^f.50 : prix par kilog. 0^f.880.

Très-fort, marqué C : 24 dents en fer, largeur extrême 2^m,591.
Poids moyen 355^k.477 : prix total 275^f.00 : prix par kilog. 0^f,773.

Si les dents du premier et second modèle sont en acier, ils coûtent 6 fr. 25 de plus seulement.

Râteau N. Nicholson. (Fig. 10, pl. 224.) Le mécanisme de soulèvement de ce râteau est en principe le même que celui du précédent, mais il présente l'avantage que chaque chaîne passant sur un secteur à gorge (en fonte), le rapport entre les bras de levier de la puissance et de la résistance est constant. Lorsqu'on appuie sur le levier A, les chaînes attachées aux secteurs C C (calées sur les extrémités de l'axe de rotation du levier A) s'enroulent sur le secteur en attirant la barre placée sous les dents, qui soulève enfin toutes ces dents.

La tige D, qui se replie pour former la fusée d'essieu de chaque roue, peut s'élever ou s'abaisser dans une coulisse de la plaque formant chaque côté du châssis : on peut donc élever à volonté des roues indépendamment l'une de l'autre, comme dans le modèle précédent. Deux cercles en fer EE, percés de trous, servent à régler l'inclinaison du châssis par rapport aux limons ou au sol, ce qui règle l'inclinaison du bout des dents par rapport au sol et les fait mordre peu ou beaucoup.

La construction de ce râteau est très-remarquable : elle est basée surtout sur l'emploi du fer creux; les traverses du châssis, les limons et leur traverse sont en fer creux; les roues sont tout en fer, à l'exception du moyeu; c'est un des bons râteaux anglais.

Le n° 1, de grandeur ordinaire, coûte 187^f.50; le n° 2, plus grand et plus fort, 208 fr.; le n° 4, très-fort, 250 fr.; si ce dernier modèle est disposé pour être traîné par deux chevaux, il coûte de 237^f.50 à 275 fr. Enfin, quand les dents sont en acier, chaque râteau coûte 12^f.50 de plus.

M. Nicholson fait aussi le râteau à siége (fig. 11). Il ne diffère du précédent que dans l'addition d'un siége S pour le conducteur et d'un levier T placé à portée de sa main droite. Le conducteur peut suivre le râteau si cela lui plaît : il se sert alors du levier A. Ce râteau appartient, comme on le voit, en même temps au premier et au second sous-genre, c'est pourquoi nous le décrivons immédiatement après le râteau ordinaire du premier sous-genre, première espèce.

Le crochet X retient en l'air la barre sur laquelle reposent les dents, lorsqu'on veut les tenir élevées pour aller d'un champ à l'autre, ou rentrer à la ferme. Le tube en fer formant l'arrière du bâti est légèrement cintré pour mieux résister au poids du conducteur.

La fig. 10, pl. 224, représente un râteau ancien de Clubb et Smith. Les secteurs sur lesquels s'enroulent les chaînes dans le râteau Nicholson sont remplacés ici par des portions d'excentriques CC; les rayons successifs des excentriques formant les petits bras du levier moteur : on peut donner à ces excentriques une forme telle que le soulèvement exige une force constante, comme dans le râteau Nicholson, ou de plus en plus grande pour accélérer le soulèvement, ou réciproquement. Le bâti de ce râteau est en bois, et les dents, courbées de la pointe seulement, sont fixées par leur partie supérieure à l'extrémité d'un levier horizontal; cette forme tasse trop le foin : il pèse 240 kilog. et coûte, à Londres, 190 fr.

L'ancien modèle de râteau Garrett représenté fig. 13, pl. 225, a aussi quelque analogie avec celui de Nicholson : ici le secteur est remplacé par un cercle entier excentré; il en résulte que le bras du levier de la résistance va en croissant lorsqu'on soulève les dents pour les débarrasser du foin amassé. Une seconde différence consiste dans la disposition de la barre de soulèvement MM, qui est placée au-dessus des dents et non au-dessous, et gêne moins le remplissage ; mais il faut que chaque dent soit attachée après cette barre par une petite chaîne. En soulevant la barre par le levier à excentrique A B C et les chaînes D, on finit par tendre toutes les petites chaînes N qui entraînent ensuite les dents ; les chaînettes N sont laissées plus ou moins lâches, pour que les dents puissent descendre indépendamment l'une de l'autre dans les creux qu'elles rencontrent, de même qu'elles se soulèvent si elles rencontrent des monticules. Les vis O O, par la pointe desquelles la barre M s'appuie sur le châssis, permettent de régler la quantité *maxima* dont les dents peuvent s'abaisser en dessous du plan d'appui des roues. Dans ce modèle de râteau, les dents, courbées du bout seulement, sont fixées à leur partie supérieure à l'extrémité d'un levier horizontal en bois. La barre M et le châssis sont aussi en bois, ainsi que les limons ; les roues en fonte sont d'un trop petit diamètre. Un nettoyeur fixe est composé des barres PP, fixées sur les traverses du bâtis : il y a une barre P toutes les trois dents.

Le modèle de 2^m.286 de large coûte 187^f.50 ; celui de 2^m.743, 207^f.25 ; le troisième modèle destiné aux fortes récoltes et à la mise en carré du foin, a des roues de 1^m.219 de diamètre et des dents de 0^m.762 de hauteur : il coûte 275 fr.

La fig. 14, pl. 225, représente le râteau ordinaire de Waren : il rappelle la disposition du râteau ordinaire de Ransomes.

Lorsqu'on appuie sur le levier D, les deux branches B tournent d'arrière en avant et soulèvent, par l'intermédiaire des chaînes Z Z, une barre placée sous les dents et qui les soulève toutes, dès que le levier D est assez abaissé ; le châssis fixe est garni de tringles rondes qui arrêtent le foin et l'empêchent de suivre les dents dans leur mouvement d'ascension. Des leviers T T permettent de régler la hauteur des roues indépendamment l'une de l'autre, et les arcs G G, percés de 5 trous chacun, servent à régler l'inclinaison des dents par rapport au sol. Le crochet X retient le levier D baissé lorsque le râteau ne doit plus fonctionner. Ce râteau coûte 183 fr. 75.

Dans ce modèle la barre placée sous les dents ne pouvant être placée par trop au-dessous des dents, ce qui forcerait à faire un plus grand arc avec le levier pour soulever les dents, la descente de chaque dent est limitée, de sorte que si le terrain est très-irrégulier, les dents peuvent ne pas râteler dans les trous profonds (cette observation s'applique à tous les râteaux précédents, celui de la fig. 13 excepté). Pour les sols accidentés, M. Warren dispose (fig. 15) la barre en dessus des dents et chacune de celles-ci y est suspendue par une chaînette lâche. Dès qu'on appuie sur le levier D, les branches B tirent les chaînes U qui soulèvent la barre A A et peu après les dents. En laissant entre A et les dents une grande longueur de chaîne lâche, il faut que le levier D décrive un grand axe comme dans le modèle précédent, mais au moins la barre A placée sur les dents ne gêne pas le remplissage comme si elle était placée en dessous et beaucoup au-dessous des dents, pour leur laisser une grande latitude de descente. Ce râteau coûte 210 fr.

La fig. 16 représente le râteau de M. Wightman et Dening, à levier simple comme tous les précédents, soulevant la barre placée sous les dents. La différence consiste ici dans le remplacement des chaînes des modèles précédents par des barres de fer C C articulées et suspendues aux petites branches D D du levier A : quand on appuie sur le levier A, les branches D D soulèvent les barres CC, et après elles une barre placée sous les dents et qui les entraîne toutes avec elle.

Une seconde différence se remarque dans le régulateur d'entrure : un arc E en fer, articulé sur l'arrière des limons en F, porte de l'autre bout des crans, ou est percé d'un grand nombre de trous : il passe dans une mortaise percée dans une pièce en fer B à poignée, fixée d'une manière invariable sur les deux traverses du châssis par les étais H H. Si donc on appuie sur B, on soulève l'avant du châssis, et en changeant de place une goupille, on retient ainsi l'avant du châssis soulevé à volonté. Ce mode de règlement de l'entrure ou de l'inclinaison des dents est complété par le règlement de la hauteur des roues : il force à relier les limons au châssis par les charnières J.

Dans la première espèce nous trouvons, comme seconde variété, les râteaux à levier simple qui soulèvent les dents en pressant par une barre sur leurs têtes. Le levier moteur est alors du deuxième genre. Nous donnons comme exemple le râteau de William Pearce (fig. 17). Lorsqu'on appuie sur le levier A, la barre B appuie sur la tringle C sur laquelle toutes les dents sont enfilées par l'intermédiaire de petites douilles en fonte. Cette tringle C tourne par deux retours d'équerre autour de l'essieu D des deux roues porteuses, elle fait ainsi baisser la tête de toutes les dents qui reposent bientôt sur l'essieu et sont soulevées de la pointe si le mouvement de descente du levier A continue. Le bâti est relié aux limons par les charnières E ; en faisant tourner la vis F, on peut faire varier l'inclinaison du bâti par rapport au sol, et, par suite, régler l'entrure des dents. Une vis R permet d'arrêter le levier dans son mouvement spontané, de façon à régler la pression des dents sur le sol et râteler fortement ou légèrement à volonté. Ce râteau a 24 dents, et couvre une largeur de 2m.286 ; ses roues ont un diamètre de 1m.67 et il coûte 175 francs si les dents sont en fer, 187 fr. 50 si elles sont en acier.

Le râteau *Alcok* (fig. 18) a le même mécanisme de soulèvement. Lorsqu'on abaisse le levier A, la bielle C s'abaisse et presse sur la manivelle D fixée à la tringle sur laquelle les dents sont enfilées et tournant autour de l'essieu, de sorte que la tête des dents s'abaisse et leur pointe s'élève. Deux arcs régulateurs à trous B permettent de régler l'entrure des dents. Comme variété de cette espèce, nous donnons le râteau de *Barrett, Exall* et *Andrews* (modèle de 1856, fig. 19). Lorsqu'on appuie sur le levier A, dont le point de rotation est en haut du support rigide B, la tringle C presse sur le milieu d'une barre qui appuie, comme on le voit fig. 20 *bis*, sur le prolongement de la tête des dents ; par suite, celles-ci se soulèvent de la pointe. Mais une modification importante est ajoutée à ce mode de soulèvement : c'est l'abaissement du nettoyeur E E que la tringle D pousse en bas quand la tringle C soulève les dents ; il résulte de cet abaissement du nettoyeur une prompte et complète chute du foin. La barre E E du nettoyeur est repliée d'équerre à ses deux extrémités qui sont enfilées sur l'arbre de rotation des dents : le châssis E E s'abaisse donc d'un mouvement rotatif. Il est facile de voir sur la figure que les roues peuvent être plus ou moins soulevées, et le châssis plus ou moins incliné à l'aide des régulateurs circulaires K K. Le râteau actuel de Grignon présente une disposition analogue.

Le râteau des mêmes fabricants, exposé en 1862, est du même système, mais présente plusieurs modifications importantes qui en font un des meilleurs râteaux qu'on puisse employer (fig. 20). Les roues sont réunies par un essieu allant d'un côté à l'autre du râteau, et les limons viennent s'appuyer sur cet essieu fixe par les barres de fer U U, solidement boulonnées sur la traverse de ces limons : en outre, deux étais M M viennent, des limons même, se fixer sur l'essieu. Le support B O du levier de soulèvement s'appuie en bas sur l'essieu, et au bout de l'arc-guide N, par deux forts étais X X, il vient se relier à la traverse des limons. Lorsqu'on appuie sur le levier A, la tringle jumelle C appuie sur une *saillie* V fixée sur l'axe de rotation des dents, de sorte que ces dents tendent à baisser de la tête et s'élever de la pointe : au commencement de ce mouvement elles passent un peu au-dessus de l'essieu sans s'appuyer sur lui, mais dès qu'elles ont commencé à s'élever elles s'appuient sur l'essieu. En même temps la tringle simple D appuie sur le peigne nettoyeur qui s'abaisse. Une vis P permet d'arrêter le levier A dans son élévation, de sorte que l'axe W des dents ne peut s'élever, par l'abaissement spontané de ces dents, qu'à la hauteur voulue pour qu'elles restent un peu au-dessus de l'essieu et puissent par conséquent s'abaisser indépendamment l'une de l'autre et pénétrer ainsi dans les dépressions du sol. L'élévation des dents n'est nullement gênée ; la vis P de règlement d'enrure des dents peut être mue pendant la marche même ; le petit détail de la fig. 20 montre comment les dents sont fixées sur leur axe par l'intermédiaire d'une douille en fonte ; une vis les retient dans une mortaise de cette pièce ; chaque dent peut être enlevée séparément à volonté, pour être redressée ou réparée.

L'emploi d'une vis d'arrêt P (fig. 20) pour régler l'enrure des dents sur le sol et limiter leur abaissement spontané et indépendant peut être critiqué. Nous trouvons dans la fig. 21, représentant un râteau primé à Bedford vers 1855, la vis d'arrêt remplacée par un contrepoids D qui tend à soulever la tringle C, et par suite, à faire appuyer sur le sol la pointe des dents qui tendent ainsi à pénétrer dans les creux du sol, et le conducteur peut, en appuyant plus ou moins sur le levier A, contrebalancer cette tendance des dents, de manière à appuyer fortement ou légèrement les dents sur le sol. Pour décharger le râteau, on appuie sur le levier A, la tringle B s'abaisse et fait baisser la manivelle fixée sur l'axe de rotation des dents qui s'abaissent de la tête et s'élèvent de la pointe. Avec 24 dents d'acier, ce râteau a une largeur de 2^m.286 et coûte 206 fr. 25 ; avec 28 dents d'acier, ne prenant que la même largeur, il coûte 215 fr. 62 : il pèse en moyenne 228^k.5, soit par kilog. 0^f.9 et 0^f.94.

La fig. 22, pl. 226, représente le râteau à contre-poids de *Underhill* où le soulèvement des dents a lieu aussi par un levier simple qui presse sur une barre placée au-dessus des dents, ou mieux sur une tringle qui réunit toutes leurs têtes et leur sert d'axe de rotation comme dans le râteau précédent. Un châssis fixe avec six tringles en petit fer rond sert de nettoyeur des dents. Deux grandes traverses en fer A A reçoivent des supports ainsi que les deux côtés des châssis pour porter un essieu au-dessus duquel passent les dents. Les têtes des dents sont réunies par une tringle ronde sur laquelle est enfilée l'extrémité d'une manivelle boulonnée sur l'essieu rotatif dont nous venons de parler. La tringle B B est articulée en haut avec le levier et en bas avec la manivelle formant saillie sur l'essieu et dont le maneton n'est autre chose que l'axe des dents. Si donc on abaisse le levier C, la tringle B pousse en bas la manivelle et par suite celle-ci tourne avec l'essieu en entraînant l'axe des dents dont les têtes s'abaissent. Dès qu'on cesse d'appuyer sur le levier C, les dents retombent par leur propre poids en faisant remonter la tringle B ; or, on est maître de faire remonter cette tringle plus ou moins haut, et par suite de laisser les dents plus ou moins au-dessus de l'essieu, libres de s'abaisser isolément et spontanément dans les creux du sol, grâce au contre-poids mobile D que l'on peut fixer en un point quelconque de la barre EE. Si le contre-poids est contre la poignée C, il abaisse plus fortement la tête des dents, et par suite les pointes reculent en arrière. Réciproquement si le poids D est porté au bout de E vers les limons, ce poids tend à soulever la tête des dents plus que précédemment, et les pointes tendent à venir en avant et sont moins inclinées par rapport au sol. Ce contre-poids sert donc pour régler l'enrure avec une grande précision, et si la courbe des dents est convenable elles ne reposent que momentanément sur l'essieu pendant que l'on soulève les dents ; mais pendant le travail elles restent assez au-dessus de cet essieu pour être libres de tomber au fond des dépressions qu'un sol irrégulier peut présenter.

Les roues peuvent être plus ou moins élevées : elles ont 0^m.82 de diamètre et sont faites en fer et assez légères.

Les dents sont faites en fer à sections lenticulaires et à tête soudée ouverte aux deux branches, de sorte que pour en sortir une il faut enlever toutes celles qui la précèdent. M. Peltier, à Paris, construit ce système de râteaux : les dents sont dans de petites douilles en fonte et les roues en fer à rais doubles et moyeu en fonte.

Le contre-poids, si le conducteur s'en sert avec intelligence, permet de râteler très-net avec légèreté pour ne pas enlever de la terre, des pierres ou de mauvaises herbes avec le foin, ou au contraire de râteler lourdement pour le recueil du chiendent ou les nettoyages dans les blés et les prairies : il coûte 150 fr. à Londres.

2e espèce : *Râteaux à leviers composés soulevant une barre placée sous les dents.* — Cette espèce est très-nombreuse. Un des plus anciens modèles est le râteau de M. Grant, de Stamford. Les fig. 23 et 23 *bis,* pl. 227, le représentent en coupe et en perspective.

Le châssis est en bois : sur sa traverse antérieure, une pièce en fer courbé I B sert en B d'appui à l'axe de rotation du grand levier moteur A B représenté abaissé dans la coupe. La petite branche B C de ce levier appuie, par l'intermédiaire d'une petite bielle C D, sur l'extrémité de la petite branche E D du levier DF, dont l'extrémité de la grande branche F supporte une barre ronde à laquelle les dents sont suspendues par de petites chaînes. Le premier levier multiplie la puissance par 6.5 environ ; mais le second la divise par 4 1/4, de sorte qu'en définitive l'homme, pour soulever les dents, n'a qu'une force égale à une fois et demie la pression qu'il peut exercer avec les bras ; ce râteau doit donc être un peu dur à vider, mais prompt. Les dents sont indépendantes et formées chacune par un levier en bois, à l'extrémité duquel est fixée une dent en fer. La perspective montre qu'il y a en réalité deux systèmes jumeaux de leviers réunis en A par une seule poignée, sur laquelle on peut appuyer des deux mains. Ce râteau n'a pas de règlement : comme construction et même comme disposition, il est donc inférieur à ceux que nous venons d'examiner. Le châssis porte des tringles fixes servant de nettoyeur. Ce râteau coûtait en 1852, de 131 fr. 75 à 187 fr. 50 suivant sa grandeur. La fig. 24, pl. 226, représente le râteau de Page. Le grand levier A, agissant comme levier de second genre, appuie par l'intermédiaire de la bielle courbe B sur la petite branche d'un levier courbe C formant un cadre passant en dessous du châssis et fixé à la barre D D qui soulève les dents. Le soulèvement est rapide sans être trop dur et le châssis armé de tringles rondes sert comme nettoyeur. Le fabricant signale aussi les perfectionnements apportés à ses râteaux : 1° emploi exclusif du fer forgé, sauf pour les limons qui sont en bois et les roues qui sont en fonte, mais cerclées en fer ; 2° les roues ont été agrandies ; 3° l'addition d'un régulateur de hauteur des roues qui permet à la pointe des dents de pénétrer à 10 centimètres en dessous du plan de pose des roues, et à 76 millimètres en dessus, suivant que l'on veut râteler plus ou moins légèrement ou arracher le chiendent ; 4° les dents sont fixées dans de petites souches en fonte enfilées sur un arbre unique, de sorte que chaque dent peut être enlevée séparément ; 5° la section des dents est telle qu'elle présente au foin une arête non aiguë, ce qui facilite aussi bien la montée du foin pendant le remplissage que sa descente lorsqu'on soulève les dents ; 6° Les dents mobiles indépendamment l'une de l'autre ont une assez grande latitude d'élévation et d'abaissement pour râteler très-nettement dans les sols les plus irréguliers ; 7° un porte-guides est fixé à l'arrière du châssis, ce qui permet à l'homme placé derrière le râteau de conduire les chevaux, tout en servant le râteau. On peut en revanche reprocher à ce râteau l'impossibilité d'abaisser le nettoyeur (puisque ce n'est autre chose que le châssis), lorsque le foin étant humide est entraîné avec les dents pendant qu'elles s'élèvent.

Le premier modèle a vingt dents de section ovale. Il est porté sur des roues de 0^m.914 de diamètre, en fonte, cerclées de fer et à moyeux encapuchonnés pour empêcher le foin de s'enrouler autour de la fusée : la largeur du châssis est de 1^m.976 et le râtelage se fait sur 2^m.128 de largeur ; les bouts extrêmes des moyeux sont à 2^m.357 l'un de l'autre : cette largeur permet de passer dans tous les chemins et par toutes les barrières. Ce modèle se fait à volonté avec 20 dents distantes de 88 millimètres 9 (prix 175 fr.), ou 22 dents distantes de 82 millimètres 55 (181 fr. 25), ou enfin 24 dents distantes de 76 millimètres 25 (187 fr. 50) : pour 12 fr. 50 de plus, les dents sont en acier. On peut aussi ajouter au râteau une barre supérieure portant des crochets, qui permet de tenir soulevées toutes les dents paires ou impaires lorsqu'on veut se servir du râteau pour réunir les andains. Cette barre coûte 3 fr. 12 : le râteau pèse en moyenne 228 kilog. 50 : c'est donc environ 0.80 par kilog.

Le second modèle ne diffère du premier qu'en ce qu'il est fait pour recevoir 24 dents distantes de 88 millimètres 9, ou 26 distantes de 82 millimètres 55, ou 28 distantes de 76 millimètres 25 ; il coûte alors 187 fr. 50, 193 fr. 75 et 200 fr. Pour 12 fr. 50 de plus, les dents sont en acier, et la barre pour accrocher moitié des dents coûte 4 fr. 37. Le troisième modèle est muni de dents à section rectangulaire posée de champ ; il a 24 dents et coûte 187 fr. 50, ou 200 fr. si les dents sont en acier.

La fig. 25, pl. 226, représente le premier modèle des râteaux Howard, si souvent imités. Le levier A, agissant comme levier de second genre, presse par l'intermédiaire de la bielle courbe B sur le grand bras C du second levier ayant son point de rotation sur l'axe des dents, et pour petit bras une barre placée sous les dents et reliée à l'axe même autour duquel elle peut tourner par son milieu et par ses extrémités.

Le châssis nettoyeur ; tournant autour d'un axe parallèle à celui des dents et placé en avant de ce dernier, peut être placé plus ou moins haut suivant que le foin est plus ou moins sec, à l'aide des régulateurs à coulisse D D : ce nettoyeur a 7 tringles pour 23 dents ou une tringle pour 3 dents. Les arcs régulateurs EE permettent de faire varier l'inclinaison du châssis par rapport au plan horizontal et par suite de régler l'angle suivant lequel les dents se présentent au sol pour entrer plus ou moins où rateler plus ou moins légèrement : il coûtait 200 fr. à dents de fer et 212 fr. 50 avec des dents d'acier. A l'aide de trous percés dans le grand levier, on peut mettre la poignée à la hauteur la plus convenable pour la taille du conducteur.

La fig. 26, pl. 226, représente un râteau Alcok, d'un système analogue. Le grand bras C du levier est remplacé par un demi-châssis articulé avec la bielle B. Le régulateur E de l'enrure des dents est un grand arc en fer percé de trous. Un levier permet de soulever plus ou moins l'avant du châssis ou de râteler plus ou moins légèrement. Il y a, comme au râteau de Page (fig. 24), un porte-guides à l'arrière ; il coûte 200 fr.

La fig. 27 représente un râteau de Samuelson fait entièrement sur le deuxième modèle de Howard. Lorsqu'on abaisse le levier A, la bielle courbe B appuie sur la branche C' D D du second levier, formé du demi-châssis D D tournant autour de

l'axe de rotation des dents par l'intermédiaire de la barre de soulèvement des
dents qui y est fixée, et qui, par deux retours d'équerre, tourne aussi autour de
l'axe des dents. Le second levier a aussi la forme bizarre d'un châssis enfilé sur
l'axe, et dont les deux moitiés d'inégale longueur et largeur sont d'équerre l'une
sur l'autre. Ce second modèle de râteau Howard a eu de grands succès dans les
concours pendant près de dix ans : il a, comme le premier modèle, un nettoyeur
qui peut être plus ou moins abaissé, et, en outre, un porte-guides à l'arrière, ce
qui dispense, à la rigueur, d'un gamin pour conduire le cheval.

Le troisième modèle de râteau de la maison Howard est encore à levier composé, mais le second levier presse sur l'avant des dents pour les soulever de la
pointe. Lorsque l'on appuie sur le levier du second genre coudé d'équerre A B
(fig. 28 et 28 *bis*, pl. 227), la branche C du second levier tourne d'arrière en avant,
et par suite sa double petite branche D appuie sur la tringle-axe des dents, ce qui
fait baisser leurs têtes et lever leurs pointes. Il faut, pour que ces mouvements
s'opèrent, que l'axe G (l'essieu) soit fixe : les dents passent donc au-dessus de
l'essieu, ce qui limite un peu leur descente spontanée, mais leur élévation est
tout à fait libre. Il y a encore dans ce modèle le nettoyeur à règlement et le porte-
guides H.

Le n° marqué H a 24 dents d'acier, 2m.286 de largeur extrême, pèse en
moyenne 228k.5 et coûte 206 fr. 25, soit 0f.90 par kilog.; — ou 28 dents, 2m.286 de
largeur extrême, pèse en moyenne 228k.5 et coûte 215 fr. 62, soit 0f.94 par kilog.

Le n° marqué HH a 28 dents d'acier, 2m.59 de largeur extrême, pèse en
moyenne 247k et coûte 218 fr. 75, soit 0f.85 par kilog.; — ou bien 32 dents, 2m.59
de largeur extrême, pèse en moyenne 256k et coûte 228 fr. 10, soit 0f.85 par kilog.

Le n° marqué H H H a 24 ou 28 dents d'acier et 2m.591 de largeur extrême,
ses roues sont plus grandes (1m.66 de diamètre); il convient pour les fortes récoltes quoique à toutes fins. Pour rompre les andains, on peut soulever toutes les
dents paires derrière la tringle : ce râteau coûte suivant le nombre des dents de
262 fr. 50 à 275 fr., et pèse en moyenne de 295 à 308 kilog., soit par kilog. 0f.89.
Pour les pays à chemins étroits ou à champs clos, M. Howard vend un modèle qui
se démonte et le châssis appuyé sur les roues forme une masse qui peut passer
par toutes les portes : il coûte alors 18 fr. 75 de plus que les précédents.

Enfin le quatrième modèle adopté en 1866 par la maison Howard est représenté dans la figure 29, pl. 226, en coupe et en perspective.

En appuyant sur la poignée A du grand levier, dont le point de rotation est à
l'intérieur de la boîte en fonte C, la barre B B, fixée au petit bout du levier par
les articulations D D, se dirige vers l'avant en tournant autour de l'essieu fixe M
allant d'un côté à l'autre du râteau ; cette barre entraîne avec elle le bras B M du
second levier ayant son point de rotation sur l'essieu et dont la branche S M
s'abaisse en entraînant la tringle ronde sur laquelle toutes les dents sont enfilées : le second levier presse donc sur la tête des dents. Dès que celles-ci com-
mencent à se soulever, elles s'appuient sur l'essieu ; mais pendant le travail elles
restent un peu au-dessus de cet essieu, ce qui leur permet de tomber dans les
creux du sol ; elles sont aussi libres de se soulever indépendamment l'une de
l'autre.

Le châssis horizontal des anciens modèles, qui portait les roues, est supprimé ;
il est remplacé par un essieu fixe en acier réunissant les deux roues, et qui est
relié au limon par les deux barres rondes G G et les étançons H H ; le demi-
châssis fixe J J est le nettoyeur des dents : il porte des tringles en fer rond passant entre les dents et arrêtant le foin pendant le mouvement d'ascension des
dents : il est fixe.

Un porte-guides K, qui sert aussi à guider le levier dans sa descente, permet au conducteur de conduire le cheval, tout en restant à l'arrière du râteau pour le vider. Un crochet vu au bas de ce porte-guides sert à fixer le levier A au point le plus bas lorsque le râteau ne travaille plus.

L'ensemble des leviers de la barre B et des dents est équilibré à un certain degré par rapport à l'essieu, de façon que les pointes des dents n'appuient pas trop sur le sol, et que leur partie supérieure reste un peu en dessus de l'essieu fixe; et comme les dents n'ont pas d'autre appui que le sol, elles peuvent s'élever indépendamment l'une de l'autre à une hauteur considérable et s'abaisser d'une certaine quantité, car elles sont toujours retenues par le poids des leviers un peu au-dessus de l'essieu fixe. En outre, dès que les dents, en tout ou en partie, s'élèvent ou s'abaissent de la pointe, elles réagissent sur le levier, ce qui fait un espèce de règlement automatique de l'enlrure.

Les dents sont courbées en forme de faucille, et elles sont faites en acier assez mince pour que le foin glisse bien sur elles. Les roues sont en fonte, d'un grand diamètre et cerclées en fer. Les moyeux sont encapuchonnés. Des roues de fer d'un diamètre égal ou plus grand constitueraient un perfectionnement sensible.

Ce râteau, marqué X, a 24 dents d'acier, des roues de 0^m.813 de diamètre; sa largeur extrême est de 2^m.817 et son poids moyen 203^k.12 : il coûte 200 fr. ou par kilog. 0^f.984. Le râteau marqué XX a 28 dents, des roues de 0^m.914 de diamètre et une largeur extrême de 2^m.590 : son poids moyen est de 228^k.31, il coûte 218 fr. 75 ou 0^f.96 le kilog. au plus. Enfin, un 3e numéro du même modèle est destiné aux très-fortes récoltes d'herbe et peut servir à la mise en carré des foins. Ses roues sont très-hautes, mais comme il peut être mû par un homme, beaucoup de cultivateurs le préfèrent et s'en servent comme râteau à toutes fins. C'est celui que nous conseillons surtout; il comprime moins le foin : il a 28 dents d'acier, des roues de 1^m.066, une largeur extrême de 2^m.570 et un poids moyen de 253^k.90 : son prix étant de 243 fr. 75, le kilog. revient à 0^f.96.

MM. Howard disposent ce modèle avec un siége pour le conducteur, avec deux leviers moteurs à la portée de ses mains (fig. 30, pl. 226). Lorsqu'on attire à soi les leviers A A, les petites branches B B attirent les bielles C C et par suite la barre D D disposée absolument comme dans le modèle précédent; c'est-à-dire qu'elle forme, avec deux leviers extrêmes qui la relient avec la tringle-axe des dents et cette tringle, un châssis tournant autour de l'essieu. Ce châssis est le second levier. Lorsque la barre D D est attirée en avant par le levier A B, la tringle-axe des dents presse sur la tête de celles-ci qui, par suite, s'élèvent de la pointe en s'appuyant bientôt sur l'essieu fixe. Dans ce modèle, le porte-guides M est naturellement placé sur la traverse des limons devant le conducteur.

Le numéro marqué S a 24 dents d'acier, des roues de 0^m.813 de diamètre, une largeur extrême de 2^m.286; il pèse 203^k.1 et coûte 212 fr. 50, soit par kilog. 1^f.040.

Le numéro marqué S S a 28 dents d'acier, des roues de 0^m.917 de diamètre, une largeur extrême de 2^m.590; il pèse 228^k.5, et coûte 231 fr. 25, soit par kilog. 1^f.012.

Le numéro marqué S S S a 28 dents d'acier, des roues de 1^m.066 de diamètre, une largeur extrême de 2^m.590; il pèse 253^k.9, et coûte 256 fr. 25, soit par kilog. 1^f.009.

Ce râteau est du deuxième sous-genre, mais nous l'avons examiné ici par suite de sa ressemblance avec le modèle précédent des mêmes constructeurs.

La fig. 31, pl. 226, représente un système de râteau qui a eu, depuis 1851 envi-

rou, un grand succès; c'est le râteau de Smith, primé à l'Exposition universelle de
1851, à Londres : il est à deux leviers successifs, comme les précédents depuis la
fig. 21, mais une particularité importante ici, c'est que le premier levier A B C
appuie par sa petite branche C, en forme de came, sur la grande branche D du
second levier, armée d'un contre-poids E qui aide un peu à l'élévation des dents
dès que le conducteur a commencé à appuyer sur la poignée A. La petite
branche, ou plutôt les deux petites branches parallèles du second levier F, sont
réunies par une barre longitudinale qui soulève les dents. Les flèches indiquent
les mouvements simultanés de toutes les pièces. Ce râteau coûte de 189 fr. 50 à
200 fr., suivant sa grandeur. Pour obtenir un bon soulèvement, les deux cames
doivent être faites de deux développantes de cercle conjuguées, comme les faces
de deux dents d'engrenage qui se conduisent.

La fig. 32, pl. 226, est le perfectionnement du râteau précédent tel qu'il est actuellement fait par MM. Smith et Ashby. Le levier moteur simple a été remplacé
par un levier double, le reste du mécanisme est identique avec le précédent
râteau. Les autres perfectionnements consistent dans une meilleure forme, des
dents plus arrondies sur lesquelles le foin monte mieux, et qui le tassent moins.
Les contre-poids ont aussi été tellement placés que les dents retombent plus vite
que dans l'ancien modèle, fig. 27. Les roues peuvent être plus ou moins élevées
et l'inclinaison du bâti augmentée ou diminuée à l'aide des régulateurs en arc
de cercle G G des limons. L'ensemble de ce râteau est très-léger. Les roues sont
en fer forgé, plus légères et moins sujettes à casser que celles en fonte. La
barre d'arrière du châssis restant à l'intérieur des dents pendant qu'elles s'é-
lèvent, sert à les nettoyer ou arrêter le foin.

Les dents sont à section semi-angulaire, ce qui laisse monter le foin plus facilement, et le tasse moins. L'entrure des dents est réglée par les régulateurs des limons et par l'élévation ou l'abaissement des roues. C'est, en somme,
un des meilleurs râteaux anglais.

Le premier modèle a 26 dents et coûte 187 fr. 50 : si les dents sont en acier,
le prix s'élève à 200 fr., et à 250 fr. s'il est plus solide.

Le n° 2 est de même grandeur que le n° 1, mais sa barre de soulèvement est
plus forte pour le cas de forts andains : il coûte 216 fr. 25.

Le n° 3, à roues plus grandes, léger et solide, a 26 dents et coûte 216 fr. 25.

Le n° 4 a 32 dents en acier; il prend la même largeur que les précédents et est
destiné à râteler les herbes fines, les feuilles, etc. Des essais ont prouvé qu'il
peut servir avec avantage pour enlever la mousse dans les vieilles prairies et pour
recueillir le chiendent ou les mauvaises herbes dans les terres préalablement
scarifiées ou hersées, et pour râteler les compost sur les prés.

Lorsque le sol est pierreux, il convient de vider les râteaux plus fréquemment. L'essai du râteau Smith et Ashby, dans cette circonstance, a été favorable.
Des fermiers anglais déclarent que leur râteau a été payé par le ratelage de
100 hectares d'orge et d'avoine par suite du produit des glanes obtenues. C'est-
à-dire que l'on gagne 2 fr. par hectare de râtelage. Or, on peut râteler environ
7 hectares par jour. Un homme et un garçon glaneront donc pour 14 fr. de
grains dans leur journée.

Les figures 33 à 38, pl. 226 et 227, représentent le râteau breveté de M. Th.
Smith, de Bradfield : on peut traduire le titre du brevet par *râteau équilibré*. Le
caractère de ce râteau est en effet dans l'addition à la tête de chaque dent d'un
contre-poids destiné à équilibrer une portion du poids même de la dent. En
conséquence, chaque dent se compose d'une douille en fonte X cylindro-conique
portant sur un même diamètre horizontal des saillies, sur lesquelles on boulonne
d'un côté la dent H et de l'autre le contre-poids à charnière I, de telle façon

qu'il puisse rester dans la position J, saillant vers l'avant horizontalement ou être relevé en J, et courbé sur la dent pour augmenter son poids.

Le châssis est en fer et porte sur des roues de 0m.483 de diamètre qui peuvent être élevées ou abaissées à volonté ; un axe ou barre cylindrique K réunit les deux côtés du châssis : sur cette barre sont enfilées les douilles en fonte qui portent les dents et leur contre-poids. Toutes les dents passent au-dessus d'une barre G G, fixée à l'extrémité des secondes branches des quatre leviers F F, enfilés sur le même axe que les dents et dont les premières branches sont réunies par une barre L L. Le châssis plié, formé des deux barres G L et des quatre leviers F, constitue le second levier de ce râteau : il reçoit la pression du premier levier A C par la bielle D en forme de fourche articulée d'une part au grand levier et de l'autre à la barre L qui reçoit les branches au travers du second levier.

Dès qu'on agit sur le levier de second genre A A, dont le point de rotation est en C sur la traverse des limons, la bielle D appuie sur la barre L : les leviers F, par leurs branches postérieures portant la barre G, soulèvent les dents. Les tringles O O et P P du châssis arrêtent le foin et par suite l'empêchent de suivre, par adhérence, les dents dans leur mouvement d'ascension. Le premier levier multiplie la force de l'homme par 4.5, le second ne la multiplie ni ne la divise : il ne sert donc qu'à transmettre l'effort du premier levier à la barre G. Comme les dents sont en partie équilibrées, le soulèvement des dents ou l'abaissement du levier A est aisé ; et comme d'ailleurs les leviers sont d'une longueur restreinte, la main du conducteur n'est pas forcée de faire un chemin très-étendu pour soulever complétement les dents. Les dents ayant une bonne forme se vident bien, de sorte que dans quelques modèles on supprime les tringles P P de nettoyage. Le poids des dents étant en partie contrebalancé, elles pressent moins de leur pointe sur le sol, ce qui empêche qu'elles ne déchirent le sol en entraînant de mauvaises herbes ou de la terre avec le foin : lorsque les dents ne sont pas équilibrées, on est forcé de régler l'inclinaison du châssis de façon à ne pas râteler très-net pour éviter l'inconvénient que nous venons de signaler. En revanche, l'équilibre des dents est fâcheux dès qu'on veut faire mordre les dents pour herser les jeunes blés, arracher la mousse et surtout le chiendent. Si le contre-poids de chaque dent peut être renversé en J', il augmente au contraire la pression de cette dent sur le sol, et l'on a ainsi le moyen de râteler légèrement ou lourdement tout en laissant constante l'inclinaison des dents. La seule observation qui peut encore être faite, c'est que le contre-poids étant constant, on ne peut varier la pression des dents. Cet inconvénient disparaît lorsque l'on adopte le poids curseur, indiqué dans la figure 28. Remarquons que le râteau à contre-poids unique d'*Underhill*, figure 20, donne le même résultat plus économiquement. Nous avons donné comme figure principale (fig. 33) le modèle de râteau à contre-poids de M. T. Smith, tel qu'il est fait par Turner. Le constructeur signale : 1° sa légèreté de traction et l'impossibilité de détruire les jeunes plantes lorsqu'on se sert de ce râteau pour herser les blés, et 2° son mode de soulèvement rapide et efficace ; sa légèreté, sa solidité et sa durée. Voici les dimensions et les prix des divers numéros (tableau, page suivante) :

2e Sous-genre : *Râteaux à siége se vidant de l'arrière par la main de l'homme appuyant sur un levier.* — Nous avons donné comme exemple celui de Nicholson (fig. 9) et celui de Howard (fig. 26, pl. 226).

3e Sous-genre : *Râteaux se vidant de côté par la main de l'homme qui conduit le cheval.* — Nous ne donnons qu'un seul exemple (fig. 39, pl. 227) ; il suffira pour faire comprendre la seule différence qu'il présente avec le râteau du premier sous-genre.

Leviers de côté pour régler plus facilement l'entrure des dents.	Dents d'acier, en plus.	Soulèvement des contre-poids en plus.	Pointes simples d'extirpateurs en plus.	Roues de bois ou de fer forgé de 0m.965 de diam.	Roues de bois de 0m.864 de diamètre	Roues de fonte de 0m.864 de diamètre	Roues de bois de 0m.711 de diamètre	Roues de fonte de 0m.711 de diamètre	Largeur de l'atelage.
12.50	10.00	10.00	35	fr. 225.00	fr. 210.00	fr. 200.00	fr. 197.50	fr. 187.50	m. 2.280
12.50	12.50	12.50	40	243.75	222.50	212.50	210.00	200.00	2.512
12.50	15.00	15.00	45	262.50	243.75	235.00	228.75	218.75	

Le levier moteur B est placé à la gauche du cheval le long du limon. Lorsque le conducteur veut vider le râteau, il appuie sur la poignée B : alors les petites branches A A sont soulevées et attirent deux tringles fixées après la barre placée un peu au-dessous des dents, et reliée à l'axe de ces dents par deux retours d'équerre percés et enfilés sur l'axe commun.

Les manches des dents sont en fer creux et droits ; les dents d'acier sont fixées à vis : on a ainsi, en même temps, solidité et légèreté et par suite une moindre traction : la barre de soulèvement est placée au-dessous des dents pour leur donner une grande latitude d'abaissement spontané.

Les roues sont en fer forgé, d'un assez grand diamètre, et leurs moyeux sont encapuchonnés pour éviter que le foin ne s'entortille autour des fusées. Il a été plusieurs fois primé, comme simple, solide et travaillant bien. Il coûte, pris à l'atelier, 193 fr. 75.

1re CLASSE : 1re sous-classe ; 2e genre. *Râteaux se vidant par la main du conducteur soulevant un levier.* — Cette manière d'employer la force de l'homme étant défectueuse, puisqu'en appuyant il peut exercer un effort égal à son poids, ce que l'on ne peut faire en soulevant, il est facile de comprendre qu'il est peu de râteaux de ce genre. Nous n'en connaissons qu'un, représenté par la figure 40, pl. 227 : il est connu depuis longtemps en Écosse où, d'après H. Stephens, il serait assez répandu.

Le châssis de ce râteau se compose d'une traverse principale, en bois A A, de 2m.736 de long et de 76 millimètres d'équarrissage ; d'une seconde traverse B en arrière de l'axe, de même longueur que la précédente, mais de 57 m/m seulement d'équarrissage : ces traverses sont toutes deux boulonnées sur les barres latérales C C de 57 millimètres d'équarrissage et de 0m.837 de longueur. Les traverses A et B sont en outre supportées par deux barres intermédiaires D D qui, dans le plan vertical, sont courbées, comme on le voit dans la coupe. Ces barres s'assemblent sur A à tenon et mortaise, et sont boulonnées sur B. Une paire de mancherons, pouvant tourner autour du boulon-axe N, est boulonnée sous la barre F qui peut reposer à chaque bout sur deux billots de bois assemblés à tenon et mortaise sur les deux barres C C : cette barre soulevante F ne repose sur les billots que par l'intermédiaire de vis qui permettent de régler la hauteur de F par rapport au châssis. Les fusées des roues sont redressées d'équerre et viennent enfin se fixer sous la traverse A, de façon à ce qu'il y ait 0m.127 de l'axe des roues sous la barre : un contrefort à assure la solidité de l'assemblage des roues sous le châssis. Les roues H ont 0ᵐ.508 de diamètre : elles sont en fonte et de forme légère. Les limons I I ont une courbure convenable pour entourer la croupe du cheval et atteindre au collier lorsque le châssis est de niveau : ils sont boulonnés à la traverse principale A et aux barres intermédiaires D, et sont soutenus en outre par les étançons en fer L L.

Ce râteau a 20 dents M M M qui s'élèvent à 0ᵐ.475 au-dessus du sol, à compter du bord supérieur de la tête de chaque dent. La dent de fer s'assemble dans cette tête ou levier en bois par une queue filetée à embase et un écrou : la pointe de chaque dent est un peu courbée en avant et amincie, mais toutefois disposée pour qu'elle ne pique pas trop en terre. Les leviers, aux bouts desquels sont les dents, sont enfilés sur l'axe N, qui s'étend sur toute la largeur, et entre les leviers sont enfilés des cylindres en bois pour conserver l'écartement voulu. Entre les dents, sept tringles nettoyeuses P contournées sont fixées sur la principale traverse postérieure B par des boulons, et chaque levier de dent est suspendu à la barre de soulèvement F par une petite chaîne Q, de sorte que dès qu'on soulève les manches la barre qui est solidaire avec eux tend les chaînes et bientôt soulève toutes les dents. Dès qu'on abandonne les manches, les dents retombent, ainsi que la barre F qui retombe sur les billots où elle repose par ses deux vis : les dents ont ainsi la liberté de s'élever ou de s'abaisser indépendamment l'une de l'autre entre certaines limites : elles peuvent donc suivre toutes les inégalités du sol.

Il est visible, d'après sa construction que ce râteau est le plus ancien comme invention : il pêche dans la forme de ses dents; le foin y monte difficilement et s'y tasse fortement : le mode de soulèvement bien que très-simple est fatigant; on l'estime beaucoup, dit H. Stephens, pour râteler les chaumes : il coûte de 87 fr. 50 à 93 fr. 75.

1ʳᵉ CLASSE : 3ᵉ sous-classe. *Râteaux anglais se vidant par le soulèvement des dents à l'aide des pieds du conducteur, appuyant sur un levier, etc.* — Ces râteaux sont forcément munis d'un siége sur lequel le conducteur est assis. La figure 41, pl. 227, représente le râteau à pédale de Ransomes. Le conducteur, assis en A, a les pieds sur la tablette B qu'un régulateur à trous C permet de placer convenablement suivant la taille du conducteur. Dès que celui-ci appuie fortement sur la pédale B, il entraîne les deux leviers E E, fixés solidement sur le tube G G, suspendu d'une part à l'extrémité des limons dans des anneaux en fer, et à chaque bout, sur des boîtes entourant l'essieu fixe, de façon qu'il puisse tourner librement en entraînant les quatre manivelles D D, auxquelles est suspendue une barre H placée sous les dents et qui les soulève dès que le tube G tourne d'arrière en avant d'une certaine quantité. Les manivelles D D ont une coulisse de façon, que l'on puisse régler la hauteur de la barre de soulèvement des dents pour laisser à celles-ci la faculté de s'abaisser spontanément et isolément dans les dépressions du sol. Les dents sont toutes enfilées sur une forte tringle qui leur sert d'axe et est suspendue à l'essieu fixé un peu au-dessous : on peut aussi régler la hauteur de cet axe.

Ce râteau est parfaitement exécuté ; ses roues très-hautes, son ensemble léger, rendent facile la traction : l'homme n'étant pas forcé de suivre à pied l'instrument, il peut faire marcher fort vite les chevaux et par suite exécuter en peu de temps beaucoup de besogne, ce qui est de première importance pour les foins. Sa largeur extrême est de 3ᵐ.8, et sa largeur de râtelage 3ᵐ.648; en ne supposant qu'une vitesse de 1ᵐ.3, il peut faire par seconde 3ᵐ².9, et par heure 140 ares, soit 14 hectares par jour : en supposant un septième de temps perdu en tournées, ce serait encore 12 hectares par jour de 10 heures effectives. Ce râteau qui date de 1861 à 1862 pèse 355 kil. 50 et coûte 437 fr. 05, soit par kilogramme 1 fr. 23.

Le râteau à pédale de M. Nicolais (Paris 1860) est représenté en coupe (fig. 42, pl. 228). B pédale sur laquelle appuie, des pieds, le conducteur placé sur le siége A ; BC grands bras (double) du levier moteur réunis par la pédale ; CD petits bras réunis par une tringle D qui soulève toutes les dents dès que le conducteur appuie fortement sur la pédale.

Da   la disposition adoptée en 1856 par M. Simphal (fig. 43, pl. 228), la barre C appuie sur la tête des dents. Le levier BDC peut tourner autour de l'axe B des dents : sur sa grande branche DB, se trouve la pédale M avec son déclic ; et la petite branche PC porte à son extrémité la barre C, qui doit appuyer sur les dents et les faire soulever de la pointe. Donc, dès que le conducteur appuie sur la pédale, il fait tourner le levier NO comme les flèches l'indiquent ; la barre O décroche le chien E qui tenait le levier D en place, soit que les dents soient soulevées, soit qu'elles soient en travail ; la branche D s'abaisse, ainsi que la barre C, et les dents se soulevant, le chien E, toujours tiré par le ressort, reste en position d'arrêter la barre D. (La figure n'est pas à l'échelle.) Le chien doit pouvoir soutenir la barre du levier, les dents soulevées ; on peut mettre deux chiens pour plus de facilité.

Les systèmes de râteaux à pédale ont comme inconvénient d'accroître d'environ un tiers la traction du cheval, d'exiger plus de force dans le châssis et de ne pas laisser voir au conducteur le moment où le râteau est plein ; mais on pourrait remédier facilement à ce dernier inconvénient en faisant le siége oblique, permettant de voir les chevaux à droite et l'extrémité gauche du râteau. En outre, les avantages compensent bien les inconvénients : on peut râteler plus vite que lorsque le conducteur marche derrière , et on économise le garçon conduisant le cheval ordinairement.

re CLASSE : 3e sous-classe, 1er genre. *Râteaux se vidant par la traction qu'opère le cheval, ou râteaux automoteurs.* — Le premier en date est, croyons-nous, le râteau de Marychurch, représenté fig. 44, pl. 228, et détail pl. 227. Une roue à rochet E est fixée sur le moyeu de la roue gauche du râteau, le chien A, abandonné à lui-même, est décroché, car le contre-poids D tend à soulever A. Dès que le garçon qui conduit le cheval tire la ficelle N qu'il a dans la main, le chien A accroche la roue à rochet E, celle-ci continuant à tourner avec la roue, puisque le cheval continue à tirer ; le chien A est poussé en avant, son axe étant sur le manchon de la manivelle BE ; celle-ci tourne autour de l'axe B des dents, en entraînant celui-ci et la petite manette M (il y en a une seconde non vue dans la fig. 44, pl. 228), portant une tringle CC qui soulève toutes les dents : ainsi, pour vider le râteau, le conducteur, sans quitter le cheval, n'a qu'à tirer une ficelle qu'il tient dans la main, et en l'abandonnant toutes les dents retombent. Cette disposition est ingénieuse, mais appliquée forcément d'un seul côté du râteau, et exigeant à un moment donné et de suite un très-grand effort, il peut y avoir des ruptures. En outre, comme pour les râteaux à pédale, il faut que le conducteur se retourne de temps en temps pour savoir quand il doit vider. La ficelle peut être disposée pour être tirée de l'arrière.

Une autre particularité du râteau Marychurch, c'est le mode de règlement de l'entrure des dents ; une vis de rappel vue sur la fig. 44, en V, solidement fixée à sa poignée dans un double support RR, comme dans le râteau Wightman (fig. 16, pl. 225), permet de faire varier l'inclinaison du bâti par rapport au sol, de sorte que les dents se présentent au sol tangentiellement pour râteler sans pression, ou, au contraire, avec une forte inclinaison pour mordre dans le sol lorsqu'on veut arracher le chiendent. Le bâti est fixé aux barres des limons par charnières Q.

Un levier de soulèvement ordinaire, soulevant la tringle placée en dessous des dents, par l'intermédiaire de deux bielles de suspension, permet de se servir du râteau en le suivant; un crochet N' permet de tenir ce levier abaissé lorsqu'on ne veut plus travailler.

Ce râteau nous a paru bien exécuté : le n° 1, de 2m.210 de largeur, coûte 210 fr.; le n° 2, de 2m.515, coûte 225 fr.

M. Lallier a présenté, il y a quelques années, un râteau automate, dans lequel les dents étaient soulevées lorsqu'une came placée sur un engrenage, recevant son mouvement de l'essieu des roues porteuses, venait à rencontrer la grande branche d'un levier, dont les petites branches supportaient une barre placée sous et près les dents. Le râteau se vidait ainsi à une distance régulière; on pourrait aisément améliorer ce système, en embrayant la came seulement quand le conducteur juge qu'il faut vider le râteau.

Le dernier système de râteau automate que nous ayons à examiner est celui de M. Gustave Hamoir; nous ne pouvons mieux faire qu'emprunter la description et la figure qu'en a données l'inventeur lui-même dans le *Journal d'agriculture pratique* (pl. 229).

« Jusqu'ici c'est l'effort de l'homme qui a dû, au moyen d'un levier plus ou moins heureusement disposé, soulever les 24 à 28 dents du râteau pour qu'il abandonne sa proie. Avec de petites dents c'est fatigant, mais c'est possible ; avec de grandes dents et beaucoup de foin, l'effort n'y suffit plus. Convaincu par l'expérience de la valeur qu'avait déjà pour la culture le râteau à cheval tel qu'il était, pénétré de l'importance qu'il devait acquérir en augmentant ses proportions pour le rendre propre à l'amassage des fourrages, j'ai cherché à substituer l'effort du cheval à celui de l'homme, et pour cela j'ai pris dans le sol mon point d'appui, je l'ai appliqué au moyen d'un simple levier, qui ne demande qu'un peu d'adresse de la part du conducteur. C'est parce que je crois avoir résolu d'une manière facile ce petit problème de mécanique, c'est surtout parce que j'ai vu cet instrument accueilli, je dirai presque avec enthousiasme, par plusieurs de mes confrères, que je viens aujourd'hui développer et les fonctions et les qualités du râteau à cheval, que j'appelle *automoteur*, qu'on pourrait avec un peu plus de syntaxe appeler *automatique*, et que des agriculteurs nomment très-justement *sauterelle*.

« Ce qui distingue tout d'abord ce râteau de la plupart de ses congénères, c'est l'ampleur des dents; elles ont dans le modèle moyen 1 mètre de hauteur, 0m.60 de profondeur, et peuvent contenir dans leur courbe environ 1 mètre cube de fourrage (le double du râteau ordinaire).

« Les organes en sont simples et aussi peu nombreux que possible : un essieu de fer en T supporte les roues (fig. 45, pl. 229); les dents sont soutenues par un second axe, autour duquel elles pivotent; une barre parallèle à cet axe, et qui passe sous toutes les dents, sert à les enlever toutes du même effort; une autre placée en avant sert à limiter leur mouvement et à les faire rentrer par leur propre poids dans leur position première.

« L'extrémité postérieure des limons est terminée par une pièce de fer formant à peu près un carré aux angles arrondis, qui est assujettie à sa base sur l'essieu en fer par quatre bons rivets; cette pièce sert en même temps à supporter l'axe autour duquel se meuvent les dents, elle arrête encore la barre qui passe sous toutes ces dents dans son mouvement rétrograde, et empêche celles-ci de descendre plus bas que le niveau du terrain. Cette pièce porte à sa partie postérieure un petit organe que je décrirai tout à l'heure.

« Au même endroit de la limonière, où vient s'insérer la pièce précédente, deux pièces de fonte boulonnées soutiennent un axe assez fort, autour duquel se meut le grand levier ABC, dont la portion BC est mobile au moyen d'une charnière libre en B.

« Dans la position qu'occupe le râteau de la fig. 45 *bis* (même planche), qui est celle de fonctionner, la partie BC, que j'appellerai le *pied*, traînée moitié sur le terrain, moitié suspendue en l'air, par le contre-poids de l'autre extrémité du levier, forme un angle obtus, dont le sommet est tourné vers le cheval.

« Si je saisis la poignée placée en A et que j'attire à moi cette extrémité du grand levier, je porte en avant le pied BC; si je la relève ensuite par un mouvement un peu vif, je ramène intérieurement le point B avant que le point C ait rencontré le sol, et quand celui-ci y arrive, j'ai formé, comme dans la fig. 45, un angle obtus en sens inverse du premier : dans cette position, le pied BC forme un arc-boutant et force le point B à rester immobile, tandis que le râteau s'avance; la partie supérieure du grand levier décrit alors un mouvement qui est à peu près le quart de la surface du cercle dans lequel il se meut.

« Du point D, qui a été jugé le plus utile pour opérer suffisamment l'élévation des dents, part une chaîne, qui saisit un autre petit levier, dont l'axe de rotation est le même que celui de celles-ci, qui est caché entre elles, mais qui passe sous la barre d'entraînement et qui y est fixé; il enlève dans son mouvement cette traverse et tout ce qu'elle supporte.

« Si maintenant on suppose le râteau s'avançant toujours, on comprend que l'angle ABC de la fig. 45 tendra à s'ouvrir de plus en plus, que le pied BC se meut vers la position perpendiculaire, et qu'une fois ce point dépassé, comme il ne forme plus arc-boutant, le levier reprend de lui-même la position de la fig. 45 *bis* et laisse retomber tout le système.

« Si l'instrument devait cesser de fonctionner, on laisserait tomber un petit levier EF, qui pivote autour du point E et qui, dans la fig. 45 *bis*, est supporté par un petit ressort G. Chaque bras en porte un semblable, et dans la fig. 45 ils sont tous deux baissés. Ces pièces portent une dent, contre laquelle la barre longitudinale vient s'arrêter dans son mouvement rétrograde et empêche les dents de descendre plus bas. Ainsi, dans la fig. 45, si l'on suppose que l'outil s'avance lorsque les dents se seraient encore élevées un peu, elles reprendront la position qu'elles y occupaient; le levier, au contraire, reprendra celle de la figure 45 *bis*, on repliera alors le pied qui se fixe dans les branches du grand levier au moyen d'une petite cheville, et l'appareil sera disposé pour rentrer à la ferme.

« Cela est un peu long à expliquer, dans la manœuvre c'est d'une simplicité qui étonne; l'homme le plus rustique, du moment qu'il a compris qu'il doit relever le levier après l'avoir attiré à lui, ne peut plus manquer une fois sur mille de faire opérer la décharge. Ce râteau a eu le premier prix au concours international et spécial à Vincennes, en 1860, et le premier prix à Metz : il coûte 300 fr. pour toutes fins. »

Râteaux américains.

Ce système de râteaux, dont le nom indique la patrie originaire, est aussi employé assez communément dans les comtés si bien cultivés du Lothian (Écosse); on en trouve aussi un certain nombre en Angleterre et en France. La fig. 46, pl. 228, représente le modèle américain de M. Allen. Les traits du cheval sont attachés en E E aux bras antérieurs, reliés entre eux par la traverse A d'une part et l'*âme* du peigne, à la partie inférieure : seulement l'âme du peigne peut tourner dans un lien ou étrier en fer, qui l'embrasse en la reliant à chaque bras. La traverse ou âme du râteau porte deux rangs opposés de dents en bois, coupées en sifflet à leur extrémité : elles sont plates et reposent par le biseau sur le sol. Un châsiss B, suspendu à la façon d'un pendule aux mancherons F, est relié à la traverse antérieure A par une pièce de bois D. Lorsqu'on appuie très-légèrement sur les manches, le bout des dents en avant est très-près du sol, et le bout des dents d'arrière un peu au-dessus (0.25 ou 30 centim.). Dans cet état, si le râteau est traîné en avant, le foin ou les tiges de céréales rencontrées s'élèvent sur les dents poussées par la réaction des couches d'herbes, restant en avant sur le sol : lorsque le râteau est plein, il suffit pour le vider de soulever brusquement les mancherons, sans les abandonner ; alors les dents tendent à piquer en terre, et forment un point d'appui autour duquel le peigne tout entier tourne et fait bascule complète, abandonnant sa charge de foin. Les dents qui étaient en arrière sont actuellement en avant : elles se couvrent de foin, et le soulèvement des manches opère une nouvelle bascule. Un taquet coupé dans la pièce arrête l'âme après cette demi-révolution, si l'on a soin de laisser retomber les manches et même de les presser légèrement de haut en bas ; au fur et à mesure que le râteau se couvre de nouveau de foin, on soulève les manches très-légèrement, de manière à râteler bien près et à prendre une plus forte charge de foin.

S'il se présente un monticule ou un obstacle quelconque à surmonter, le conducteur appuie fortement sur les manches et par suite sur le châsis-pendule B, et les dents restent la pointe en l'air.

Le mécanisme de ce râteau est ingénieux : sa construction est simple et il peut se vendre à très-bas prix. Il a l'avantage de ne pas comprimer le foin ; un homme habitué en fait bien le service, bien que la manœuvre soit un peu fatigante, mais il présente plusieurs inconvénients. Le plus grave, c'est que l'âme du peigne et les dents qu'il porte formant un tout rigide de 2ᵐ.50 de long, les dents par leurs pointes râtèlent très-bien les parties saillantes du sol, mais ne pénètrent pas dans les dépressions ; les dents sont sujettes aussi à piquer, séparément en terre dans les parties convexes et à se briser. Or, s'il est possible de trouver des prairies ou des champs parfaitement plans, c'est une exception, qui explique comment le râteau américain peut être conservé dans quelques pays. Le second inconvénient ne se fait sentir que dans les champs, où le chaume laissé par la faux est un peu élevé : il passe entre les dents, et non-seulement arrête la moitié des tiges à glaner, mais peut les égrener et même effeuiller le trèfle.

On a construit ce râteau à Grignon pendant quelques années. Les figures 49 et 50 (pl. 228), faites à la même échelle, montrent bien les particularités de sa construction.

Peu de constructeurs, en Angleterre, fabriquent ce râteau. Nous signalerons seulement comme bonne exécution les râteaux américains de M. Fry, seul fabricant autorisé, en Angleterre, du râteau breveté en fer creux de Howsell (fig. 47, pl. 228).

La fig. 48 représente un modèle en bois de cette maison : il se distingue du précédent par la suppression du cadre oscillant. L'âme du *peigne double* tourne dans de forts supports en bois ; enfin, le bout des dents est ferré.

Le modèle en fer creux et fonte, représenté par la fig. 47, est en même temps léger et solide. Les supports en bois sont remplacés par des pièces en fonte, sur lesquelles les taquets d'arrêt sont bien visibles.

ayant fait connaître succinctement les divers modèles de râteaux des systèmes anglais et américain, que l'on peut rencontrer dans une exposition universelle, il nous reste à signaler ceux qui se trouvaient exposés, et ont été remarqués ou primés.

Le jury, après des essais trop limités par un temps défavorable, a classé ainsi les râteaux :

Nicholson (voir fig. 40).
Howard, fig. 29.
Ransomes, fig. 9 et 41.
Ashby et Jeffry, fig. 32.
Peltier (en partie imité du râteau à contre-poids de Th. Smith, fig. 33).
Painchaud.

Il est du reste évident que nombre d'autres râteaux peuvent être avantageusement employés : les uns n'ont pas été essayés ou se trouvaient hors concours. Nous citerons entre autres ceux de M. Meixmoron-Dombasle, de M. F. Bella de Grignon, de M. Pinel, etc.

Nous regrettons que les bornes de cet article ne nous permettent pas de faire connaître nombre de bons râteaux fabriqués en France, pas plus que d'indiquer la troisième classe telle que nous l'avons imaginée. Nous devons attendre un essai pour en déterminer la valeur pratique.

APPAREILS DE DISTILLATION

(Pl. 197, 198.)

Le nouvel appareil à distillation continue, de la maison Egrot (fig. 1, pl. 197), est basé sur le principe reconnu vrai, que la distillation en surface et sans pression est celle qui donne le moins de goût empyreumatique et conserve le mieux le bouquet propre des matières en distillation. Bien que l'application de ce système ne date que de quelques années, il est fort répandu. Voici en quelques mots l'indication de la marche des opérations dans cet appareil :

On remplit le bac Z, avec le vin ou le jus à distiller, en se servant d'une pompe foulante ordinaire Y; cela fait, on ouvre le robinet T qui laisse couler le vin dans le réfrigérant G, d'où il passe, après avoir enlevé de la chaleur à la vapeur alcoolique qu'il condense, dans le chauffé-vin F, puis dans les plateaux de distillation A A A.

Si l'appareil doit marcher à feu nu, on remplit d'abord d'eau la chaudière *a*, à l'aide du tampon *d*; on allume et entretient le feu : l'eau de la chaudière entre bientôt en ébullition, et la vapeur qu'elle fournit passe au travers de chacun des plateaux de distillation A A A, en dépouillant le vin de l'alcool qu'il contient : de là, la vapeur alcoolique s'élève dans la colonne à rectifier D, où elle se dépouille de son âcreté, puis arrive par le tuyau E dans le serpentin rectificateur contenu dans l'enveloppe F ou chauffe-vin; de là les, vapeurs, plus ou moins complétement rectifiées, suivant le règlement de l'appareil par l'homme qui le dirige, passent dans le serpentin du réfrigérant G, où elles se condensent, et sortent à l'état liquide par le tuyau I. Ce liquide passe par l'éprouvette V, dans laquelle se trouve un pèse-alcool marquant le degré alcoolique du liquide reçu.

Le vin ou le jus à distiller suit exactement un chemin de sens opposé; placé dans le bac Z, il arrive dans l'appareil en passant par le robinet à cadran T plus ou moins ouvert : l'entonnoir J, qui reçoit le vin, le conduit par un tuyau jusqu'au fond de l'enveloppe G; de là, et en soulevant successivement toutes les couches liquides qui se trouvent dans l'enveloppe G, puis dans l'enveloppe F où il s'échauffe de plus en plus, il arrive à déverser chaud par le tuyau K (formant trop-plein) dans le premier plateau de distillation A, où, après avoir parcouru toutes les galeries, il déverse sur celui qui se trouve en dessous, et successivement sur tous les autres plateaux jusque dans la chaudière *a* d'où il s'échappe à l'état de *vinasse*, c'est-à-dire de *vin épuisé* par le tuyau-siphon de vidange *b*.

En parcourant les galeries intérieures dont sont formés les plateaux A A A, le vin rencontre nombre de petits bouilleurs qui l'agitent et divisent la vapeur, d'où résulte une facile séparation de l'alcool du vin, et par suite, vu le peu de temps du séjour du vin, une grande finesse des produits : les huiles empyreumatiques, causes du mauvais goût, n'ont pu se dégager. On peut, parmi les avantages propres à ce système, citer sa facilité de montage et son petit volume.

Le vin en circulation étant fortement agité, son ébullition est facile; la distillation s'opère sans pression, car il n'y a que 3 à 5 plateaux suivant le plus ou moins de richesse des vins

L'appareil portatif du même constructeur (fig. 2) est un des plus simples alambics qu'on puisse employer pour distiller les vins : la distillation y est rapide et elle donne de bons produits. Voici la marche de l'opération :

On emplit d'abord la chaudière F et le chauffe-vin H avec le vin ou le jus à distiller : on allume le feu. Bientôt les vapeurs s'élèvent dans le chapiteau G et de là par le tuyau cintré dans le serpentin que renferme le chauffe-vin H; elles rencontrent ensuite le rectificateur et y laissent leurs eaux blanches, petites eaux; puis s'écoulent par le tuyau P dans le serpentin réfrigérant K : elles s'y condensent et l'eau-de-vie sort par le tuyau M : on la reçoit dans l'éprouvette N, où plonge un alcoomètre et elle déborde en N pour tomber dans le broc O ou dans un tonneau.

Lorsque l'eau-de-vie reçue dans l'éprouvette ne marque plus qu'un degré trop faible, on vide la chaudière F de la vinasse qu'elle contient et on ouvre la soupape I par laquelle arrive le vin chauffé dans l'opération précédente : on referme ce robinet et l'on remplit de nouveau le chauffe-vin H.

On agit ainsi sur du vin chauffé gratuitement, dans l'opération précédente, et comme on a les autres cas de l'opération précédente, grâce à la rectification, on peut obtenir de bonnes eaux-de-vie sans les faire repasser dans l'appareil; ainsi rapidité dans le travail, grâce à la cuve de vitesse, chauffant le vin H. L'économie de temps peut être estimée au tiers : il y a aussi économie de combustible et une bonne qualité de produits; puis, outre la distillation dans la chaudière, on a une rectification au fond du chauffe-vin.

On obtiendrait des trois-six en repassant les eaux-de-vie dans l'appareil.

On peut distiller dans cet alambic les liquides demi-fluides, tels que les jus provenant de la fermentation des grains, des betteraves, les lies de vin et les marcs de raisin.

Pour le marc, on remplit d'eau le chauffe-vin qui ne sert alors que de rectificateur : la chaudière se remplit après l'enlèvement du chapiteau : on voit que l'appareil convient spécialement aux vins.

Alambic à bascule de M. Chretiennot, à Essoyes (Aube). — Cet alambic à feu nu se distingue surtout par un mode tout particulier de renversement de la chaudière, permettant de sortir le marc épuisé, sans être gêné par la vapeur ni par les mauvaises exhalaisons qui s'en dégagent, et en évitant beaucoup de travail.

La figure 3 montre l'alambic B, placé sur un fourneau fixe en briques; il est suspendu, libre de tourner, sur les tourillons de deux fortes roues en fonte, armées de dents qui engrènent dans une crémaillère fixe C : de sorte que si l'on fait avancer les roues D dans le sens de la flèche, on enlève aussi l'alambic de dessus le foyer : on peut alors le renverser pour faire sortir le marc : on commence, bien entendu, par enlever le chapiteau et le tube qui le fait communiquer avec le serpentin.

La figure 4 représente un appareil locomobile : le foyer est ici en fonte avec grille et cendrier. Pour concentrer le feu sur le fond de la chaudière, il y a, à partir des grilles, une culasse en fonte et en terre réfractaire, qui monte jusqu'au fond de la chaudière. Ce foyer repose sur un essieu en fer, et le tout est fixé solidement par des rivets et des boulons.

La tôle qui forme le fourneau a de 2 à 3 millimètres d'épaisseur, et elle est cerclée dans toutes les parties qui pourraient être tourmentées par le feu.

Le levier M permet de faire tourner la roue D, soit dans un sens, soit dans l'autre, pour sortir la chaudière ou la remettre sur le feu : un demi-tour de la roue D suffit.

La figure représente la chaudière renversée et le dessus du foyer (avec une petite cheminée) renversé en arrière, ce que permet la charnière E; lorsqu'on rabaisse ce dessus de foyer, un crochet suffit pour le retenir.

Le serpentin fait 7 ou 8 tours dans un réfrigérant en tôle galvanisée : il est monté sur un fond en fonte, qui sert d'avant-train et qui est relié au fourneau par des tirants en fer I. En outre, la liaison se fait par une rotule sous le fond du serpentin, ce qui permet à l'avant-train de suivre toutes les inflexions du terrain et de tourner sans qu'il y ait aucune torsion.

Pour rafraichir, le constructeur a établi un tuyau plongeur qui envoie l'eau froide au fond du réfrigérant et qui oblige l'eau chaude à sortir par un tuyau qui communique à un robinet placé dans le bas du réfrigérant.

Cette eau est reçue par un tuyau qui passe sous le fourneau et conduit l'eau au point où le marc se renverse.

Le robinet sert non-seulement à régler l'écoulement de l'eau chaude pendant la marche, mais encore à vider complétement de cette eau le réfrigérant.

Alambic perfectionné de Fuynel. — C'est un alambic à feu nu, mais dans lequel on augmente la surface de chauffe par l'adjonction de six tubes à fumée (pour une chaudière de 0.^{m}70 de diamètre et de 0^m.40 de hauteur jusqu'au col).

Les figures 5 et 6 (pl. 197) représentent la plus simple forme de l'alambic, mais, tout en conservant l'invention des tubes chauffeurs et le mode d'extraction du marc, on pourrait ajouter un alcoogène, un rectificateur, un chauffe-vin, etc.

La chaudière est montée dans une muraille en briques, avec une distance d'environ dix centimètres entre cette chaudière et la muraille même : le fond de la chaudière est plus près des parois de la maçonnerie, car il n'est distant que de 45 millimètres.

A une hauteur de 16 à 17 centimètres à partir du fond de la chaudière, on ferme tout le pourtour au moyen d'un briquetage dans lequel on laisse de petites ouvertures de 45 millimètres de diamètre, placées au milieu même de l'espace existant entre deux tubes : il y aura donc six ouvertures dans la cloison en briques puisqu'il y a six tubes chauffeurs. On ferme ensuite hermétiquement au-dessus des tubes et dans tout le pourtour, sauf en un point où laisse un passage à la cheminée.

Dans la muraille du fourneau, il faut laisser des bouches en face de chaque tube, ce qui permet de visiter l'intérieur et surtout de nettoyer les tubes au besoin. Grâce à cette disposition, la flamme traverse les tubes et réchauffe le marc à l'intérieur et vient se concentrer dans la chambre formée par les deux briquetages.

La flamme qui lèche le fond de la chaudière e est appelée par les six embouchures des tuyaux et en même temps elle entoure les parois latérales de la chaudière et vient ensuite se concentrer dans la même chambre comme celle qui a passé par les tubes, et le tout se rend à la cheminée en entourant la chaudière de feux croisés à égale distance et agissant en même temps si le tirage est bien réglé. La vidange se fait par un appareil spécial.

Les résultats obtenus par cette invention sont : 1° l'augmentation de près de moitié de la surface de chauffe, ce qui entraîne une économie notable de combustible, et par suite de temps et de main-d'œuvre, puisque la distillation dure un peu moins.

Le chauffage étant mieux réparti, plus divisé, le produit doit être meilleur, car il n'est pas nécessaire de chauffer trop à l'extérieur pour que l'intérieur le soit assez. Il convient, du reste, comme dans tous les alambics à feu nu, de ne pas chauffer le marc à sec, car il donnerait mauvais goût.

Dans les grands alambics à feu nu, les matières du pourtour étaient distillées avant que celles du milieu fussent chauffées; ce qui avait pour effet que les produits étaient en raison inverse de la capacité de la chaudière. Ici le feu est réparti uniformément à l'intérieur par les tubes.

Cet appareil exige moins d'habileté pour la conduite que ceux à vapeur.

On peut faire avec les dimensions de la figure près de 20 hectolitres par jour. Un seul homme peut conduire deux appareils. En ayant deux chaudières communiquant entre elles, on peut avoir de l'eau-de-vie à jet continu et sans repassage.

Surface de chauffe. — Le rayon de fond étant de 0^m.36 réduit, sa surface est de 40 décimètres carrés. Le pourtour, cylindre de 0^m.36 de rayon et de 0^m.40 de hauteur, donne 90 décimètres carrés, chaque tube de 27 millimètres de diamètre et de 60 de hauteur donne 10 décimètres carrés, soit une surface de chauffe totale de 190 décimètres carrés.

Évorateurs Kessler. — Cet appareil a pour point de départ l'observation qu'une bassine, placée sur le feu et recouverte d'un grand couvercle débordant, donne de la vapeur d'eau qui dégoutte des bords du couvercle.

La condensation est plus sensible si le couvercle est conique, c'est-à-dire présente une plus grande surface que celle de vaporisation de la bassine.

Enfin, si l'on fait passer un courant d'eau froide sur ce couvercle, la condensation est naturellement plus rapide. Ainsi distillation permanente sous le couvercle et concentration continue dans la bassine.

L'appareil le plus simple est celui qu'exposait, à Billancourt, M. A. Pontier sous le nom d'évorateur-alambic des ménages : la figure 8 (pl. 198) le fait suffisamment comprendre.

A. Fourneau chauffé à l'aide de charbon de bois ou mieux d'un mélange de ce charbon avec celui connu sous le nom de charbon de Paris.

B. Chaudière aux deux tiers pleine d'eau.

C. Couvercle condenseur des vapeurs.

D. Panier percé de trous et destiné à recevoir les matières aromatiques dont on veut obtenir le parfum par la distillation. Ce panier est suspendu par son rebord au milieu de l'eau, de sorte que les matières en distillation ne peuvent jamais brûler en s'attachant au fond de la chaudière.

E. Seau représenté à une échelle deux fois plus petite et destiné à recevoir les infusions alcooliques aromatiques qu'on veut distiller au *bain-marie.*

1. Tube servant à remplir d'eau la chaudière.

2. Tube surmonté d'un entonnoir (3) par lequel on charge d'eau froide le couvercle condenseur.

3. Tube de trop-plein par lequel déverse l'eau qui s'est échauffée sur le couvercle et qui tend toujours à venir à la surface tandis que la froide descend.

4. Tube par où s'écoulent les produits distillés après s'être réunis dans la gouttière au rebord intérieur qui règne tout autour du bas du couvercle.

6. Robinet par lequel on vide l'eau du couvercle.

On peut faire avec cet appareil de l'eau distillée, pour les opérations chimiques ou photographiques. Pour cela il suffit de mettre de l'eau dans la chaudière B, de la recouvrir de son couvercle et de chauffer. Dès que l'eau est seulement *chaude,* elle émet des vapeurs qui forment des gouttelettes d'eau distillées en dessous du couvercle : elles se réunissent bientôt dans la rigole intérieure et sortent par le tube 4. Les tubes 1 restent fermés par des bouchons.

Pour faire de l'eau distillée aromatique, de l'eau de fleurs d'oranger par exemple, il faut, outre de l'eau dans la chaudière, mettre les fleurs d'orangers dans le panier : le reste comme précédemment.

Enfin pour former un esprit aromatique, de l'eau-de-vie de gentiane, de lavande, etc., il faut mettre peu d'eau dans la chaudière puis y placer le seau E contenant l'infusion alcoolique de gentiane ou de lavande : on recouvre avec le couvercle et tout se fait comme cela a été dit ; sauf qu'on laisse un des tubes 1 ouvert et qu'au commencement de l'opération on verse un peu d'eau dans la rigole de la chaudière pour avoir une fermeture hydraulique.

Cet appareil, utile à un ménage de riche cultivateur, coûte 70 francs sans fourneau, et 75 francs avec un fourneau ordinaire.

L'érorateur peut être multiple : c'est-à-dire qu'il y aura, pour une seule bassine, plusieurs couvercles superposés, ayant chacun, le dernier excepté, un trou à son centre pour laisser passer la vapeur de la bassine. Chacun d'eux porte une rigole dans laquelle le couvercle supérieur vient s'emboîter.

Il y a un modèle encore plus simple en cuivre, avec un réfrigérant; un érorateur à double effet en porcelaine ; enfin, et, en outre, un petit érorateur destiné à l'essai des vins.

L'inventeur attribue à l'érorateur trois avantages sur les alambics; il serait moins coûteux à égalité de services, et exigerait moins de combustible, et enfin, il permet de distiller un liquide sans le faire bouillir; résultat impossible avec l'alambic et qui a une grande valeur, car on peut ainsi obtenir la meilleure qualité du produit.

Cuisine distillatoire de ferme. — La petite culture ne peut guère employer les colonnes à distiller, et par conséquent ne peut entretenir aussi bien ses animaux que le fait la grande culture. L'alambic représenté dans la figure 7 est fait sur le principe des érorateurs Kessler : il est d'une manœuvre très-facile, et permet de distiller des marcs de raisin ou de pommes fermentées, de produire des *flegmes* qui sont rectifiées par des opérations suivantes, à feu nu ou au bain-marie.

On peut aussi y distiller le vin, la lie de vin, les jus fermentés, etc. Dans ce cas, le liquide distille en s'échauffant avant même de descendre à la chaudière, et l'alcool, produit dans les deux phases de l'opération, est recueilli séparément.

Cet érorateur est établi sur un fourneau disposé pour la cuisson des aliments de l'homme, de sorte que la préparation de la nourriture des animaux n'exige pas de travail spécial.

A, foyer à charbon ou à bois, B, chaudière, C, chauffe-vin ou rectificateur, D, condenseur, E, réfrigérant des liquides condensés dans l'intérieur de l'appareil, dessous les plateaux coniques C et D : e, éprouvette des flegmes, é, éprouvette des eaux-de-vie.

1. Robinet pour vider la chaudière; 2, trop-plein de la chaudière; 3, alimentation de la chaudière par le chauffe-vin ; 4, alimentation des chauffe-vins; 5, tuyau pour l'écoulement de l'eau de condensation qui s'est échauffée; 6, tuyau de trop-plein du réfrigérant, alimentant le condenseur; 7, tuyau par où s'écoule l'eau-de-vie rectifiée; 8, tuyau par où coulent les flegmes; 9, robinet pour vider le réfrigérant : P, panier métallique perforé dans lequel on place les pulpes fermentées; on le plonge dans l'eau de la chaudière pour en enlever l'alcool.

Les appareils à distiller les vins, représentés par les figures 9 et 10, étaient exposés par M. Veillon qui en a placé près d'un millier dans les *Charentes*.

La disposition générale diffère peu des appareils ordinaires à distiller les vins; toutefois, une disposition spéciale permet d'obtenir à volonté, soit des eaux-de-vie de 60 à 70 degrés, soit des *flegmes*, comme par l'ancien système. On a ainsi l'avantage de pouvoir rectifier des eaux-de-vie inférieures. La marche des deux appareils, fixe et locomobile, est absolument la même. Une pompe L permet de remplir l'appareil sphérique D. M. Veillon fait des appareils distillatoires fixes, depuis 200 jusqu'à 1500 litres de contenance, et coûtant de 1000 à 5000 francs. Les appareils locomobiles ont au plus une contenance de 700 litres et coûtent de 1400 à 4200 francs.

MOULINS A VENT

(Planches 254 et 255.)

THÉORIE DES MOTEURS A VENT.

CHAPITRE PREMIER.

DE L'ORIGINE ET DE LA CLASSIFICATION DES VENTS.

§ I. — Causes générales des courants atmosphériques.

1. Les différences entre les températures des divers lieux du globe sont les principales causes des courants atmosphériques.

L'air, au point le plus échauffé, s'élève et se trouve remplacé continuellement par de l'air venant du point le plus froid.

Les courants, ascendants et descendants, qui résultent de cet échange de température entre les divers points du globe, prennent bientôt des directions parallèles au sol, par suite de la résistance des couches d'air supérieures, combinée avec l'attraction terrestre et la rotation du globe.

2. Telle est l'origine des vents dont la direction géographique varie avec la latitude, la configuration et le relief des continents. Leur force, ou leur intensité, varie avec les mêmes circonstances et surtout suivant les saisons.

§ II. — Vents constants.

3. On appelle vents réguliers, ou constants, ceux qui soufflent toute l'année à peu près dans la même direction. Ces courants ont une cause constante, énergique. Les seuls vents réguliers que l'on observe sont les vents alisés qui, dans l'hémisphère boréal, soufflent du N.-E. au S.-O., et du S.-E. au N.-O. dans l'hémisphère austral.

4. Voici une explication plausible de ces courants constants.

L'air, qui s'échauffe beaucoup et vite à l'équateur, s'élève du sol animé de deux vitesses, l'une verticale ou d'ascension et l'autre horizontale ou d'entraînement de l'ouest à l'est. Cet air ne peut s'élever indéfiniment, car il éprouve une résistance croissante de la part des couches supérieures de plus en plus froides qu'il rencontre; et, de plus, il est toujours soumis à l'attraction terrestre. Ainsi l'air échauffé à l'équateur s'élève avec une tendance de plus en plus grande à se répandre à droite ou à gauche sous les couches supérieures. En vertu du *principe naturel* du *moindre travail*, une partie de l'air échauffé tend à se répandre vers le pôle nord, et l'autre vers le pôle sud.

Mais, en s'élevant de terre, l'air échauffé à l'équateur laisse un vide, que l'air plus froid des hautes latitudes tend à remplir. Il y a donc, dans les hautes régions atmosphériques, tendance à un mouvement de l'équateur vers les pôles et, à la surface du sol, tendance inverse. L'air est ainsi entraîné dans un mouvement allongé de rotation de chaque pôle vers l'équateur, sur le sol; et, de l'équateur vers les régions polaires, dans le haut de l'atmosphère.

Chaque molécule d'air décrit donc une courbe allongée en arrivant pour s'échauffer à l'équateur, s'élevant en ce point pour aller se refroidir aux pôles et revenir se réchauffer dans un mouvement continu.

Quelle est la direction géographique moyenne de ce mouvement de rotation?

L'air qui vient du pôle où il s'est refroidi, pour se réchauffer de plus en plus en allant à l'équateur, forme un courant constant dès qu'il arrive dans les régions équinoxiales, parce qu'alors l'appel est de plus en plus énergique. En raison du sens de rotation de la terre, et parce qu'il tend à s'élever de plus en plus, cet air est laissé de plus en plus en retard par les points solides du globe. Son mouvement relatif, en descendant du pôle à l'équateur, est donc du N.-E. au S.-O. dans l'hémisphère boréal, et du S.-E. au N.-O. dans l'autre hémisphère; ce que l'observation vérifie.

5. La constance de ce courant ne peut se remarquer que lorsque sa vitesse est devenue assez grande pour que les causes secondaires (les montagnes, les amas d'eaux, etc.) ne le puissent plus faire dévier. C'est ce qui arrive sur mer dans les régions équinoxiales : les vents y sont constants.

6. Dans les régions tempérées, le courant *alizéen* n'a pas encore assez d'importance pour que les causes secondaires ne le modifient beaucoup suivant les lieux et les saisons, de façon à remplacer ce vent constant par des vents très-variables.

§ III. — Vents périodiques.

7. Certains vents sont annuellement périodiques, c'est-à-dire qu'ils soufflent régulièrement et dans la même direction pendant les mêmes saisons.

8. Ainsi la *mousson*, dans les mers au sud de l'Asie, souffle du S.-O. au N.-E., d'avril en août. Pendant ces quelques mois, l'air s'échauffe beaucoup plus rapidement sur le continent asiatique que sur mer : il en résulte un courant ascensionnel sur le continent et un courant horizontal de l'air marin vers le continent; ou un mouvement de rotation de l'air qui de la mer va s'échauffer sur le continent, s'élève alors pour revenir se refroidir sur la mer et retourner s'échauffer sur le sol.

9. La mousson, dans les mêmes parages, a un sens opposé, d'octobre à février : en effet, l'air alors se refroidit plus vite sur le continent que sur la mer. Donc il s'élève ici et est continuellement remplacé par l'air plus froid venant du continent. La rotation, dans cette saison, a le même sens que les vents alisés. Les deux causes agissent alors dans le même sens.

10. Ainsi, pendant les mois les plus chauds, la cause secondaire du mouvement de l'air, la différence de capacité calorifique de la terre et de l'eau, engendre la mousson en sens contraire des vents alisés et dominant ceux-ci, — tandis que, pendant les mois les plus froids, la même cause secondaire s'ajoute à la cause principale des vents alisés.

Dans les mois intermédiaires ou de température moyenne, les mêmes parages doivent être dans un calme plus ou moins parfait, sauf les variations diurnes dues à des causes tertiaires.

11. Les vents journellement périodiques s'observent près des bords de la mer.

L'air plus échauffé sur le sol que sur l'eau s'élève de terre et y appelle l'air froid de la mer. On a ainsi un courant superficiel dit *brise de mer*, tandis que, dans les régions élevées, se fait sentir un courant contraire. La brise de mer commence peu après le lever du soleil, et augmente jusqu'à deux heures pour diminuer ensuite et disparaître au coucher du soleil.

12. La nuit, le sol se refroidit plus vite par le rayonnement que l'eau : il en résulte que l'air est relativement plus chaud sur la mer que sur la terre : il s'élève donc sur l'eau et appelle l'air plus froid du rivage : c'est la *brise de terre*. Elle commence peu après le coucher du soleil, et devient de plus en plus forte jusqu'au matin, pour diminuer ensuite jusqu'à ce que l'air sur le sol ait pu être assez notablement échauffé pour engendrer le mouvement inverse.

13. Ces vents périodiques journaliers ne se font sentir qu'à une petite distance du rivage, soit sur mer, soit sur terre, parce que la cause est toute locale.

§ IV. — Vents variables.

14. Les vents variables sont ceux qui non-seulement varient d'intensité mais encore de direction, c'est-à-dire soufflent avec plus ou moins de force, tantôt dans une direction, tantôt dans une autre.

Ils sont le résultat de la lutte entre des causes secondaires et diverses, variables suivant les saisons et les localités.

15. Dans les zones glaciales, il y a parfois des vents qui dans le même moment soufflent de divers points de l'horizon.

16. Dans les régions tempérées, les vents sont encore très-variables. On appelle vent dominant celui qui règne pendant un plus grand nombre de jours chaque année.

Dans le nord de la France, en Angleterre et en Allemagne, c'est le vent du sud-ouest. Dans le midi de la France, c'est plutôt la direction du nord-ouest.

En Espagne et en Italie, le vent du nord est le vent dominant : les Alpes et les Pyrénées sont une des causes de ces courants.

17. Quelle que soit la variation du vent en un lieu donné, on pourrait, par de longues observations, se rendre compte des causes et des lois des variations, et par suite préjuger avec une assez grande probabilité la direction à un moment donné.

Ces études permettraient d'utiliser le mieux possible les courants atmosphériques, soit pour la conduite des navires, soit pour les moulins à vent. Elles exigent malheureusement des observations séculaires très-difficiles, et que les gouvernements et les sociétés scientifiques peuvent seuls provoquer et perpétuer.

CHAPITRE DEUXIÈME.

DE LA FORCE DU VENT.

§ I. — Vitesses diverses des courants atmosphériques.

18. Les mouvements de l'air se révèlent surtout à nous par l'entraînement de corps plus ou moins légers et par l'impression qu'il fait sur le sens du toucher.

19. On distingue à peine un courant d'air dont la vitesse est comprise entre

0m.50 et 1 mètre par seconde : c'est un *souffle*, un léger *zéphir* qui fait à peine trembler les feuilles des arbres.

20. Lorsque la vitesse atteint 2 mètres, c'est une *brise légère* qui secoue les feuilles et les fait bruire doucement.

21. Le mot *brise* s'applique plus spécialement à un vent dont la vitesse est assez grande pour nous donner une impression de *fraîcheur*, par la transpiration plus forte qu'il fait naître sur la figure et sur les mains ; on s'explique ainsi qu'on l'appelle *vent frais*. Sa vitesse est d'environ 4 mètres.

22. Les matelots disent que le vent est *bon frais* lorsqu'il tend visiblement les voiles des navires et devient ainsi très-favorable à la marche. La vitesse de l'air est alors de 6 à 7 mètres, et elle suffit pour soulever la poussière. C'est ce qu'on appelle une *forte brise*, le meilleur vent pour la marche des moulins à vent et des navires à voiles.

La vitesse est assez grande pour donner une force motrice considérable, mais elle est assez limitée pour ne pas compromettre la solidité des bras ou des ailes des moulins ou des mâts des navires.

23. Le vent appelé *grand frais* par les matelots cause une vive impression de fraîcheur : c'est une *très-forte brise*, une *brise carabinée* qui force à serrer les hautes voiles des navires et à diminuer la surface des ailes des moulins. La vitesse de l'air est alors de 10 à 12 mètres.

24. Au delà de cette dernière vitesse, les vents sont dits *très-forts*, ou *impétueux* ; ce sont même des *tempêtes* et des *ouragans*.

Tandis que la brise ne pouvait que soulever la poussière et agiter les feuilles, les vents impétueux font plier les arbres ; les ouragans les déracinent et enlèvent les toitures des maisons ; les plus forts renversent même les murs de clôture.

25. Voici un aperçu de la vitesse de ces grands vents :

Vent très-fort	15 mètres par seconde.	
Vent impétueux. . . .	20 id.	
Tempête	25 id.	Les arbres plient.
Violente tempête . . .	30 id.	Les arbres plient et se brisent.
Ouragan.	36 id.	Déracine les arbres.
Grand ouragan	45 id.	Déracine les arbres.
Ouragan exceptionnel.	61 id.	Déracine les arbres et renverse les maisons.

§ II. — Pressions dues aux divers vents.

26. Lorsque le vent vient frapper une plaque, il y exerce une pression qui croît très-rapidement avec la vitesse et que l'on peut mesurer de diverses manières.

27. Soit par exemple une plaque verticale A B (Pl. 254, fig. 1), tirée par une corde passant sur une poulie parfaitement mobile et tendue par un poids C. Si le vent souffle de X en Y, il tendra à faire marcher dans le même sens la plaque dès que la pression du vent dépassera un tant soit peu la tension T qu'exerce le poids sur la corde et qui, par une poulie très-mobile et un fil fin inextensible, est égale au poids C. Donc, en cherchant quel est le poids qui fait équilibre à la pression sur la plaque A B, on a la valeur de la pression P.

28. Le poids serait avantageusement remplacé par un ressort gradué armé d'un style ou d'un crayon marquant sur un papier qui se déroulerait, par un

mouvement d'horlogerie, des ordonnées proportionnelles aux pressions exercées (fig. 2).

29. La pression par mètre carré sera le quotient de la pression totale, exprimée en kilogrammes, par la surface totale de la plaque, exprimée en mètres

30. Une disposition plus commode pour les essais improvisés est représentée par la fig. 3. La plaque pesante A B est suspendue comme un balancier à un point inébranlable O. Le vent en frappant sur la plaque la soulève jusqu'à ce qu'il y ait équilibre entre toutes les forces appliquées à cette plaque. Ces forces sont le poids G dont la direction et la grandeur sont connues, la réaction R du point de suspension sur la plaque, et enfin la résultante P de toutes les pressions de l'air en mouvement sur chaque point de la plaque. Cette résultante P, comme le poids G et la réaction R, passent par le centre de gravité de la plaque homogène A B.

Pour être en équilibre, ces trois forces doivent être dans un même plan, et l'une quelconque d'elles doit être égale et directement opposée à la résultante des deux autres. Si donc nous prolongeons la réaction R indéfiniment; que, par l'extrémité G du poids, nous menions une horizontale (parallèle à la pression P) qui rencontre en R' la réaction prolongée; qu'ensuite, par R', nous menions une verticale (parallèle au poids) jusqu'à la réaction de la force P, nous aurons en GMPR' le parallélogramme d'équilibre des trois forces.

Les trois côtés du triangle MGR' seront proportionnels aux trois forces G, P et R, et par suite nous aurons :

$$\frac{G R'}{M G}, \quad \text{ou} \quad \frac{P}{G} = \text{tg } \alpha.$$

L'équilibre pour un mouvement vertical de rotation nous donnerait :

$$P \times h = G \times d, \quad \text{ou} \quad \frac{P}{G} = \frac{d}{h}.$$

Or, il est clair que h et d sont respectivement proportionnels aux projections verticale et horizontale de la plaque.

31. La projection horizontale est égale à $A B \times \sin \alpha$ et la projection verticale à $A B \times \cos \alpha$; nous avons donc :

$$\frac{P}{G} = \frac{d}{h} = \frac{A B \sin \alpha}{A B \cos \alpha}, \quad \text{d'où} \quad \frac{P}{G} = \text{tg } \alpha.$$

Ainsi la pression de vent, qui peut tenir la plaque soulevée de manière à faire avec la verticale un angle α, est égale au poids de la plaque multiplié par la tangente de cet angle α.

32. La pression P a lieu sur une surface S et par suite la pression par mètre serait, pour un angle $\alpha = o$, égale à $\frac{P}{S}$; mais dès que le vent devient de plus e plus fort, c'est-à-dire que l'angle α croît, la pression n'a plus lieu que sur la projection de la plaque de surface S, sur un plan vertical perpendiculaire à la direction du vent et faisant par suite avec la plaque un angle dièdre α. Donc on aurait pour expression de la pression du vent par mètre carré p.

$$p = \frac{P}{S \cos \alpha}.$$

Or $P = G$ tg α.   Donc $p = \frac{G \text{ tg } \alpha}{S \cos \alpha}$

33. Le poids G et la surface S de la plaque restant les mêmes pendant toutes

les expériences, voici quelles seraient, pour diverses inclinaisons d'équilibre, la pression par mètre exercée :

ANGLES α.	PRESSION par mètre carré pour $\dfrac{G}{S} = 1$.	ANGLES α.	PRESSION par mètre carré pour $\dfrac{G}{S} = 1$.	ANGLES α.	PRESSION par mètre carré pour $\dfrac{G}{S} = 1$.
0	0.0000	30	0.6667	60	3.4641
5	0.0878	35	0.8548	65	5.0743
10	0.1790	40	1.0954	70	8.0331
15	0.2774	45	1.4142	75	14.4200
20	0.3873	50	1.8540	80	32.6600
25	0.5145	55	2.4899	85	131.1400
				90	infini.

34. Lorsque le vent vient frapper une plaque, il y exerce, comme nous venons de le voir, une pression que l'on peut déterminer expérimentalement, et qui varie avec la vitesse du vent.

Si cette vitesse ne dépasse pas 10 mètres, la pression qui en résulte est donnée assez approximativement par la formule :

$$P = 0.11 \; d. \; S^{1.1} \times v^2 \times (\sin i)^{1.84 \cos i}, \qquad (1)$$

dans laquelle P est la pression totale exprimée en kilogrammes,

d le poids d'un mètre cube de l'air en mouvement,
S la surface de la plaque exprimée en mètres carrés,
v la vitesse du vent en mètres par seconde,
i l'angle que fait la direction du vent avec la surface plane de la plaque.

35. Dans les moulins à vent ordinaires, les ailes ont, par rapport à la direction du vent, une inclinaison moyenne i égale à 70 degrés.

En admettant que la pression barométrique soit de $0^m.755$ de mercure et la température moyenne de 11 degrés, on aura $d = 1^{kil}.2500$.

Si, en outre, S est égale à un mètre carré, nous aurons $S^{1.1} = 1$, et, par suite, la formule ci-dessus, appliquée aux moulins à vent ordinaires, sera :

$$P = 0.11 \times 1^k.25 \times v^2 \times (\sin 70^o)^{1.84 \cos 70^o},$$
$$\text{ou } P = 0.1375 \; . \; v^2 \times (\sin 70^o)^{0,629317},$$
$$\text{ou } P = 0.1375 \times 0,97296 \; v^2,$$
$$\text{ou } P = 0.1337856 \; v^2. \qquad (2)$$

36. Lorsque le vent agit normalement sur une surface plane, la pression est donnée par la formule :

$$P = 0.11 \; d. \; S^{1.1} \times v^2, \qquad (3)$$

qui n'est pas autre chose que la formule (1) dans laquelle on a fait $i = 90°$; lors $\sin i = 1$ et $\cos i = 0$; d'où $(\sin i)^{1.84 \cos i}$ est égal à $1°$ ou à l'unité.

37. Voici quelles seraient les pressions normales par mètre carré pour diverses vitesses de vent :

VITESSES du vent v	NOMS donnés AUX VENTS.	CARACTÈRES physiques DES VENTS.	PRESSIONS en kilogrammes par mètre carré.
1	Zéphir.	A peine sensible.	0.14
2	Brise très-légère..	Agite les feuilles d'arbres	0.54
4	Brise.	Donne une sensation de fraîcheur très-faible.	2.20
5	Brise ordinaire. .	Fraîcheur très-sensible.	3.44
6	Bonne brise. . .	Tend les voiles. Très-frais. . . .	4.87
7	Id.	Le meilleur pour moulin. . . .	6.64
8	Forte brise. . . .	Vent si frais qu'il est froid.. . . .	8.67
9	Id.	Le meilleur pour navires. . . .	10.97
10	Très-forte brise. .	»	13.54
11	Id	»	16.64
12	Id.	Force à serrer les voiles.. . . .	19.50
15	Vent très-fort. . .	Fait plier les arbres.	30.47
20	Vent impétueux. .	Id.	54.16
24	Tempête.	Enlève les tuiles.	78.00
30	Violente tempête. .	Id.	122.28
36	Ouragan.	Déracine les arbres.	176.96
45	Grand ouragan. .	Renverse les murs.	276.00
61	Ouragan extraordinaire.	Renverse tout, des murs de $0^m.46$ d'épaisseur.	511.64

38. La pression, pour une même vitesse de vent, diminue lorsque l'inclinaison du vent sur la plaque diminue, et cette pression finirait par devenir nulle si le vent faisait avec la plaque, un angle nul ou *longeait* cette plaque. C'est une conséquence de la formule (1). Car si l'angle i diminue, son sinus diminue et la puissance 1.84 cos i augmente : c'est donc une fraction d'autant plus petite élevée à une puissance de plus en plus grande, ce qui donne bien une diminution quand i diminue.

39. Voici du reste un tableau donnant la valeur de la pression par mètre carré pour des angles de choc compris entre 90 et 0° — , la pression normale étant prise pour unité.

ANGLES i.	VALEURS DE LA PRESSION p.	ANGLES i.	VALEURS DE LA PRESSION p.	ANGLES i.	VALEURS DE LA PRESSION p.
90	1.0000	60	0.8760	30	0.3314
85	0.9985	55	0.8095	25	0.2376
80	0.9960	50	0.7301	20	0.1564
75	0.9832	45	0.6366	15	0.0905
70	0.9609	40	0.5368	10	0.0419
65	0.9286	35	0.4217	5	0.0114

40. On voit qu'entre 90 et 70 degrés la pression reste presque constante à 3 p. 100 près; qu'elle diminue assez rapidement de 65 à 30°, où elle n'est plus que le tiers de la pression normale. Enfin, à 5°, elle n'est plus que d'un pour cent environ.

CHAPITRE TROISIÈME.

UTILISATION DE LA PRESSION DU VENT.

§ I. — Divers modes d'utilisation.

41. La pression du vent est utilisée directement par les voiles des navires; on a même fait des voitures à voiles. Mais ces deux applications sortent de nos études actuelles.

42. Lorsque le mouvement à produire est la rotation d'un arbre destiné à commander, par engrenage, un moulin ou toute autre machine rotative, la pression de l'air agit sur des ailes obliques à la direction du mouvement et fixées directement ou indirectement sur l'arbre à faire mouvoir.

Si l'on considère seulement l'axe longitudinal de l'aile et même son centre de gyration, il y a deux dispositions différentes : 1° Les ailes ou mieux leur axe décriront à peu près un plan vertical en tournant autour d'un axe horizontal, c'est le moulin à vent vertical; 2° l'axe des ailes décrira une surface cylindrique verticale ou un plan horizontal en tournant autour d'un arbre vertical, c'est le moulin à vent dit horizontal parce que le centre de giration de l'aile décrit un cercle horizontal.

Nombre d'inventeurs se sont occupés de cette dernière disposition; mais la théorie et la pratique s'accordent pour la rejeter, et ce n'est pas sans de graves raisons.

En effet, l'aile oblique étant supposée d'abord au point A, agit pour faire tourner l'aile suivant la flèche (pl. 275, fig. 6), mais avec un bras de levier nul, c'est-à-dire sans effet; de ce point jusqu'en B le bras de levier de l'aile augmente jusqu'à son maximum le rayon r, puis de là en C le bras de levier diminue de nouveau pour redevenir nul.

Au delà de C en D, si l'aile conservait la même position, l'action du vent tendrait à lui faire rebrousser chemin, et comme elle présenterait dans le demi-cercle CDA, mais absolument à l'inverse, toutes les positions du demi-cercle moteur ABC, le travail d'une aile pour chaque tour serait *nul*. Il faut donc, pour utiliser complétement le vent dans un moulin horizontal, que les ailes s'effacent au vent dans le second demi-cercle; d'où plusieurs inconvénients très-graves :

1° *Complication du moulin*, l'aile devant pivoter sur son axe pour s'effacer plus ou moins.

2° L'aile devant s'effacer plus ou moins, le vent la frappe suivant des inclinaisons croissantes puis décroissantes, d'où il résulte pendant toute la durée de son action des chocs à l'entrée de l'air.

3° Par la même raison, les ailes plus ou moins effacées déplacent plus ou moins l'air devant elles, avec choc.

Ces deux derniers inconvénients montrent que la force du vent serait très-mal utilisée par chaque aile.

4° S'il y a un nombre pair d'ailes, il y a toujours une position à chaque tour où une aile en masque une autre qui ne reçoit plus ainsi, à proprement dire, l'action du vent.

Les seuls avantages de ce genre de moulin sont : la possibilité de les placer au-dessus d'un bâtiment, et de pouvoir faire tourner directement une meule de moulin.

Ce dernier avantage est même problématique, car le nombre de tours que doit faire une meule est le plus souvent supérieur au nombre de tours que le vent peut faire faire aux ailes.

Ainsi, en résumé, les moulins à vent dits verticaux dont chaque point des ailes décrit une circonférence verticale sont les plus convenables.

1° Toutes les ailes, quel que soit leur nombre, sont fixes par rapport à l'axe de rotation; 2° elles reçoivent le vent constamment suivant l'inclinaison convenable pour éviter les chocs à l'entrée et à la sortie; 3° la force motrice conserve toujours le même bras de levier; 4° toutes les ailes travaillent en même temps sans se gêner, même quand elles sont très-nombreuses.

Les seuls inconvénients sont de masquer le devant du bâtiment qui les porte, et d'exiger une paire d'engrenages pour commander une meule à moudre le blé.

Ces inconvénients sont réellement insignifiants.

§ II. — Détermination de la pression motrice sur une aile assujettie à un mouvement de rotation.

43. Soit AB la section transversale de l'aile : le centre M est assujetti à décrire une circonférence de cercle dans un plan normal à l'axe et à la direction du vent supposée toujours parallèle à cet axe. Le seul mouvement possible pour le point M a pour trajectoire la droite YX (projection de la circonférence verticale qu'il décrit) (fig. 4).

Dès que la pression P agit, le plan AB va de M vers X, comme le prouve l'expérience directe, à moins que le plan AB ne fasse un angle droit avec YX ou plus exactement un angle égal à $(90° — \gamma)$.

AB est donc poussé contre l'air qui réagit, suivant la droite MR, faisant avec la normale au plan un angle γ égal à l'angle de frottement de l'air contre la matière du plan AB. Cet angle doit être pris à droite de la normale N, car si l'air résistait indéfiniment, le plan AB descendrait sur le plan *aérien*, si la descente est supposée avoir pour sens BA; ou bien, il monterait si la montée est prise dans ce sens.

Pour équilibrer ces deux forces P et R (qui ne peuvent être directement opposées qu'autant que AB ferait un angle droit avec la direction du vent), il faut une troisième force T égale et directement opposée à la résultante des deux autres; c'est la force motrice T dirigée suivant MX.

Si donc, par le point P, je mène une parallèle à MX jusqu'à la rencontre en R' de la réaction prolongée, que par R' je mène une parallèle à la pression jusqu'en T, j'aurai, en MTR'P, le parallélogramme d'équilibre des trois forces R, P et T; la résultante MR' étant égale et directement opposée à la réaction MR.

Les trois côtés du triangle MR'P sont donc proportionnels aux trois forces en équilibre, et, par suite, nous avons :

$$\frac{PR'}{MP}, \quad \text{ou} \quad \frac{T}{P} = \text{tg (PMR')}.$$

L'angle AMP a jusqu'ici été représenté par i. L'angle PMR' est égal au complément de i moins l'angle γ. Donc :

$$\frac{T}{P} = \text{tg}\left((90° — i) — \gamma\right), \quad \text{ou} \quad \frac{T}{P} = \text{tg}\left(90° — (i + \gamma)\right) = \cot(i + \gamma)$$

D'où :

$$T = P \times \cot(i + \gamma). \tag{4}$$

44. Pour discuter les divers cas qui peuvent se présenter, plaçons la figure

précédente comme si elle avait fait un quart de tour de gauche à droite : l'aile AB est tirée par la force P contre l'air formant un plan résistant supposé inébranlable ; ce plan réagit suivant la droite MR, faisant avec la normale M N un angle NMR égal à l'angle de frottement de l'air contre l'ailette AB (fig. 5).

Les deux forces P et R n'étant pas directement opposées ne peuvent être en équilibre ; il faut une troisième force, c'est la charge que supporterait l'aile AB lorsque le mouvement virtuel d'ascension serait uniforme. Cette force MT, verticale ici, sera déterminée si l'on mène par P une verticale PR' jusqu'à la rencontre en R' de la réaction MR prolongée ; puis de R' une parallèle à P. Et, comme l'angle PMR' est égal à PMN' (complément de i) diminué de l'angle de frottement, nous avons :

$$\frac{PR'}{MP} = \operatorname{tg}(90° - i - \gamma), \quad \text{ou} \quad \frac{T}{P} = \cot(i + \gamma),$$

comme nous l'avons déjà déterminé.

Ainsi, lorsqu'on suppose que l'aile a pour mouvement virtuel un mouvement d'ascension sur l'air qui résiste comme plan incliné, et que ce mouvement a pour force motrice P, la force T que peut soulever l'aile est donnée par la formule

$$T = P \times \cot(i + \gamma). \qquad (4)$$

Tant que l'angle i sera assez petit, T sera positif ; mais quand i croît à un point tel que $i + \gamma = 90°$, on a $T = o$, car $\cot 90° = 0$.

C'est-à-dire qu'il y a une inclinaison de l'aile sur la direction du vent, pour laquelle il n'y a aucune force T disponible, quelle que soit la force du vent. Cette force T serait la force accélératrice du mouvement circulaire si le moulin marchait à vide. C'est la force motrice lorsque le mouvement est uniforme, c'est-à-dire lorsque le moulin doit vaincre un effort égal à T, et de même direction.

Nous ne connaissons pas l'angle de frottement γ de l'air contre les matières diverses dont on peut faire les ailes, mais il est probablement fort petit. On peut donc dire que plus l'inclinaison de l'aile approche de 90° par rapport à la direction du vent, plus la force accélératrice T diminue, et qu'elle devient nulle pour un angle i un peu moindre que 90 degrés.

45. *Discussion de l'équation* (4). D'après l'équation de la pression (1), lorsque l'angle i diminue, cette pression diminue et, au contraire, $\cot(i + \gamma)$ augmente. La valeur de la force motrice T est donc le produit de deux facteurs dont l'un augmente quand l'autre diminue. D'autre part, si i est nul, la pression est tout à fait nulle, et si $i + \gamma$ est égal à 90 degrés, $\cot(i + \gamma)$ est nulle. Donc, entre ces deux extrêmes valeurs de i, le produit aura un maximum.

En mettant dans la formule (4), au lieu de P, sa valeur tirée de l'équation (1) pour un mètre carré, nous aurons :

$$T = 0.11 \ d.\ v^2 \times (\sin i)^{1.84 \cos i} \times \cot(i + \gamma). \qquad (5)$$

Pour une température donnée de l'air et une vitesse particulière du vent, d et v sont constants : i seul peut être variable et, en négligeant γ, probablement fort petit ; prenant $d = 1^{kil}.25$ poids de l'air à la pression 0.755 et à 11° au-dessus de 0, nous aurons :

$$T = 0.1375 \times (\sin i)^{1.84 \cos i} \times \cot i \times v^2. \qquad (6)$$

Or, lorsque i diminue, $\sin i$ diminue et $\cos i$ augmente ; le premier facteur variable est donc une fraction plus petite élevée à une plus haute puissance :

donc, quand i diminue ce premier facteur diminue. Au contraire, le second facteur variable $cot\ i$ augmente quand i diminue : il y a donc un maximum, c'est lorsque $sin\ i^{\,1.84\ cos\ i} \times cot\ i$ est maximum.

46. Voici du reste un tableau des valeurs du produit des deux facteurs variables de l'équation (6) pour des angles i compris entre 90° et 0.

VALEURS successives de l'angle i.	VALEUR DU FACTEUR		VALEUR du produit des deux facteurs variables.	OBSERVATIONS.
	$(SIN\ i)^{\,1.84\ cos\ i}$.	COT i.		
degrés.				
90	1.00000	0.000000	0.000000	
85	0.99939	0.087489	0.087435	
80	0.99512	0.176330	0.175470	
75	0.98324	0.26795	0.26358	
70	0.96165	0.36397	0.35001	
65	0.9264	0.46631	0.43201	
60	0.87605	0.57735	0.50578	
55	0.80986	0.70021	0.56737	
50	0.72908	0.8391	0.61177	
45	0.63731	1.00000	0.63731	
40	0.53642	1.19175	0.63928	
35	0.43272	1.42815	0.61793	
30	0.33141	1.7362	0.57402	
25	0.23785	2.1445	0.51008	
20	0.15642	2.7475	0.42976	
15	0.09513	3.7320	0.33780	
10	0.041902	5.6713	0.23819	
5	0.011417	11.430	0.13050	
0	0.000000	∞	0.00000	

Variations plus proches pour déterminer le maximum.

44°	0.61714	1.0355	0.63907	
43.30	0.60745	1.0538	0.64012	
43.00	0.59804	1.0724	0.64132	
42.30	0.58743	1.0911	0.64411	
42.00	0.57728	1.1106	0.64414	
41.30	0.56721	1.1303	0.64412	
41.00	0.55695	1.1504	0.64070	
42.15	0.582365	1.1009	0.64113	
42.45	0.591800	1.0831	0.64095	

Comme on le voit, le maximum aura lieu pour un angle d'environ 42 degrés fait par le plan mobile avec la direction du vent.

Mais comme nous avons négligé l'angle γ de frottement qui devait s'ajouter à i dans le second facteur variable, il s'ensuit que tous les chiffres de la troisième colonne sont les cotangentes d'angles trop petits d'une quantité constante γ. Donc tous les nombres de la troisième colonne sont un peu trop grands.

Le maximum aurait donc lieu pour un angle plus petit que 42 degrés, mais très-peu différent, et il serait un peu plus faible que 0.1375×0.64414.

47. La valeur de T serait, pour le maximum, $0.1375 \times 0.64414\ v^2 = 0.08818\ v^2$. La différence entre cette valeur et celle que donnent les formes et les conditions des moulins à vent ordinaires ($0.048125\ v^2$ environ) est assez importante.

48. Mais en réalité en ne négligeant pas l'angle de frottement γ, le maximum

serait moindre que $0,08818\,v^2$; la différence ne serait donc pas tout à fait aussi grande qu'elle paraît ici.

49. Le tableau précédent montre du reste (4e colonne) qu'entre 50 et 35 degrés la valeur du produit est presque constante, à 4 p. 100 près;

Et qu'entre 45 et 40 degrés, elle ne diffère du maximum que de 6 pour mille; ce qui est évidemment insignifiant.

§ III. Forme des ailes.

50. Nous venons de déterminer la force motrice disponible sur le centre d'un plan oblique assujetti à tourner et frappé par le vent. Nous devons maintenant chercher quelle doit être la forme de l'aile depuis le centre jusqu'à l'extrémité.

L'air arrive en contact avec chaque point de l'aile avec une même vitesse, tandis que la vitesse de ces points croît depuis le centre jusqu'à la circonférence; le choc du vent contre l'aile varierait donc, et pour les parties excentriques il aurait une très-grande importance.

51. Cette observation fait prévoir que l'aile ne peut avoir la même inclinaison sur toute sa longueur, et nous allons voir que cette inclinaison de l'aile sur le plan du mouvement (perpendiculaire à l'axe de rotation et à la direction du vent) doit aller en diminuant du centre à la circonférence.

52. Pour utiliser le mieux possible la puissance vive de l'air en mouvement, il faut que l'air presse sans choc contre les ailes; et il suffit pour atteindre ce but de donner à chaque élément de l'aile la direction de la vitesse relative des ailes et du vent au point considéré.

53. Soit donc (fig. 4, pl. 254) v la direction du vent, et XY la projection du plan vertical que décrit le centre de l'aile.

La vitesse de rotation de ce point est V, dirigée suivant la droite XY perpendiculaire à la direction du vent.

Nous avons donc en M deux points : l'un, centre de l'aile, a une vitesse V; l'autre, molécule d'air, a une vitesse v. Pour avoir le mouvement relatif de ces deux points, celui de la molécule d'air par rapport au centre de l'aile, par exemple, j'applique à ces deux points une même vitesse $-$ V : il en résulte que, sans rien changer au mouvement relatif, le point M de l'air est animé de deux vitesses égales et directement opposées, il est donc en repos; tandis que le point M de l'air en mouvement a deux vitesses, sa vitesse propre v et la vitesse d'entraînement $-$ V. Sa vitesse réelle est donc MR, diagonale du parallélogramme fait avec les deux vitesses normales comme côtes.

54. Si l'élément de l'aile a la direction MR, tout se passera comme si l'aile était immobile, et que l'air coule le long de MR : il n'y aurait donc aucun choc sur chacune des deux faces d'une aile.

Ainsi l'angle que doit faire l'aile avec le vent, pour qu'il n'y ait pas de choc, est égal à RMV, et nous avons $\dfrac{MV}{RV} = \mathrm{tg}\,MRV$, ou cot i.

55. La vitesse V au centre de rotation est nulle et va croissant du centre à la circonférence, limite extrême des ailes, où elle est maximum et égale à un certain nombre de fois la vitesse du vent ou à $n.\,v$, à l'extrémité de l'aile de rayon r, cot i;

ou $$\mathrm{tg}\,\alpha = \frac{v}{n.\,v} = \frac{1}{n}.$$

en un point quelconque de l'aile distant du centre de $k.\ r$, k étant une fraction, nous aurions :

$$V = \frac{nv \times k.r}{r}, \quad \text{d'où} \quad V = k.n.v., \text{ et par suite } \operatorname{tg} \alpha = \frac{v}{k.n.v} = \frac{1}{kn}.$$

56. Soit, par exemple, $n = 2.435$, c'est-à-dire que nous supposons que l'extrémité de l'aile a une vitesse égale à 2.435 fois la vitesse du vent; nous aurons pour valeur des inclinaisons de l'aile, de la circonférence au centre, les nombres du tableau suivant (4e colonne) :

VALEURS de kn, en douzièmes.	VALEUR de la vitesse circulaire aux divers points de l'aile, en douzièmes de la vitesse du vent.	VALEUR de la tangente de l'angle de la génératrice avec le plan de rotation, ou tg α.	VALEUR de l'angle α. Complément de i.	ACCROISSEMENT de la valeur de l'angle, par douzièmes de la longueur de l'aile.
12	12 × 2.435 v	1 : 2.435	22° 19′ 40″	»
11	11 × 2.435 v	1 : 2.23208	24 08 00	1° 48″ 20″
10	10 × 2.435 v	1 : 2.029166	26 14 10	2 06 10
9	9 × 2.435 v	1 : 1.82625	28 42 10	2 28 00
8	8 × 2.435 v	1 : 1.62333	31 38 00	2 55 50
7	7 × 2.435 v	1 : 1.4204166	35 08 50	3 30 50
6	6 × 2.435 v	1 : 1.2175	39 23 50	4 15 00
5	5 × 2.435 v	1 : 1.014583	44 39 00	5 15 10
4	4 × 2.435 v	1 : 0.811666	50 57 20	6 18 20
3	3 × 2.435 v	1 : 0.60875	58 40 10	7 42 50
2	2 × 2.435 v	1 : 0.405833	67 54 40	9 14 30
1	1 × 2.435 v	1 : 0.2029166	78 31 40	10 37 00
0	0 × 2.435 v	1 : 0.00000	90 00 00	13 41 05

57. La surface choquée des ailes doit donc être une surface réglée dont les génératrices forment avec le plan de rotation des angles croissant depuis l'extrémité des ailes jusqu'au centre de rotation, et croissant plus vite que les distances entre les génératrices.

Chaque élément de l'aile ne peut donc avoir l'inclinaison qui donnerait le maximum de travail moteur, c'est-à-dire un peu moins de 42 degrés.

58. Si, pour approcher le plus possible du maximum d'effet utile, on augmentait un peu les inclinaisons déterminées dans le nᵒ 56, il en résulterait que les ailes présenteraient leur face d'arrière suivant une inclinaison telle qu'il y aurait choc de la voile contre l'air, et, par suite, une résistance naturelle à vaincre qui compenserait l'avantage obtenu par l'augmentation d'inclinaison, outre qu'il y aurait aussi choc de l'air entrant sur les ailes.

59. Ne pouvant calculer exactement l'influence du choc de l'air sur l'avant des ailes, et celui du dos des ailes sur l'air, nous ne pouvons pas davantage déterminer la meilleure inclinaison des ailes *à priori*.

60. La pratique donne, il est vrai, quelques indications; nous verrons plus tard, par exemple, que, d'après la forme des moulins des environs de Lille, l'inclinaison moyenne des ailes serait de 20 degrés, et, d'après Smeaton, elle devrait être de 16 au plus, ou varier de 7 à 19 degrés.

Les chiffres qui nous paraissent les meilleurs sont empruntés aux grands moulins hollandais. Les constructeurs de ce pays ont une expérience traditionnelle toute particulière; car, en Hollande, grâce à la constance du vent, les moulins à vent sont fort nombreux. Un voyageur français, au commencement de ce siècle, a pu en compter *quinze cents* visibles du seul clocher de Saardam.

Or, dans les grands moulins hollandais, la génératrice la plus près de l'axe (elle est au huitième de la longueur totale du bras) fait avec le plan vertical de rotation un angle de 23 degrés et la dernière 5 degrés seulement.

61. Il semble donc que les chiffres théoriques du nº 50 sont notablement trop élevés; mais nous croyons que les constructeurs ont fait la surface *aussi peu gauche que possible* pour rendre la construction plus facile, et qu'à ce point de vue il ne faudrait pas les suivre de trop près et trop servilement; il en a été de même pour les anciennes charrues : le versoir était à peine gauche, et ce n'est que depuis peu que la pratique, d'accord avec la théorie, lui donne une forme hélicoïdale particulière bien caractérisée.

§ IV. Résistance qu'éprouvent les ailes en tournant dans l'air.

62. Si, au lieu d'être dirigée suivant la vitesse relative du vent et de l'aile, cette dernière a une inclinaison moindre avec son plan de rotation, il y a choc et par suite perte d'une portion de la vitesse disponible.

Soit, par exemple, une moyenne inclinaison de 70 degrés au lieu de 42 : nous aurons pour valeur de la force réellement utilisée, d'après le tableau du nº 46, les 546 millièmes seulement de la force qui serait utilisée avec l'angle qui supprime le choc. C'est une perte de 45.4 p. 100.

63. Pour concilier autant que possible les conditions contradictoires du maximum de force disponible et du minimum de choc à l'entrée, il faudrait chercher quelle est la série d'inclinaisons successives qui donnerait la plus forte somme de force disponible en supposant l'aile composée d'une dizaine de plans d'inclinaisons croissant de l'extérieur vers le centre.

64. Prenons les inclinaisons théoriques du tableau (nº 56), et calculons à l'aide de la formule (6),

$$ T = 0.1375 \times (\sin i)^{1.84 \cos i} \times \cot i \times v^2 , $$

les valeurs de T pour les dix premières inclinaisons du tableau (nº 56); nous aurons :

INCLINAISONS DES DIVERSES GÉNÉRATRICES.	VALEUR DU PRODUIT $(\sin i)^{1.84 \cos i} \times \cot i.$
67°40′20″	0.38
65 52 00	0.42
63 45 50	0.46
61 17 50	0.49
58 22 00	0.52
54 51 10	0.57
50 36 10	0.62
45 21 00	0.64
39 02 40	0.63
31 19 50	0.59
22 05 20	0.46

65. La moyenne des nombres de la seconde colonne est 0.535, c'est-à-dire que l'on aurait pour une aile ainsi faite gauche, avec dix bandes d'inclinaisons

moyennes comprises entre $67° 40' 20''$, et $22° 05' 20''$, une moyenne force m.
trice par dixième d'aile égale à

$$T = 0.1375 \times 0.535 \times v^2 = 0.07356 \, v^2.$$

Cette aile gauche équivaudrait à un seul plan incliné de $57° 30'$ environ, tandis que la moyenne inclinaison des génératrices est de $51° 32' 8''$.

On approcherait d'autant plus du maximum que les inclinaisons donneraient pour le plan moyen idéal une inclinaison plus proche de $42°$.

A ce point de vue, l'aile ci-dessus, la mieux faite pour éviter le choc par devant et par derrière, est à trop forte inclinaison pour donner la plus grande force motrice.

On pourrait par tâtonnement déterminer cette meilleure courbure des ailes.

Les inclinaisons des génératrices de la surface gauche des ailes dépendent, comme nous l'avons vu, du rapport supposé entre la vitesse du bout de l'aile et celle du vent. Quand un moulin est en charge et réussit mieux, la première vitesse est égale à 2.435, celle du vent. Si le moulin marche à vide, la vitesse du bout des ailes peut être égale à quatre fois celle du vent. Dans ce cas, nous aurions :

VALEURS de kn, en douzièmes.	VALEUR de la vitesse circulaire aux divers points de l'aile, en douzièmes de la vitesse du vent.	VALEUR de la tangente de l'angle que fait la génératrice avec le plan de rotation, ou tg α.	VALEUR de l'angle α. Complément de i.	ACCROISSEMENT de la valeur de l'angle, par douzièmes de la longueur du rayon.
12	$12 \times 4\,v$	$1 : 4.00000$	$14° \ 02' \ 10''$	»
11	$11 \times 4\,v$	$1 : 3.66667$	$15 \ \ 15 \ \ 20$	$1° \ 13' \ 10''$
10	$10 \times 4\,v$	$1 : 3.33333$	$16 \ \ 42 \ \ 00$	$1 \ \ 26 \ \ 40$
9	$9 \times 4\,v$	$1 : 3.00000$	$18 \ \ 26 \ \ 10$	$1 \ \ 44 \ \ 10$
8	$8 \times 4\,v$	$1 : 2.66666$	$20 \ \ 33 \ \ 20$	$2 \ \ 07 \ \ 10$
7	$7 \times 4\,v$	$1 : 2.33333$	$23 \ \ 12 \ \ 00$	$2 \ \ 33 \ \ 40$
6	$6 \times 4\,v$	$1 : 2.00000$	$26 \ \ 33 \ \ 50$	$3 \ \ 21 \ \ 50$
5	$5 \times 4\,v$	$1 : 1.66666$	$30 \ \ 57 \ \ 50$	$4 \ \ 24 \ \ 00$
4	$4 \times 4\,v$	$1 : 1.33333$	$36 \ \ 52 \ \ 10$	$5 \ \ 54 \ \ 20$
3	$3 \times 4\,v$	$1 : 1.00000$	$45 \ \ 00 \ \ 00$	$8 \ \ 07 \ \ 50$
2	$2 \times 4\,v$	$1 : 0.66666$	$56 \ \ 18 \ \ 40$	$11 \ \ 18 \ \ 40$
1	$1 \times 4\,v$	$1 : 0.33333$	$71 \ \ 34 \ \ 00$	$14 \ \ 15 \ \ 20$
0	$0 \times 4\,v$	$1 : 0.00000$	$90 \ \ 00 \ \ 00$	$18 \ \ 26 \ \ 00$

CHAPITRE QUATRIÈME.

DÉTERMINATION DU TRAVAIL MOTEUR DISPONIBLE SUR UNE AILE DE MOULIN.

§ 1. Du travail théorique moteur.

66. Nous connaissons la pression motrice disponible en chaque point d'une aile, depuis le centre jusqu'à la circonférence. Pour trouver le travail moteur, il suffira de multiplier la force en chaque point par la vitesse propre à ce point d'après son éloignement du centre.

67. Soit, par exemple, la forme d'aile dont les inclinaisons rationnelles sont

indiquées dans la première colonne du tableau n° 64, soit aussi l'aile divisée en dix bandes égales de chacune deux mètres, on aura :

Force moyenne.

1re bande extérieure..	$2^{m2} \times 0.1375 \times 0.40$	$v^2 \times 2.333\ v = 0.260\ v^3$
2e —	—	$\times 0.44\ \ v^2 \times 2.131\ v = 0.258\ v^3$
3e —	—	$\times 0.475 v^2 \times 1.927\ v = 0.250\ v^3$
4e —	—	$\times 0.505\ v^2 \times 1.724 v = 0.238\ v^3$
5e —	—	$\times 0.545\ v^2 \times 1.521\ v = 0.228\ v^3$
6e —	—	$\times 0.595\ v^2 \times 1.318\ v = 0.217\ v^3$
7e —	—	$\times 0.63\ \ v^2 \times 1.115\ v = 0.196\ v^3$
8e —	—	$\times 0.635\ v^2 \times 0.913\ v = 0.160\ v^3$
9e —	—	$\times 0.61\ \ v^2 \times 0.710\ v = 0.117\ v^3$
10e —	—	$\times 0.525\ v^2 \times 0.548\ v = 0.078\ v^3$

Travail total ou pour 20 mètres carrés................... 2.002

soit par mètre moyen.. $0.1001\ v^3$

68. On voit que le travail par bande perpendiculaire au rayon est, à surface égale, décroissant, depuis l'extrémité du rayon jusqu'au centre, où il serait nul. C'est pourquoi on ne fait guère commencer les ailes qu'au sixième du rayon, et même pour laisser un large passage à l'air, on fait les ailes plus étroites vers le centre qu'à l'extrémité opposée.

§ II. Du travail résistant.

69. Le choc de l'air sur la face travaillante d'une aile mal faite et le choc de cet aile sur l'air affluent ne sont pas les seules causes de déperdition de l'effort moteur du vent. L'ensemble des ailes et de l'arbre qui les porte repose sur des coussinets, et la pression considérable qui a lieu y détermine, dès que le mouvement de rotation commence, un frottement de glissement assez important. L'air en pressant contre les ailes, pousse par suite les collets de l'arbre contre les faces verticales des coussinets et occasionne ainsi un autre frottement de glissement d'une grande importance, qui ne peut être calculé à priori que lorsqu'on connaît le poids de la *volée entière*, la surface des ailes, la pression du vent, et enfin le diamètre des coussinets et des collets de l'arbre.

70. Lorsque, du travail moteur théorique, on retranche le travail résistant du choc de l'air et des ailes, et celui des frottements de l'arbre, il reste ce que nous appelons *travail moteur disponible* sur l'arbre du moulin.

Il peut être dépensé pour faire marcher une pompe par une simple manivelle, ou à l'aide d'une paire d'engrenages coniques pour actionner une ou plusieures paires de meules.

CHAPITRE CINQUIÈME.

EXPÉRIENCES DE COULOMB ET SMEATON.

§ 1.—Détermination du travail disponible d'un moulin.

71. *Coulomb* a fait, sur des moulins à vent ordinaires à quatre ailes, quelques expériences qui peuvent jeter un peu de jour sur l'application des considérations précédentes.

Les moulins essayés ont des ailes de 10 à 12 mètres de rayon.

L'arbre a de 50 à 60 centimètres d'équarrissage et il est incliné de 10 à 15 degrés sur l'horizon, de sorte que l'extrémité des ailes passe à une certaine distance du pied de la tour servant de support à tout le mécanisme.

Les bras portant les ailes ont environ 30 centimètres d'équarrissage à leur origine, et diminuent de grosseur jusqu'à leur extrémité.

Les bâtons qui supportent les voiles sont placés à 0^m.40 l'un de l'autre, et le premier est à 2 mètres de l'axe de rotation.

La longueur des voiles était exactement de 10 mètres sur 1^m.95 de large, soit 19me.5 par aile.

Les bâtons ont, à partir de l'extrémité, une inclinaison de plus en plus grande sur le plan du mouvement du centre de l'aile. Le premier est incliné de 7 à 10 degrés, et le dernier (le plus près du centre) est incliné de 29 à 30 degrés : de façon que l'inclinaison en moyenne est d'environ 20 degrés.

72. Dans la première expérience, la vitesse de l'air est de 2^m.27 par seconde; la surface des voiles de 78 mètres carrés et la vitesse angulaire (celle d'un point situé à 1 mètre de l'axe) de 0^m.310. — L'angle i est le complément de l'angle que fait l'aile avec le plan, ou 90 — 20 = 70° = i.

La formule 6 nous donne, pour valeur de la force motrice par mètre carré :

$$T = 0.1375 \times (\sin 70°)^{1.84 \cos 70} \times \cot 70° \times v^2$$

ou $\qquad T = 0.1375 \times 0.96163. \times 0,36397 \quad v^2$

ou $\qquad T = 0.1375 \times 0.3500055 \times v^2$

ou $\qquad T = 0.04812574. \times v^2 \qquad\qquad (8).$

Le travail moteur est égal au produit de la force T, par le chemin que parcourt le centre de l'aile. Soit V la vitesse du centre de l'aile, nous aurons pour le travail moteur par mètre carré et par seconde T × V.

Or, puisque la vitesse angulaire est de 0^m,31 et que le centre de l'aile est à 7 mètres du centre de rotation, nous avons :

$$V = 0^m.31 \times 7^m = 2^m.17, \text{ ou comme } v = 2.27. \quad V = 0.93594 \times v.$$

Le travail moteur par mètre et par seconde est donc égal à

$$0.04812574 \times 0.93594. \times v^3 = 0.04600532 \, v^3.$$

En procédant de la même manière pour les quatre autres expériences, on aurait le travail moteur théorique dans chacune d'elles. On trouvera ces chiffres dans le tableau ci-après :

En supposant que les inclinaisons des bâtons extrêmes de l'aile soient de 10 degrés et 30 degrés sur le plan de rotation, nous aurons en réalité pour valeurs intermédiaires de a (complément de i) :

10° 00' 00"	13° 13' 47"	19° 25' 30"	35° 11' 45"	90° 00' 00".
10 53 17	14 48 50	22 56 15	46 36 50	
11 56 56	16 49 10	27 52 42	64 42 15	

ce qui suppose que la vitesse du bout des ailes est égale à 5.67428 fois celle du vent.

Ou, si l'on part de l'angle 30°, 6 fois 9 300 16 :

8° 12' 40"	10° 53' 27"	16° 05' 53"	30° 00' 00"	90° 00' 00"
8 56 45	12 12 47	19 06 07	40 53 10	
9 49 25	13 53 39	23 24 28	59 59 38	

Si nous calculons la force T en chaque section pour les angles moyens, nous aurons :

ANGLES α calculés.	MOYENS.	ANGLE i complément de α.	VALEUR du produit $(\sin i)^{1.84} \cos i \cot i$.	VITESSE aux diverses génératrices.	VITESSE au milieu des bandes d'un mètre.	VALEUR du travail moteur par bande.
9 06 20	»	»	»	6.9300 v	»	»
9 54 00	9 30 10	80 29 50	0.16677	6.3525	6.64125 v	0.30489 v^3
10 53 00	10 23 00	79 37 00	0.18282	5.7750	6.06375	0.30476
12 07 00	11 30 00	78 30 00	0.20182	5.1975	5.48625	0.30464
13 30 48	12 49 00	77 11 00	0.22518	4.6200	4.90875	0.30397
14 51 00	14 10 54	75 49 06	0.24927	4.0425	4.33125	0.30304
17 46 00	16 18 00	73 42 00	0.28627	3.4650	3.75375	0.30072
21 01 00	19 23 30	70 36 30	0.33970	2.8875	3.17625	0.29672
25 38 30	23 19 45	66 40 15	0.40526	2.3100	2.59875	0.28912
32 36 00	29 7 15	60 52 45	0.49310	1.7325	2.02125	0.27409
43 45 00	38 10 30	51 49 30	0.60079	1.1550	1.44375	0.23853

Soit en tout, par 20 mètres carrés............ 2.92048 v^3

Ou, en moyenne, par mètre carré....... 0.146024 v^3

Toutes les fois que l'on pourra faire tourner le moulin avec une rapidité telle qu'à l'extrémité des ailes la vitesse soit 6.93 fois celle du vent, le travail moteur théorique sera 0,146 v^3. Mais il faudrait en déduire le travail du choc des ailes, si la vitesse précédente ne pouvait être atteinte, ce qui est plus que probable, puisque d'après Smeaton le moulin à vide ne peut prendre qu'une vitesse égale à 4 fois celle du vent.

Nous essayerons de faire ces rectifications en discutant les essais de Coulomb.

73. Le poids du moulin fait naître un frottement de glissement dans les coussinets ou supports. Cette résistance est complexe : le frottement de glissement ayant lieu aussi contre les portées des supports, puisque la pression du vent contre les ailes pousse l'arbre contre les faces verticales des coussinets.

La pression croissant avec le carré de la vitesse, une partie de cette résistance croît de même ; l'autre portion due au poids seul de la volée est à peu près constante pour chaque tour de moulin. Mais comme le nombre de tours est, à très-peu près, proportionnel à la vitesse du vent, il en résulte que le travail résistant des frottements est presque proportionnel au cube de la vitesse du vent.

74. Le tableau, page suivante, résume les calculs des cinq expériences de Coulomb.

75. Dans la deuxième expérience, le moulin marchait à vide : il prenait une vitesse trop grande pour donner un bon effet utile. Dans la première, c'était le contraire : le moulin trop chargé ne pouvait prendre une vitesse convenable, c'est-à-dire un peu grande ; mais les chiffres de cet essai étant douteux, nous ne pouvons appuyer une discussion sur le fort rendement, qui est probablement une erreur. Toutefois il est visible qu'il se rapproche de l'observation basée sur les chiffres de l'avant-dernier tableau.

Ainsi les trois dernières expériences qui, du reste, ont été faites avec les meilleures vitesses pour la marche des moulins à vent, peuvent seules être discutées avec fruit.

76. Or, il est visible que le *rendement* pratique va en décroissant lorsque la vitesse augmente.

VITESSE du VENT.	VITESSE DE L'EXTRÉMITÉ DES AILES		RAPPORT RÉEL entre la vitesse du bout des ailes et celle du vent.	TRAVAIL MOTEUR calculé par mètre carré d'ailes d'après les vitesses obtenues en essais.	TRAVAIL RÉSISTANT d'après l'expérience par seconde et par mètre carré.	TRAVAIL UTILE mesuré dans l'expérience par mètre carré d'ailes.	EFFET UTILE ou rapport entre le travail utile et le travail moteur.	OBSERVATIONS.
	Mesurée.	Théorique, donnant le maximum d'effet utile (V = 2.46 v).						
2.27	3.720	5.581	1.64	$0.04600 \ v^3$	$0.04560 \ v^3$	$0.01010 \ v^3$	0.878	Chiffres douteux.
2.27	6.912	5.581	3.01	0.08526	0.0610	0.04400	0.381	78 mètres carrés d'ailes.
4.05	9.420	9.963	2.33	0.06530	0.03067	0.03153	0.528	id.
6.59	16.320	15.999	2.51	0.07363	0.03093	0.03187	0.457	id.
9.10	21.950	22.386	2.41	0.06736	0.01766	0.01930	0.294	64 m² d'ailes seulement.

77. Toutefois, il est à supposer que le rendement dépend beaucoup du rapport que l'on conserve entre la vitesse de l'extrémité des ailes et la vitesse du vent. Il faudrait donc faire varier le travail utile ou la surface des voiles, c'est-à-dire le travail moteur, de façon à conserver toujours le rapport le plus convenable.

Malheureusement, cela n'est pas toujours possible : la mouture, par exemple, exige que l'on ne s'écarte pas trop d'un certain nombre de tours de meules.

Pour tout ménager, il faudrait donc avoir une commande de meules à vitesse variable, c'est-à-dire des paires d'engrenages de rechange, toutes placées et embrayées à volonté, ou des paires de meules de divers diamètres pour proportionner le travail résistant au travail moteur.

78. Smeaton a déduit d'expériences faites en poussant, avec une vitesse connue et en chemin circulaire, un petit moulin à vent, que les génératrices de la surface des ailes doivent faire avec le plan du mouvement les angles suivants :

A l'extrémité de l'aile.......	7°
Aux cinq sixièmes du rayon.	12.30
Aux quatre sixièmes —	16.00
Aux trois sixièmes —	18.00
Aux deux sixièmes —	19.00
Au sixième —	18.00

Que, du reste, une différence de quelques degrés en plus ou en moins a peu d'effet.

Que la largeur de l'aile doit être moindre que le quart de la longueur, soit le cinquième ou le sixième ; si, comme cela nous semble devoir être, on fait l'aile trapézoïdale, la largeur du côté du centre est de 1/5, et la largeur à l'autre extrémité, de 1/3.

Nous avons fait remarquer à la fin du n° 72, que si l'aile ne peut prendre la vitesse nécessaire pour que l'air entre sans choc, il y a perte de force motrice par le choc.

La résistance R qu'éprouve un plan incliné d'un angle α sur le plan de rotation peut être déterminée par la formule suivante :

$$R = 0.062 \ k. \ A. \ V^2 \times \frac{2. \sin^2 \alpha}{1 + \sin^4 \alpha},$$

dans laquelle A est la surface réelle du plan, V sa vitesse et k un coefficient pratique qui, d'après le petit nombre d'expériences que nous connaissons, serait égal à 1.8.

VITESSE du VENT.	VITESSE réelle DU BOUT DE L'AILE.	VITESSE qu'elle devait avoir POUR ÉVITER LE CHOC	TRAVAIL résistant AU CHOC.	TRAVAIL résistant AUTRE QUE LE CHOC.	TRAVAIL utilisé MESURÉ.	TRAVAIL moteur CALCULÉ.
1er essai..... 2.27	3.720	12.87	$0.0161\ v^3$	négatif $0.0105\ v^3$	$0.04040\ v^3$	$0.0460\ v^3$
2e essai..... 2.27	6.912	12.87	0.0016	positif 0.05966	0.02400	0.05526
3e essai..... 4.05	9.420	22.96	0.01312	Id. 0.01755	0.03433	0.0650
4e essai..... 6.50	16.320	36.85	0.00586	Id. 0.03507	0.03187	0.0728
5e essai..... 9.10	21.960	51.60	0.0153	Id. 0.03236	0.01990	0.06756

Si nous calculons cette résistance pour les essais de Coulomb, en tenant compte de la vitesse relative de l'aile qui frappe et de l'air qui fuit normalement, nous aurons, pour valeur du travail résistant du choc sur les deux faces, les chiffres de la 5e colonne du tableau ci-contre.

On voit donc que dans ces moulins à vent ordinaires (les trois derniers essais étant considérés seuls), le rendement en effet utile est :

0.528154 pour $v = 4.05$,
ou, si l'inclinaison est 76°.30.... 0.338
0.437774   —   6.50,
ou, si l'inclinaison est 76°.30.... 0.292
0.294553   —   9.10,
ou, si l'inclinaison est 76°.30.... 0.196

c'est-à-dire qu'en appelant Tu le travail utile mesuré, et Tm le travail moteur calculé, on aurait à peu près

$$\frac{Tu}{Tm} = 0.30722 + 0.024\ v - 0.00405\ v^2$$

pour i égal à 76°.30 en moyenne ; l'effet utile décroît donc quand la vitesse du vent augmente.

Le travail du choc est en moyenne d'un peu plus du neuvième du travail moteur calculé

Les calculs du tableau du n° 74 supposent une moyenne inclinaison de 20 degrés. En réalité il eût fallu prendre un angle de 76°.30, ce qui nous eût donné :

Travail moteur calculé.

1er essai. $0.07132\ v^3$ ou 1.55 du chiffre du tableau ci-dessus.
2   — $0.13221\ v^3$ — 1.55 —
3   — $0.10156\ v^3$ — 1.562 —
4   — $0.10915\ v^3$ — 1.500 —
5   — $0.10481\ v^3$ — 1.551 —

c'est-à-dire à peu près moitié en plus des chiffres que nous avons indiqués ci-dessus, dans l'hypothèse que les ailes avaient une inclinaison moyenne de 70 degrés seulement.

Ainsi, en faisant l'aile moins gauche, on obtient à égalité de vitesse réelle un plus fort travail moteur calculé ; mais le choc perd environ 12 pour 100 de ce travail moteur, et les frottements du pivot sont eux-mêmes plus forts.

Tandis qu'en faisant l'aile assez gauche pour éviter le choc, on ne perd rien par le choc des ailes, mais on a moins de travail moteur calculé à égalité de vitesse. Il y a donc un raison pour se tenir entre l'aile très-gauche, sans choc, et l'aile peu gauche à choc.

Trois expériences citées par M. Benoît peuvent donner une idée approximative de la force des moulins à vent. Elles ont été faites sur un moulin dont la surface des ailes peut être estimée à 90 mètres, et l'inclinaison moyenne à 13°, 30'.

1° Pour une vitesse de vent de 9m.1, le moulin faisait vingt-deux tours par minute et la meule 110; le produit en blé simplement moulu était de 900 kilog. par heure.

En admettant qu'il faille de 5,000 à 6,000 kilogrammètres par kilog. de blé simplement moulu, ce serait donc par heure, de 4,500,000 à 5,400,000 kilogrammètres, soit par seconde de 1250 à 1500 kilogrammètres pour 90 mètres carrés d'ailes, ou par mètre carré 13^{kg}.888 à 16.6666. Or théoriquement ce devrait être 0.10481 v^3 ou 0.10481 $\times \overline{9.1}^3$, ou enfin 753^k.571 $\times$ 0.1841 = 78^k.982.

Le rendement ne serait donc que de 20 pour 100 au plus du travail moteur théorique.

2° Pour une vitesse de vent de 5m.85, le moulin faisait onze à douze tours par minute, et les meules donnaient 400 à 500 kil. de blé moulu par heure; à raison de 5,000 à 6,000 kilogrammètres par kilog. de blé moulu; ce serait 2,000,000 à 2,250,000 KGM par heure, ou par seconde 555^{KGM}.555 à 625 KGM pour 90 mètres carrés, ou par mètre carré 6.1728 à 6.944 KGM.

Le travail moteur théorique est égal à 0.10535 $\times \overline{5.85}^3$, ou 21.0914.

Le rendement est donc, en ce cas, de 0.2927 à 0.3293, ou, en moyenne, 0.311, tandis que dans les expériences de Coulomb nous aurons 30 pour 100. L'accord est donc aussi parfait qu'on peut le désirer.

Ainsi, on peut admettre que le rendement ou effet utile d'un moulin|à vent ordinaire à quatre ailes est de 20 à 30 pour 100 du travail calculé.

Ce faible rendement montre que, par une construction bien entendue des moulins à vent, on pourrait augmenter notablement leur effet utile.

79. D'après le même expérimentateur (Smeaton) :

1° Si les ailes sont bien placées au vent, et que le moulin marche sans charge, la vitesse à l'extrémité est égale à quatre fois celle du vent.

2° Si le moulin est chargé, il donne son maximum d'effet utile lorsque la vitesse du bout des ailes est égale à 2.5 ou 2.7 celle du vent.

3° Les charges que peut vaincre le moulin sont à peu près proportionnelles aux carrés des vitesses du vent. Toutefois ces charges croissent un peu moins vite. Ainsi pour une vitesse double la charge au lieu d'être quadruple n'est que 3.75 fois plus grande.

4° Il résulte de là que les *travaux* sont à peu près dans le rapport des cubes des vitesses du vent; ou exactement pour une vitesse double le travail, au lieu d'être 8 fois plus grand, n'est que 7.02.

5° L'effet dynamique d'un moulin à vent en kilogrammètres pourrait donc être assez bien représenté par l'expression $n. S. v^3$. Le coefficient devrait être 0.05 pour les essais de Smeaton, dans lesquels la surface d'ailes S n'était que de 0m².2607.

Pour les essais de Coulomb, le coefficient n serait de 0.03 seulement. Soit Tn = 0.03. S. v^3.

80. Cette équation ne peut donner qu'une valeur approximative du travail disponible d'un moulin à vent, lorsque la vitesse du vent est comprise entre

6^m.5 et 4 mètres environ. Car si la vitesse est beaucoup plus grande ou beaucoup plus petite, le coefficient est sensiblement plus petit que 0.03.

81. Comme le travail moteur, d'après le tableau du n° 61, est en moyenne égal à 0.06845 v^3, ou 0.1052 v^3, suivant que l'inclinaison moyenne est 70° ou 60°.30 pour les trois dernières expériences qui se rapprochent le plus de la marche pratique, et que le travail utile ou disponible est, dans le même cas, 0.0287 v^3, le rendement d'un moulin à vent ne serait que de 0.4194 ou 0.273, ou au plus de 42 et de 27 pour 100 du travail théorique du vent sur les ailes, travail calculé d'après les vitesses pratiques, — et tout au plus de 29 pour 100 du travail maximum théorique.

CHAPITRE SIXIÈME.

DU VENT COMME MOTEUR AGRICOLE.

§ 1. — Emploi direct.

82. Il est peu d'industries dépensant plus de force motrice que l'agriculture, pour l'obtention et la préparation de ses produits, et cependant elle n'utilise encore, presque exclusivement, que les moteurs les plus coûteux : l'homme, le cheval, le bœuf et la vapeur. Aussi, ne craignons-nous pas de dire qu'il faut mettre au nombre des améliorations agricoles les plus urgentes, dans les grandes exploitations surtout, le remplacement de tout ou partie du travail des hommes et des chevaux par celui de la vapeur et même d'agents moteurs plus économiques, l'eau et le vent.

Le prix de revient de l'unité de travail mécanique utilisable doit (suivant un principe plusieurs fois posé par nous) être pris comme *criterium* de la valeur relative des moteurs.

Or, ce prix de revient se compose de quatre éléments : 1° l'intérêt du prix d'achat de l'agent moteur et de l'appareil récepteur nécessaire pour l'utilisation de la force motrice ; 2° l'amortissement de cet agent moteur et de son récepteur ; 3° les frais d'entretien et de conservation qu'ils exigent ; 4° enfin la dépense nécessaire à l'entretien même de la force motrice.

83. Si nous comparons succinctement, d'après ce principe, le *cheval*, la *vapeur*, l'*eau* et le *vent*, ce dernier a l'avantage.

En effet, le prix d'achat du cheval (1°) et son taux d'amortissement (2°) sont excessivement élevés ; il en est à peu près de même des harnais et des manéges, appareils nécessaires à l'utilisation de la force du cheval (1° et 2°). Les soins qu'exige cet animal, les frais de logement et l'entretien des harnais et du manége sont aussi assez élevés (3°). Enfin (4°) le cheval consomme des aliments non-seulement pour produire de la force utilisable, mais encore pour l'entretien de ses fonctions vitales. On voit par cet examen superficiel que la force du cheval est coûteuse. On peut approximativement estimer le prix de revient de la *tonne kilométrique*, fournie par le cheval traînant une voiture ou une charrue, à 1 fr. 50 et à 2 fr., si le cheval agit sur un manége.

84. La vapeur est moins coûteuse que le cheval, à égalité de force, si la vapeur est employée à un mouvement de rotation sur place, et que sa puissance soit d'au moins 2 à 3 chevaux. En effet, chaque cheval-vapeur vaut alors à peu près deux chevaux vivants, au manége, et il ne coûte actuellement que 800 à 900 fr. ; son prix tend à s'abaisser chaque année, tandis que celui du cheval vivant tend à s'accroître constamment. Les frais que nécessite la conservation d'une machine à vapeur sont moins élevés que ceux exigés par les chevaux vi-

vants. L'amortissement d'une bonne machine à vapeur peut ne se faire qu'en vingt-quatre ans, sans qu'elle ait eu à subir de bien coûteuses réparations d'entretien ; enfin, un avantage signalé de la vapeur sur le cheval vivant, c'est qu'elle ne mange que lorsqu'elle travaille et en proportion de son travail utilisé. Le prix de la *tonne kilométrique* fournie peut être estimé de 0 fr. 60 à 1 fr., suivant la force des machines.

85. La chute d'eau motrice forme une partie de la valeur foncière d'une propriété territoriale ; elle s'achète donc, plus ou moins chèrement, il est vrai, suivant les lieux ; elle exige un appareil récepteur, une roue, dont le prix d'achat, l'entretien et l'amortissement sont de beaucoup moins élevés que pour la vapeur ; enfin, c'est un cheval qui ne mange rien, même quand il travaille. Le prix de la tonne kilométrique varie beaucoup suivant les conditions d'emplacement, la hauteur de chute et la force totale de la roue ; mais dans la plupart des conditions agricoles il ne dépasse pas 30 à 46 centimes.

86. Enfin le vent ne coûte rien par lui-même ; l'air qui passe sur une propriété ne fait pas partie de sa valeur foncière ; la seule dépense première est celle du récepteur : les frais annuels se réduisent à l'entretien et à l'amortissement de ce récepteur, car le vent ne consomme rien, même pendant son travail. La tonne kilométrique peut ainsi être obtenue pour une dépense totale de 18 à 36 centimes, suivant la grandeur du moteur.

87. Le million de kilogrammètres disponibles sur l'arbre du récepteur est fourni aux prix suivants :

Par le vent, à...	0 fr. 36, ou pris comme unité..		1.000
Par l'eau, à.....	0 — 46,	—	1.277
Par la vapeur, à.	1 — 00,	—	2.777
Par le cheval, à.	2 — 00,	—	5.555
Par l'homme, à.	16 — 00,	—	44.444

88. Il est donc bien démontré que le vent est le moteur le plus économique : l'eau seule peut lutter avec quelque chance, mais en un lieu quelconque sa force est limitée, car le volume d'eau est donné ; tandis que la quantité d'air moteur dont on peut disposer est illimitée partout.

89. Mais si le volume d'air disponible est illimité, en revanche la vitesse du vent est fort variable. C'est le moteur le plus inconstant. On dispose du cheval et de la vapeur où et quand on le veut ; l'eau est presque toute l'année à la disposition du meunier, tandis que le vent fait souvent absolument défaut au moment où il serait le plus utile ; en outre, il est très-irrégulier dans son énergie : trop faible, il ne suffit pas au travail ; trop fort, il fait courir de grands risques à l'appareil même qui doit recevoir son action et la transmettre.

90. Le premier inconvénient des moteurs à vent est peu important pour certains usages, l'élévation de l'eau, par exemple, puisqu'on peut l'emmagasiner dans un réservoir pour s'en servir en temps utile ; l'irrégularité est même en ce cas très-facile à supprimer, grâce à l'ingénieuse invention de M. Bernard, de Lyon, et qui consiste à faire varier, à l'aide d'un régulateur, la course de la pompe élévatoire et par suite le travail utile proportionnellement à la force du vent. Le moteur à vent est donc tout particulièrement propre à l'élévation de l'eau.

91. Mais il est nombre de travaux de ferme qui exigent une grande régularité de force et de vitesse : la mouture et le battage des grains, le coupage de la paille et des racines, par exemple. On comprend donc l'intérêt qu'il y a pour l'agriculteur à disposer de systèmes de moulins à vent capables de se régler d'eux-mêmes,

quelle que soit la force du vent, à une vitesse uniforme, les ailes se fermant d'elles-mêmes lorsque le vent est trop fort, et s'ouvrant dès que le vent faiblit.

Depuis nombre d'années, plusieurs dispositions de moulins à vent de ce genre ont été proposées, et quelques-unes même ont été appliquées avec succès. Nous les examinerons dans la deuxième partie.

§ II. — Emploi indirect.

On a souvent proposé de se servir du vent pour élever de l'eau à une certaine hauteur dans de vastes réservoirs, pour se servir ensuite de cette eau dans une roue ou turbine motrice.

Il est clair que le vent pouvant fournir la tonne kilométrique à $0^f.40$ environ, si on emploie ce travail à élever de l'eau avec une *noria* on enmagasinera dans le réservoir 800,000 kilogrammètres qui, appliqués à une roue hydraulique bien faite, donneront 480,000 kilogrammètres disponibles sur l'arbre.

La tonne kilométrique indirectement fournie par le vent coûterait donc alors environ $0^f.62$, ce qui est encore au-dessous du prix auquel une machine à vapeur peut fournir du travail.

Une autre manière d'utiliser indirectement le vent consiste à faire chauffer de l'eau par des disques frottant l'un contre l'autre et mus par des machines à vent. On pourrait ainsi chauffer sans charbon une machine à vapeur pendant les vents favorables, et dans les intervalles on emploierait du combustible : il n'y aurait alors aucun chômage dans le travail. En admettant, ce qui est très-près de la vérité, que pendant les quatre dixièmes de l'année le vent suffit, on aurait pour chaque tonne kilométrique de travail fourni : 400,000 kilogrammètres donnés par le vent au prix de $0^f.36$ la tonne, soit $0^f.144$, et 600,000 kilogrammètres fournis par la vapeur au prix de 1 fr., ou $0^f.600$.

Ce qui donne comme prix moyen de la tonne $0^f.744$, ou un bénéfice de 25 p. 100 sur la vapeur seule.

ÉTUDE DES DIVERS MOTEURS A VENT.

CHAPITRE PREMIER.

DES DIVERSES DISPOSITIONS DES MOTEURS A VENT.

§ I. — Classification de ces moteurs.

92. Si nous examinons les diverses inventions dont les moteurs à vent ont été l'objet, nous voyons qu'il y en a dont l'axe de rotation est horizontal ou à peine incliné sur l'horizon, et dont les ailes, ou du moins leur ligne centrale, décrivent un plan vertical : d'autres ont au contraire leur axe vertical, et parmi ces derniers, il en est dont l'axe de chaque aile décrit à peu près un plan horizontal, tandis que dans les autres la surface engendrée est cylindrique et verticale.

Ces caractères sont les plus tranchés; ils déterminent deux classes : les moulins à axe horizontal et ceux dont l'axe est vertical.

93. Dans la première classe, la volée, pour avoir plus de rendement, doit être placée perpendiculairement à la direction du vent.

Il faut donc que cette volée puisse prendre avec son support toutes les positions pour que son arbre soit toujours parallèle à la direction du vent. Or, par rapport à l'axe pivotal du support, la volée peut occuper deux positions très-distinctes : elle recevra le vent en dehors, ou, au contraire, en dedans. Dans cette dernière position, le moulin s'oriente toujours de lui-même par la pression du vent. Dans le premier cas, il doit être orienté à la main ou par un mécanisme spécial; par exemple, une queue *girouettée* fixée solidairement au bâti qui porte l'arbre de rotation de la volée.

Les autres caractères distinctifs seront le mode de règlement de la surface motrice des ailes et enfin le nombre des ailes.

94. Dans la deuxième classe, il y aura les moulins à volée plane ou décrivant un plan horizontal, et les moulins à volée cylindrique ou décrivant une surface cylindrique. Les caractères secondaires sont les mêmes que ceux de la première classe; mais, avant tout, on peut distinguer les moulins dans lesquels les ailes ne travaillent que pendant une portion de chaque tour et s'effacent ensuite pour ne pas agir contre le vent.

95. Voici, du reste, un tableau synoptique de notre classification :

Moteurs à vent.				
à axe horizontal.	à volée extérieure ou en dehors...	s'orientant à la main.	les ailes se réglant à la main......	à antennes. / à ailettes.
			les ailes se réglant d'elles-mêmes..	à antennes. / à ailettes.
		s'orientant seuls	les ailes se réglant à la main......	à antennes. / à ailettes.
			les ailes se réglant d'elles-mêmes..	à antennes. / à ailettes.
	à volée intérieure ou en dedans..	s'orientant seuls	les ailes se réglant à la main......	à antennes. / à ailettes.
			les ailes se réglant d'elles-mêmes..	à antennes. / à ailettes.
à axe vertical...	à volée plane.....	les ailes ne s'effaçant pas..	les ailes se réglant à la main......	à antennes. / à ailettes.
			les ailes se réglant seules........	à antennes. / à ailettes.
		les ailes s'effaçant.......	les ailes se réglant à la main......	à antennes. / à ailettes.
			les ailes se réglant d'elles-mêmes..	à antennes. / à ailettes.
	à volée cylindrique.	les ailes ne s'effaçant pas..	les ailes se réglant à la main......	à antennes. / à ailettes.
			les ailes se réglant d'elles-mêmes...	à antennes. / à ailettes.
		les ailes s'effaçant.......	les ailes se réglant à la main......	à antennes. / à ailettes.
			les ailes se réglant d'elles-mêmes..	à ailettes.

CHAPITRE DEUXIÈME.

MOULINS A AXE DE ROTATION HORIZONTAL.

§ I. — Moulins ordinaires, à antennes, ne s'orientant ni se réglant seuls.

96. Cette disposition est non-seulement la plus ancienne, mais encore la plus commune, et, à ces deux titres, elle a droit à une étude détaillée. Bien qu'il

exige la main de l'homme pour orienter la volée et régler la surface des voiles suivant la force du vent ou la résistance à vaincre, ce moulin bien établi rend de grands services s'il est sous la direction d'un homme intelligent et consciencieux.

Il ne présente aucune complication, et, par suite, son entretien est très-peu coûteux : il se réduit au graissage, et au remplacement des voiles usées et des bâtons rompus.

La figure 7 (pl. 254) représente une coupe verticale d'un moulin de ce genre, disposé pour faire marcher les appareils d'une huilerie à colza.

On voit que le vent agit sur le devant de la *volée* : la *tour-support* est donc toujours sous le vent de la volée.

La charpente formant comble et portant la *volée* peut tourner autour de l'axe vertical de la tour, et, pour rendre ce mouvement aussi doux que possible, le bord du toit repose souvent sur des galets de grand diamètre.

Ici l'égout du comble ou les sablières reposent par l'intermédiaire de plaques de fer, recourbées deux fois d'équerre, sur un *rail* en fer fixé dans la corniche qui termine la tour fixe. En outre, le comble est relié par des contre-fiches obliques à une boîte en fonte à bord cylindrique mince qui repose dans une cuvette annulaire, de même métal, solidement fixée sur un plancher.

Un grand levier, appelé parfois *queue du moulin*, est fixé sur le comble et vient jusqu'à un mètre environ du sol : il sert à orienter les ailes pour que la direction du vent soit toujours parallèle à l'axe de rotation ; sans cela il y aurait nécessairement perte de l'action du vent. L'homme qui fait mouvoir le levier s'aide ordinairement d'un petit treuil qui multiplie sa force par 3 ou 4, et lui permet ainsi d'exercer autant d'effort que 3 ou 4 hommes ; mais en attirant 3 ou 4 fois moins vite la résistance qu'il surmonte.

L'arbre de la volée est incliné d'environ 14 degrés sur l'horizon ; il repose près des ailes sur un tourillon en bois de 0m.48 de diamètre, garni de bandes de fer et de bois alternativement pour éviter que le frottement use l'arbre, partie importante de la volée. A son extrémité postérieure, l'arbre est terminé par un petit *tourillon-pivot* en fer ; c'est contre le fond du *coussinet-crapaudine* qu'appuie l'arbre poussé par toute la pression de l'air sur les ailes : on réduit ainsi le travail du frottement autant que possible.

Une roue conique dentée calée sur l'arbre de la volée conduit une roue du même diamètre placée sur un arbre vertical central. Cet arbre conduit, par une roue cylindrique, l'arbre vertical des meules à écraser les graines dont on veut extraire l'huile ; l'arbre de la volée faisant, suivant la vitesse du vent, de 7.5 à 13 tours par minute, l'arbre vertical central fait le même nombre de tours, et celui de l'arbre à broyer fait au plus de 8.5 à 14.5 tours ; l'arbre à cames fait dans le même temps de 9 à 15.6 tours. Il porte dix cames : 2 pour chacun des cinq pilons, pesant 510 kilog. chacun ; deux autres cames servent à soulever le pilon de la presse à coin, du poids de 250 kilog. seulement. On peut à volonté, suivant la force du vent, ne faire marcher qu'un, deux ou trois pilons.

Les antennes ou bras ont douze mètres de longueur comptés à partir de l'axe de rotation ; la voilure commence a 1m.75 de cet axe, et la largeur des ailes est de 2m.20 en moyenne. La longueur des voiles étant de 10m.20, chaque aile présente au vent une surface de 22.44 mètres carrés au plus.

Les grands moulins hollandais, employés au débitage des bois, ayant environ cent mètres carrés de voilure, coûtaient, entiers et tout compris, en 1805, de 35 à 40,000 francs.

§ II. — Moulins ordinaires, à antennes en dehors, s'orientant seuls.

97. Pour forcer un moulin, qui reçoit le vent en dehors, à se tourner de lui-même au vent pour que la direction de celui-ci soit parallèle à l'axe de rotation, il faut fixer, sur le comble rotatif qui supporte la volée, une longue queue garnie d'une surface considérable en bois, tôle, ou toile, et formant une girouette assez puissante pour que l'action du vent force le comble à tourner. En combinant la surface avec la grandeur du levier, on doit théoriquement faire tourner le comble le plus lourd. Toutefois, de petites variations de direction d'un vent médiocre peuvent parfois ne pas suffire pour entraîner la volée et le comble qui la porte ; ce qui a le double inconvénient de diminuer l'action du vent et de fatiguer les assemblages.

98. Un constructeur a eu l'ingénieuse idée de faire de la girouette un moulinet à ailes que le vent fait tourner tout en le poussant comme girouette ; de sorte que si la pression du vent contre cette roue-girouette ne peut faire pivoter le comble pour mettre la volée au vent (fig. 8), elle suffit au moins pour faire tourner les ailettes de ce moulinet. Or, l'arbre de ce dernier porte une roue conique C qui conduit la roue semblable D ; à l'extrémité de l'arbre de la roue D est fixé un pignon qui conduit la roue conique G calée sur l'extrémité d'un arbre. Ce dernier porte à l'autre bout un pignon H, commandant la couronne dentée J, fixée en dessous du comble qui repose sur des galets.

Ainsi, dès que le vent souffle sur la droite de la girouette ou du devant de la figure, les ailettes tournent de gauche à droite, et, par les divers engrenages, forcent la couronne à tourner dans le même sens. Si le vent souffle du côté opposé, le mouvement inverse a lieu.

Bien que cette disposition exige en tout trois paires d'engrenages et une girouette à moulinet assez coûteuse, nous la croyons nécessaire pour assurer par tous les vents l'orientation de la volée. Par les vents faibles, les roues aident au pivotement ; par les vents forts, il n'y a pas à craindre comme avec une girouette simple que le *grippement* des galets, en empêchant pendant un instant le moulin de s'arrêter, y cause des ruptures : car, quelque résistance que présente le comble au pivotement, le pignon commandant la couronne l'entraînera par la rotation des engrenages et celle du moulinet qui est la première cause de ce mouvement.

§ III. — Moulins ordinaires en dedans.

99. Lorsque le moulin reçoit le vent en dedans (fig. 9) et que l'ensemble peut tourner autour d'un axe vertical A, la volée tend à pivoter jusqu'à ce que son plan soit perpendiculaire à la direction du vent ; c'est la seule position d'équilibre stable : les pressions sur les ailes sont égales de chaque côté de l'axe A et leur résultante passe par cet axe même, car leurs bras de levier sont égaux. Si la direction du vent devient oblique, le bras de levier de la pression du vent par rapport à A est plus grand du côté C que du côté B, et l'équilibre ne se rétablira que quand la volée CB aura pivoté autour de l'axe A jusqu'à se mettre perpendiculaire à la direction du vent.

Ainsi, ces moulins s'orientent toujours d'eux-mêmes, et d'autant plus facilement que leurs ailes ont un plus grand diamètre, et que le centre de gravité de la volée est plus loin de l'axe vertical de rotation.

§ 4. — Des divers moyens de faire varier la surface motrice des ailes.

100. Dans les moulins ordinaires, on ne peut régler la surface motrice des ailes qu'en arrêtant la volée et repliant plus ou moins de voiles. Dans les situations privilégiées, où le vent est à peu près constant, et la résistance à vaincre facile à régler, ce moyen suffit, surtout si l'homme qui dirige le moulin est attentif et consciencieux. Mais il n'est plus convenable si le vent est sujet à de fréquentes variations et si la résistance à vaincre est à très-peu près constante, ou si la vitesse de marche doit rester entre des limites assez rapprochées.

101. Aussi, depuis fort longtemps, les inventeurs ont-ils fait leurs efforts pour trouver un moyen efficace et simple de forcer les voiles ou les ailes à se replier quand le vent devient plus fort ou la vitesse trop forte; et, au contraire, à s'étendre si le vent faiblit ou si la vitesse diminue. Et c'est un perfectionnement qui a toujours été considéré comme étant de première importance.

Il est évident que nous ne pouvons ici examiner tous les moyens proposés. Nous nous bornerons à ceux qui ont réussi plus ou moins complétement.

102. Dès le commencement de ce siècle, on signale en Angleterre un moulin dans lequel les voiles s'enroulent ou se déroulent d'elles-mêmes suivant le besoin. Et ce n'était pas le premier, car on en citait un imaginé par MM. Girard, inventeurs de la lampe hydrostatique.

La figure 10, dans ses quatre détails, représente la disposition anglaise seule, les autres n'étant pas parvenues à notre connaissance. Les ailes sont formées chacune d'un châssis fixe, et d'un autre mobile à coulisse dans le premier.

Les châssis fixes et mobiles n'ont pas leurs barres parallèles, puisque les ailes doivent être gauches. Mais le châssis mobile peut cependant marcher à coulisse dans le fixe.

Cette disposition paraît un peu compliquée, mais elle est efficace et agit même pour de faibles variations de vitesse du vent si les contre-poids sont bien calculés. Nous n'avons pas besoin de dire que le châssis mobile est du côté des ailes non frappées par le vent.

La voilure est formée de plusieurs pièces de toile semblables, ayant chacune, par rapport au plan du mouvement, l'angle qui convient à sa position par rapport au centre de rotation. Chaque pièce A est fixée par des clous, d'un bout sur les traverses B d'un châssis fixe C formant la charpente de l'aile, et de l'autre bout sur un rouleau en bois qui peut tourner pour enrouler ou dérouler la toile suivant le sens de sa rotation. Les tourillons de ces rouleaux sont enchâssés dans les bords d'un châssis mobile D, qui peut se rapprocher ou s'éloigner du centre de rotation. Quand le châssis se rapproche du centre, les toiles se déroulent toutes en même temps et la surface motrice augmente : réciproquement, quand le châssis mobile s'éloigne du centre, il fait enrouler toutes les toiles, et d'autant plus qu'il s'écarte davantage : alors la surface de toile présentée au vent diminue.

Il s'agit donc de faire en sorte que, lorsque la vitesse du vent diminue, le châssis mobile, glissant à coulisse dans le châssis fixe, se rapproche du centre, et qu'au contraire, lorsque la vitesse du moulin augmente, c'est-à-dire quand le vent devient plus fort, il s'écarte du centre; pour cela, le châssis mobile est relié par le levier coudé G, qui se retourne d'équerre en H, à une des ... de la croix J, qui se termine en avant une tringle dont l'autre bout ... tête d'une colonne ... .

... s'écarte du centre, le levier G, ...

d'équerre H, attire la tringle Q, et, par suite, la crémaillère K ; celle-ci fait tourner le pignon L, et la roue M fait tourner le pignon conique N. Sur l'arbre de ce dernier est fixée une grande poulie à gorge sur laquelle passe une corde ou une chaîne sans fin R dont un des brins verticaux porte de forts poids.

Ainsi, quand le châssis mobile s'éloigne du centre, les voiles s'enroulent ou diminuent de surface, la tringle Q (qui passe dans l'arbre creux de la volée) s'élève ou vient en avant, la crémaillère K fait tourner le pignon droit L, la roue M fait tourner le pignon conique N et, par suite, la poulie O qui soulève les poids P d'autant plus haut que la force du vent s'est plus accrue.

Réciproquement, si la vitesse vient à diminuer, ou si le vent faiblit, le contre-poids, qui était tout à l'heure *résistant*, devient moteur; il fait tourner la poulie O, puis le pignon conique fait tourner la roue M, et, enfin, le pignon L fait marcher la crémaillère K de façon que la tringle Q est attirée en bas ; chaque branche de la croix J, ainsi entraînée, agit sur le levier H, et attire, par suite, vers le centre le châssis mobile E, ce qui fait dérouler les toiles ou augmenter la surface motrice des ailes.

Il reste à démontrer d'abord comment le châssis mobile peut s'écarter spontanément du centre. Ceci est facile : la force centrifuge que la vitesse de rotation fait naître dans ce châssis tend à l'éloigner du centre tant que la vitesse croît, et le mouvement inverse est seulement facilité par les contre-poids qui, sans cette fonction de vaincre les frottements, n'auraient pas de raison d'être.

Enfin, pour que les rouleaux D tournent quand le châssis se rapproche ou s'éloigne du centre, ils portent un petit disque saillant S qui frotte contre une barre de fer ou de bois U; la pression des rouleaux contre la barre U est assurée par la disposition du levier G qui, par les articulations de sa partie fourchue, appuie toujours sur le châssis mobile.

103. *Moulin de M. Delamolère.* Ce moulin était établi sur la maison d'habitation d'une cour de ferme; il portait quatre ailes de 4 mètres carrés et quatre intermédiaires de 3ᵐ.40 seulement, à cause du recouvrement. Il se distinguait surtout par une disposition particulière pour diminuer, quand le vent était très-fort, la surface des voiles sans avoir besoin d'arrêter le moulin. Chaque aile avait le quart de sa voile cloué sur un cadre formant volet, que le vent aurait toujours tenu ouvert, si, à l'aide de contre-poids convenablement calculé, on ne l'avait tenu fermé.

La fig. 11 de la planche 254 donne une idée de la disposition imaginée pour que les volets s'ouvrent spontanément quand le vent acquiert une certaine force.

Sur l'arbre A de la volée peut glisser un plateau B, auquel sont attachées les cordes qui tiennent fermés les quatre volets ; une griffe est enfilée aussi sur l'arbre et peut y glisser ; cette griffe accroche le plateau B et l'entraîne avec elle suivant la flèche quand le contre-poids E tend à faire tourner le secteur denté F qui attire la crémaillère D solidaire de la griffe C.

Tant que le vent par sa pression sur les volets ne peut soulever le contre-poids E, les volets restent fermés; mais, pour une certaine vitesse de vent, le poids E est soulevé, et les volets poussés par le vent s'ouvrent de plus en plus.

On peut au besoin, à l'aide de la corde G, passant sur une poulie et accrochée à l'extrémité du levier à contre-poids, soulever ce poids, et, par suite, ouvrir les volets sans arrêter le moulin.

104. *M. de Mauny* a très-heureusement perfectionné cette disposition, comme le montre la fig. 12. La partie principale de l'invention consiste dans l'écran en éventail A qui est pressé par le vent : il s'incline si le vent est assez fort pour soulever, par l'extrémité du levier B, le contre-poids F ; en s'inclinant, l'éventail

entraîne le levier B sur lequel il est fixé, et qui attire à lui, par la tringle C, la queue du secteur denté E ; de sorte que, si le vent est assez fort, la crémaillère E est repoussée, et alors les volets ont leurs cordes lâches, ils peuvent s'ouvrir sous le vent.

Dès que le vent faiblit, l'éventail A est ramené en place par le contre-poids F, et les volets se ferment ; on peut ouvrir plus ou moins l'éventail suivant que l'on a besoin de plus ou moins de sensibilité.

Au lieu d'employer ce mécanisme seulement pour ouvrir des volets formant le quart des ailes, on pourrait le disposer pour faire tourner chaque aile autour de son axe longitudinal pour qu'elle s'efface plus ou moins sous le vent.

Une corde M, mue de l'intérieur du moulin, permet d'attirer l'éventail lorsque l'on veut ouvrir les volets.

105. Dès 1829, M. Amédée Durand avait imaginé un moulin, à volée en dedans, dont les ailes en tôle s'effaçaient spontanément plus ou moins suivant la force du vent.

La figure 13 montre cette disposition d'aile fort ingénieuse et efficace, car l'habile mécanicien avait tout prévu, comme le prouvera la description suivante.

Les ailes sont en tôle et portées chacune par une antenne bien clavetée dans un des bras d'un croisillon fixé sur l'arbre de rotation. L'antenne est en fer rond et sert d'axe longitudinal à l'aile, mais celle-ci présente trois cinquièmes de sa largeur d'un seul côté de l'antenne qui la porte ; le petit côté de l'aile est celui qui fend l'air. Toutefois, l'ensemble de l'aile est disposé, malgré l'inégalité des surfaces, à droite et à gauche de l'antenne, de façon que le centre de gravité soit sur cette antenne ; celle-ci à son extrémité se replie d'équerre pour porter les appareils de règlement de l'obliquité de l'aile.

Le large côté de l'aile s'appuie par l'intermédiaire d'un tirant Y contre un ressort enroulé en partie autour de l'antenne, de sorte que, par le seul effet de ce ressort, le large côté de l'aile cède et s'efface sous un vent fort.

A priori, on pourrait croire que ce moyen suffirait pour régler l'obliquité de l'aile, et, par suite, conserver la vitesse constante, l'aile s'effaçant quand la la force du vent augmente et réciproquement ; mais il n'en est pas ainsi, et au-delà d'une certaine pression du vent, c'est le contraire qui se produit, c'est-à-dire que plus le vent devient fort, plus l'aile s'étale sous le vent.

Nous croyons que l'étude théorique, qui forme la première partie de ce travail, donne l'explication de ce fait curieux et en apparence contraire aux lois de la mécanique.

Quand le vent après avoir déjà effacé notablement l'aile augmente de force, il en résulte derrière l'aile une réaction de plus en plus forte, et qui agit sur une surface égale à la surface pressée par le vent ; mais comme l'axe de rotation de l'aile est aux deux cinquièmes de sa largeur, il y a du côté en retard une plus forte pression totale qui tend à étaler l'aile toutes les fois que la vitesse augmente, parce que la résistance augmente, de l'arrière sur le grand côté, sur lequel, pour ainsi dire, doit fuir l'air choqué par le dos des ailes. Il est probable que cet effet se produit dès que l'obliquité de l'aile a dépassé un certain angle pour lequel l'air entre sans choc et sort de même.

Ainsi l'emploi d'un ressort pour laisser l'aile s'effacer sous le vent est insuffisant : aussi M. A. Durand n'emploie ce moyen qu'accessoirement et pour donner au mécanisme une grande douceur de mouvement.

106. Sur l'extrémité de l'antenne repliée d'équerre, c'est-à-dire perpendiculairement au plan de rotation des ailes, est enfilé un levier Z avec sa petite

branche repliée d'équerre pour venir s'accrocher au tirant Y articulé contre le grand côté de l'aile. A l'extrémité de ce grand levier est fixé un fort poids V en plomb. Dès que la vitesse s'accroît, le plomb, par la force centrifuge, tend à s'écarter du centre de rotation d'où il tourne comme l'indique la flèche, et la petite branche de ce levier attire par le tirant Y le grand côté de l'aile; celle-ci s'efface donc quand la vitesse de rotation croît. Dès que la vitesse diminue, au contraire, le poids tend à se rapprocher du centre; mais comme il faut vaincre de petites résistances de frottement, on aide à ce mouvement de retour du poids et de l'aile par les ressorts à boudin R, enfilés et fixés d'un bout sur la tringle qui relie les extrémités des bras de deux ailes voisines.

La chaîne P a la longueur convenable pour que, dans la petite force moyenne du vent, l'aile ait la meilleure inclinaison pour l'utilisation de la force du vent.

107. Pour faire effacer d'un degré l'aile sous le vent, il faut que le levier Z à contre-poids s'éloigne aussi d'un degré; or, il est visible que plus le poids V s'é-loigne du centre, moins il a d'influence, et à la limite, s'il était exactement dans le prolongement du rayon, il n'en aurait plus du tout; il fallait donc faire en sorte qu'il naisse une action croissante quand la force centrifuge diminue d'influence. C'est le but de la plaque de tôle X placée sous le poids V. Plus le poids s'écarte du centre, plus la plaque, qui d'abord tranchait l'air par son profil, se redresse et présente une surface de plus en plus grande de résistance à l'air; l'air réagit donc de plus en plus sur la plaque, et cet effet s'ajoute heureusement et d'autant plus que l'influence de la force centrifuge diminue plus.

108. Ainsi : le ressort R est ajouté au mécanisme régulateur principal pour vaincre l'inertie au retour des ailes quand le vent fléchit; et la plaque X est ajoutée au poids régulateur centrifuge pour accroître l'effet de ce poids lorsque le vent est par trop fort, la réaction croissante que fait naître dans l'air cette plaque équivalant à une augmentation du poids régulateur.

Tel est l'ensemble de cet ingénieux mécanisme qui a bien réussi en pratique, quoique l'inventeur en ait trouvé un plus convenable depuis.

Dans ce mécanisme il y a :

1° Le ressort qui fléchit quand le vent presse davantage, et laisse s'effacer l'aile;

2° Le poids régulateur centrifuge, qui efface l'aile quand la vitesse s'accroît;

3° Le ressort de traction, qui a pour but de vaincre l'inertie lorsque l'aile doit revenir en place quand le vent faiblit;

4° La plaque régulatrice faisant l'effet d'un accroissement de poids progressif, quand la force centrifuge n'aurait plus assez d'influence.

109. Vers 1849, M. Berton imaginait un moyen très-simple de replier les ailes sans arrêter le moulin (fig. 14).

Les ailes sont formées de planches qui se recouvrent d'environ le tiers de leur largeur; elles sont fixées par de petits boulons-axes sur des bras boulonnés par leur milieu sur la vergue ou antenne et pouvant tourner autour du boulon qui les fixe. L'ensemble de ces bras parallèles et des planchettes forme une série de parallélogrammes articulés à chacun de leurs angles, de façon que si la crémaillère A se meut suivant la flèche, l'aile se ferme et réciproquement. Un seul pignon, auquel on donne le mouvement par une paire d'engrenages, commande les quatre crémaillères, et, par suite, donne le moyen de fermer ou d'ouvrir les quatre ailes à la fois.

110. Si l'on veut rendre ce règlement spontané, il suffit de faire commander

l'axe du pignon par un régulateur à boules d'un système quelconque, soit un de ceux appliqués au règlement des machines à vapeur.

111. Il y a une quinzaine d'années, M. A. Durand imagina une nouvelle disposition de moulin à vent, se réglant de lui-même et s'orientant seul. C'est encore un moulin en dedans, qui doit être placé sur un mât retenu par des haubans ou mieux par quelques contre-fiches. Le support ne masque pas ainsi le vent aux ailes.

La figure 15 de la planche 255 représente une aile de ce moulin.

Les quatres vergues ou bras A sont fixés dans un croisillon en fonte qui peut glisser sur l'arbre d'un bout à l'autre tout en tournant avec lui, parce que les deux barres B B passent dans deux mortaises d'une pièce C appelée *toc*. Ces deux barres BB, solidaires du moyeu du moulin, peuvent glisser dans les mortaises du *toc*, lorsque le moulin glisse le long de son arbre : en arrière, s'il s'est attiré par le contre-poids D; en avant, s'il est pressé par un vent suffisamment fort. Ces barres font l'effet d'un embrayage ; elles entraînent l'arbre avec la volée quand la volée tourne.

112. Ce mouvement de glissement du moulin sur son axe est utilisé pour faire effacer les ailes plus ou moins.

L'aile est formée par une voile triangulaire, attachée par de petites courroies, et à sa base, sur la petite vergue EF suspendue au bout de l'aile, et tendue à sa pointe par une courroie à boucle G. Au point E, l'aile est fixée par une poche sur le bout de la vergue oscillante EH qui peut tourner autour du point J ; le bout inférieur de la vergue EH est enfourché dans la douille de la bielle HI articulée en I à une des branches fixes du toc, fixe aussi.

Si le vent augmente de force, tout le moulin glisse sur son arbre suivant la flèche; alors comme le point I est fixe et que le point H s'avance, la bielle HI est forcée de décrire un cône, et par suite la bielle EH tourne autour du point J, et la voile s'efface au vent.

Si, au contraire, le vent faiblit, le moulin tout entier ou la volée marche en sens contraire de la flèche, attirée par le contre-poids D, et alors le mouvement inverse de la bielle HI se produit, la voile s'étale sous le vent.

L'expérience paraît en faveur des ailes en toile, par rapport aux ailes en tôle ou en planches.

113. Le moulin que nous venons d'indiquer est, comme on le voit, très-simple, bien qu'il s'oriente et se règle de lui-même sans mécanisme compliqué ou sujet à se déranger. Il peut être recommandé avec assurance : il doit être posé sur un mât ou un support à claire-voie, pour ne pas masquer le vent aux ailes.

Ce qui précède donne de l'état d'avancement des moulins à vent ordinaires, au moment de l'Exposition universelle de 1867, une suffisante idée pour que l'on puisse juger, en connaissance de cause, les nouveautés qui ont pu se produire.

114. M. Marrot exposait à Billancourt, en 1867, un moulin à vent en dedans d'une bonne disposition, que la figure 16 représente en perspective, la fig. 17 en coupe et la fig. 18 de face.

Sur une tourelle en pierre, contenant les meules à faire farine ou les pompes à élever l'eau, est fixé un bâti en bois à claire voie, terminé en haut par un cercle en fer formant rail. Ce cercle supporte, par l'intermédiaire de roulettes, les deux paliers de l'arbre horizontal de la volée. Au centre de ce bâti et embrassé par des croisillons en bois, se trouve l'arbre vertical de la meule courante. Lorsque le vent souffle avec assez de force les voiles, comme dans tous les moulins *en dedans*, sont poussées de l'intérieur vers le dehors, de sorte que leur arbre se déplace dans son plan horizontal jusqu'à ce qu'il soit parallèle à la direction même du courant d'air : le moulin s'oriente donc seul et sans l'aide ordinaire d'une énorme girouette placée à l'opposé des ailes.

La roue d'engrenage conique C, calée sur l'arbre des ailes, commande toujours le pignon placé sur le haut de l'arbre vertical, et quelle que soit l'orientation du moulin. La figure 17 représente, sur une plus grande échelle, le mode de règlement spontané de la surface des voiles. Le contre-poids H est calculé de façon que, lorsque les voiles sont tout à fait développées, le vent utilisable le plus faible, c'est-à-dire d'environ 3 mètres de vitesse, puisse par sa pression sur les ailes, y faire exactement équilibre; le vent augmentant un peu de force, la pression sur les voiles dépasse celle qui équilibre le contre-poids et celui-ci est par suite soulevé; le moyeu et les ailes qui sont reliées à ce contre-poids glissent sur l'arbre CB, de C vers B, et d'autant plus vite que l'augmentation de vitesse est plus intense. Ce déplacement de l'ensemble des ailes et de leur moyeu est très-doux, grâce à l'emploi de roulettes, et il est utilisé pour faire ouvrir ou fermer les voiles; quand le vent augmente, le déplacement se fait de C vers B, et les voiles se ferment. Dès que le vent faiblit, le déplacement ayant lieu en sens inverse, grâce au contre-poids, les voiles s'ouvrent.

Pour cela (fig. 16 et 17) chaque voile est fixée par son milieu à une perche ou arbre en bois formant l'axe longitudinal de l'aile et portant, vers le moyeu, une poulie à double gorge. Cette poulie est embrassée par une corde en boyaux attachée par ses deux extrémités au cadre fixe B. Lorsque le moyeu marche le long de l'arbre, la poulie tourne si la corde est suffisamment tendue, et les voiles s'enroulent sur leur arbre ou perche, ou se déroulent suivant le sens du déplacement de l'ensemble des ailes. Chaque voile est formée de deux pièces de toile formant ensemble un plan gauche un peu incliné sur la normale à l'axe du moulin, comme cela doit être pour que les ailes reçoivent l'air sans choc.

Ce moulin fonctionnait avec une grande précision. Il est clair, en effet, que tout accroissement de vitesse du vent est nécessairement, spontanément et instantanément suivie d'une diminution de la surface des voiles et réciproquement; et ces variations de la surface des voiles sont toujours inversement proportionnelles à l'accélération de la vitesse. Les quatre ailes avec leur moyeu commun sont donc constamment en mouvement de C vers B, ou de B vers C, et la pression totale sur ces ailes est toujours égale au contre-poids H. On aura donc un travail moteur régulier, et cela par le jeu même de l'appareil.

Une corde passant sur deux poulies de renvoi permet d'arrêter la descente du contre-poids H pour que le maximum d'ouverture des voiles ne puisse être dépassé, ou de le soulever pour organiser le jeu du régulateur.

Les seuls reproches qu'on puisse peut-être adresser à ce système de règlement des ailes et à la disposition générale du moulin, c'est le nombre assez grand de cordelettes en boyaux qu'il renferme et qui peuvent varier de longueur suivant le degré d'humidité de l'air. Il coûte 1200 fr. pour le premier cheval et ensuite 300 fr. de plus par cheval.

15. Après le moulin Marrot exposé à Billancourt, et qui paraît excellent, vient le moulin à vent à six ailes de M. O. Mahoudeau. Il semble être une imitation imparfaite du second moulin A. Durand. Le mode de fixation des bras est le même; chaque aile est aussi formée d'une voile triangulaire attachée par sa base à une vergue en fer, et par son sommet ou sa pointe vers l'origine des bras.

Dans l'ancien modèle de M. O. Mahoudeau, une des extrémités de la vergue était fixée vers le quart de sa longueur à un ressort appliqué contre le bras précédent. Dans cette disposition, lorsque le vent frappe la voile, celle-ci tend à s'effacer au vent dès que le vent est trop fort, puisque le ressort fléchit. Si le vent faiblit, le ressort repousse la voile qui reprend sa position. Ce moyen est-il efficace? nous l'ignorons. Il n'a pas du tout réussi à M. A. Durand pour des ailes en tôle ; réussit-il pour la toile?

C'est un moulin à vent s'orientant de lui-même. Ses ailes ont en tout 10 mètres carrés; les bras qui portent les voiles ont chacun 3 mètres de longueur et sont légèrement inclinés vers l'extérieur.

Dans le modèle du Champ de Mars, en 1867, il nous a semblé que la vergue faisait elle-même fonction de ressort.

Ce moulin coûte 600 francs.

D'après les chiffres pratiques de notre précédent travail, il donnerait en travail utile, avec un vent de

4^m.0 de vitesse... 21 kilogrammètres 76, ou moins d'un quart de cheval-vapeur.

Avec un vent de

6^m.5 de vitesse... 87   —   68, ou un peu plus d'un cheval-vapeur.

Et comme la pompe ne peut guère rendre que 55 pour 100 du travail moteur, on ne pourrait guère élever pour la moyenne de ces deux vitesses de vent que 30 litres à 1 mètre, encore sans tenir compte des frottements dans les tuyaux si le parcours était long. Ainsi c'est un moteur d'un tiers de cheval à un cheval un sixième, coûtant 600 fr. : — soit 517 à 1800 fr. par cheval, sans tenir compte des frais d'installation et du coût de la pompe, des tuyaux et des accessoires, qui s'élèvent encore assez haut.

116. M. Formis exposait, au Champ de Mars aussi, un moulin à vent imaginé par M. Dellon, ingénieur des ponts et chaussées. Ce moteur commandait, par une paire de roues d'angle, une turbine destinée à élever l'eau à de faibles hauteurs, comme cela se présente le plus souvent dans le cas de dessèchements de marais.

La volée s'oriente d'elle-même et présente une disposition d'ailes assez bonne. A l'extrémité de chacun des huit bras rigides est attachée l'extrémité flottante d'une longue vergue articulée sur le milieu du bras qui, dans le sens de la rotation, vient immédiatement avant; une voile triangulaire est placée entre le bras et la vergue. Le bout de la vergue est tiré par une corde qui file le long du bras et pénètre à l'intérieur de l'arbre horizontal, puis en sort par l'extrémité opposée aux ailes, et il est tendu par un poids calculé de façon que pour une vitesse trop forte, plus de 9 mètres par exemple, il soit soulevé par la pression du vent sur la voile, qui alors s'efface au vent.

On voit que le poids remplace le ressort qu'emploie dans le même but M. O. Mahoudeau. Nous préférons le poids au ressort, dont il est bien difficile de régler la force uniformément pour chaque aile, et qui diminue d'énergie avec le temps.

Ce moulin a servi avec succès au dessèchement des marais si nombreux entre Montpellier et Cette, et il a parfaitement résisté aux plus grands vents

§ 5. Turbines à air à axe horizontal.

117. On peut voir par ce qui précède que les constructeurs tendent à augmenter le nombre des ailes : de quatre on passe à six, et même huit. Si ce dernier nombre est dépassé, on a ce que nous appellerons les *turbines aériennes*

Théoriquement elles ne diffèrent des moulins à vent que par le nombre des ailes, mais pratiquement elles présentent quelques avantages : 1° la pression du vent agissant sur un grand nombre de points à la fois, le travail est plus uniforme ; 2° la surface motrice étant vers l'extrémité a plus d'action, toutes choses égales d'ailleurs ; 3° enfin, la construction elle-même peut être plus légère à résistance égale, et par suite 4° on peut utiliser des vents plus faibles et des vents plus forts qu'avec les moulins à quatre ailes.

L'exposition internationale de 1867 présentait des moteurs à vent de ce genre. Avant de les examiner, quelques mots sur la *turbine à air* de M. Jassenne, exposée à Paris en 1855.

118. Le but de M. Jassenne, tel qu'il l'indique, était de faire rendre à la puissance vive du vent tout le travail effectif qu'elle peut donner (fig. 19.) Devant les ailes un large cône concentre le vent.

Mais bien que les moulins à quatre ailes, comme nous l'avons vu, ne rendent que de 20 à 34 pour 100, il est difficile d'admettre avec M. Jassenne que sa turbine rende trois fois plus, c'est-à-dire au moins 60 pour 100. Cependant, il est certain pour nous que si la turbine à air était étudiée dans la forme et le règlement de ses ailes, et dans sa construction générale, on pourrait arriver à des rendements presque égaux à ceux des turbines hydrauliques, c'est-à-dire à peu près 60 pour 100.

M. Jassenne paraît dans ses calculs compter sur 70 pour 100.

D'après cet inventeur, des turbines de 1m.75, 2m.25 et 3m.50 de diamètre donneraient en eau élevée, pour l'année entière, respectivement 356, 801 et 1427 tonnes kilométriques.

Par seconde, ce serait pour ces trois turbines 25, 57 et 102 kilogrammètres, ou en chevaux-vapeur à peu près un tiers, moitié et un et quart de cheval-vapeur.

Une turbine de ce genre a été installée à Corbeil, dans la propriété de M. Tandon, vers 1860, et d'autres en différents points depuis plus longtemps.

Par un vent de 21 mètres, d'après M. Jassenne, les trois turbines des diamètres ci-dessus rendaient 3.17, 7.15 et 12.71 chevaux. Ce serait un magnifique résultat.

La première de 1m.75 de diamètre, qui en travail moyen annuel donnerait un tiers de cheval-vapeur, coûte 2,300 fr., sans compter les frais de transport et le montage ; bien que celles de 2m.25 valant plus d'un demi-cheval, et celle de 3m.50 valant 1 cheval 16, coûtent seulement 500 et 1,600 francs de plus, soit 2,800 et 3,900 francs, c'est encore trop cher, et nous croyons qu'il est possible d'établir de bonnes turbines aériennes à des prix moindres. Ce serait 23,000, 14,000 et 10,000 francs par cheval-vapeur (moyenne annuelle), ou au minimum 6,000 4,000 et 3,000, et au maximum 365,000, 200,000 et 150,000 francs.

119. Le tableau suivant indique la base des calculs de M. Jassenne :

VITESSE du vent en mètres par seconde.	DURÉE PROPORTIONNELLE des vents utilisables selon leur vitesse et par rapport à leur durée générale de 4088 heures par année.		TRAVAIL en kilogrammes élevés à un mètre par seconde pour turbines de diamètres de			FORCE OU TRAVAIL en CHEVAUX-VAPEUR pour des turbines de diamètre égal à		
	Nombre d'heures.	Taut pour cent.	1.50	2.25	3.50	1.50	2.25	3.50
						ch.		
2	818	20	0.47	1.06	1.88	0.0063	0.01413	0.02507
3	736	18	1.43	3.21	5.73	0.0204	0.0428	0.0764
4	612	15	3.14	7.04	12.55	0.0319	0.0938	0.1673
5	491	12	5.62	12.60	22.50	0.075	0.1680	0.3000
6	409	10	8.90	20.00	35.60	0.1187	0.2666	0.4747
7	327	8	12.80	28.70	52.10	0.1707	0.383	0.69467
8	286	7	17.20	38.30	68.20	0.2293	0.51067	0.90933
9	245	6	21.40	48.00	86.00	0.2852	0.6400	1.14066
10	164	4	27.50	52.20	102.00	0.3666	0.696	1.36000
Total..	4088	100						
Moyenne proportionnelle du rendement............			7.00	14.55	27.73	0.09333	0.194	0.36973

120. On le voit, M. Jassenne se base sur ce que les vents utilisables par sa turbine, c'est-à-dire ceux qui ont une vitesse comprise entre 2 mètres et 10 mètres par seconde, soufflent pendant 4,088 heures sur les 8,760 de l'année entière, soit pendant les 466 millièmes du temps.

Les vents auraient d'autant plus de durée dans l'année que leurs vitesses seraient moindres (deuxième colonne), et cela presque proportionnellement ; c'est-à-dire que sauf pour les vents faibles et les vents très-forts la vitesse du vent multipliée par le nombre d'heures qu'il soufle est un nombre presque constant et en moyenne égal à 2,250.

121. La force de la première turbine, suivant la vitesse du vent, varie entre 6 et 367 millièmes de cheval, et la moyenne annuelle proportionnellement au nombre d'heures que souffle chaque vent est de 93 millièmes de cheval seulement.

La turbine de 2m.25 de diamètre a une force comprise entre 14 et 696 millièmes de cheval, suivant la vitesse du vent, et en moyenne proportionnelle 194 millièmes.

La turbine de 3m.50 de diamètre varie entre 25 et 1360 millièmes de cheval, et en moyenne 369 millièmes.

La moyenne proportionnelle correspond donc à la force qu'aurait le moulin, si le vent soufflait toujours avec une vitesse de 5m.413, 5m.263 et 5m.4, ou en moyenne pour les trois turbines 5m.36 qui soufle pendant 461 heures 5 chaque année, ou pendant les 11.64 pour 100 du temps total du vent.

CHAPITRE TROISIÈME.

EXAMEN DES MOULINS A VENT A AXE HORIZONTAL, EXPOSES EN 1867.

§ 1. — Moulin Thirion.

122. Le moulin à vent de M. l'abbé Thirion, à Aische-en-Refail (Belgique), était exposé par la Société minière de Chatelineau.

Pendant toute la durée de l'Exposition, ce moteur (fig. 20) a fonctionné sans dérangement ni rupture, et rien dans sa disposition ne peut faire supposer qu'il n'en serait pas constamment ainsi. L'inventeur affirme qu'un moulin de ce genre, établi chez lui depuis quelques années, ne laisse rien à désirer, ni comme bon fonctionnement, ni comme solidité.

Ce moulin s'oriente de lui-même, parce qu'il reçoit le vent en dedans, et fait ainsi fonction de girouette; un contre-poids placé à l'extrémité de l'arbre horizontal des ailettes leur fait équilibre, et l'ensemble peut tourner facilement sur une plate-forme par l'intermédiaire de galets.

Chaque aile a la forme d'un très-long trapèze, presque d'un triangle, et est fixée par sa plus étroite extrémité dans le moyeu par un petit tourillon qui lui permet de tourner comme une lame de persienne.

D'un autre côté, elle est articulée à l'aide de charnières, dont l'axe continue celui du tourillon, à un grand cercle en fer, fixe, et, du côté opposé, par une petite bielle articulée des deux bouts à un second cercle mobile.

Ce dernier cercle est lui-même relié au premier par l'intermédiaire de deux grandes bielles, portant des contre-poids convenablement calculés.

Si, le moulin étant en marche, sa vitesse vient à augmenter parce que le vent est trop fort ou la résistance trop faible, les bielles à contre-poids tendent à s'écarter de l'axe de rotation du moulin, et elles entraînent le cercle mobile, qui lui-même entraîne toutes les petites ailes par leurs bielles et les ferme, pour qu'elles offrent moins de prise au vent.

Si le contraire arrive, c'est-à-dire si la vitesse diminue parce que le vent est trop faible ou la résistance trop forte, les bielles à poids tendent à se rapprocher de l'axe de rotation, et le cercle mobile se rapprochant du cercle fixe ouvre les ailes pour qu'elles présentent plus de surface au vent. Si ce dernier est trop fort pour la résistance du moulin, les ailes s'effacent complétement, et en frappant l'air normalement elles servent de frein.

Ainsi, les ailes s'ouvrent et se ferment suivant que le vent augmente ou diminue de force, si la résistance est régulière. Les moyens employés pour ce règlement automatique sont des bielles et des poids, ce qui est tout à fait pratique. On peut en effet donner à ces pièces la force nécessaire pour résister aux grands vents de certaines régions : le bord de la mer, par exemple. Les agents atmosphériques, autres que le vent, n'ont aucune influence sur le mécanisme. Nous croyons donc pouvoir recommander le moulin Thirion.

Si les moulins sont destinés à faire mouvoir des pompes, ils coûtent 1200 fr. pour la force de deux chevaux, capable d'élever à 10 mètres de hauteur 7 litres 5 d'eau par seconde, ou 15 litres à 5 mètres, ou enfin 1 litre à 75 mètres. Pour chaque cheval en plus, 400 fr.

Au Champ de Mars, le moulin Thirion était disposé pour conduire une paire de meules placées d'après un système nouveau, inventé dans le but de mettre la conduite du moulin à la portée de l'homme le moins expérimenté.

§ 2. — Moulin de M. Henri Lepaute.

123. Le moteur aérien de M. Henri Lepaute, rue de Vaugirard, 161, à Paris, est l'application du principe que nous signalions tout à l'heure; on obtient la force par l'augmentation du nombre des ailettes, au lieu de la chercher dans la grandeur du rayon et la largeur de quatre ailes seulement.

M. H. Lepaute a voulu surtout construire des moulins à vent très-légers et de petites dimensions, présentant toutefois au vent une prise suffisante pour qu'ils tournent utilement sous des brises très-faibles, tout en résistant par leur *finesse* aux orages d'équinoxes.

Depuis 1858, plusieurs moteurs à vent du système Lepaute fonctionnent avec succès et sans accidents. L'eau est puisée dans un puits ou dans un réservoir quelconque par une ou deux *norias* dont les augets ne contiennent que de 0.600 à 2 kilog. d'eau. Ces norias sont très-légères, et leurs augets sont réunis par des charnières spéciales d'une très-grande solidité. Un mécanisme à embrayage porte la noria et lui transmet le mouvement du moteur aérien.

Ce dernier est composé d'un volant en bois à 16 ailes fixes sur le moyeu et d'un gouvernail également en bois destiné à orienter le moulin automatiquement. Le diamètre des volants employés jusqu'à ce jour varie de 2 mètres à 2^m.50.

La volée est mobile autour de l'armature conique en tôle (fig. 21) qui la porte et qui se place au sommet d'une tour ou d'une charpente afin de l'élever à une hauteur suffisante pour recevoir librement l'action du vent. A l'aide d'engrenages le moulin transmet le mouvement à la noria, ou plutôt au tambour qui la porte.

Toutes les parties mobiles de ce moulin sont pourvues d'orifices d'un accès facile pour le graissage, afin de ne jamais laisser aucune pièce sans huile, condition indispensable à toutes les machines pour leur bon fonctionnement

124. Lorsque la hauteur à laquelle l'eau doit être élevée dépasse 12 mètres, on doit employer un relai afin de diminuer le poids de la noria qui charge l'axe du tambour qui la porte. Un premier mécanisme élève l'eau du puits au niveau du sol ou un peu plus haut, d'où elle est reprise par une seconde noria qui l'élève au sommet de la tour.

On peut mettre en mouvement les deux tambours des norias par un même moulin, mais on n'obtient alors qu'un très-faible rendement; aussi vaut-il beaucoup mieux placer sur la tour deux moulins.

Le moulin à double effet (fig. 22), exposé au Champ de Mars en 1867, fonctionnait depuis 1866 dans les ateliers de M. H. Lepaute, 161, rue de Vaugirard, à Paris. Il présente une disposition mécanique assez remarquable. Les deux moulins sont l'un au-dessus de l'autre. Celui qui est placé dans la sphère en fer forgé portant le moulin supérieur est mobile autour de l'axe de ce dernier moulin, et cependant parfaitement indépendant de lui.

Au-dessous du plancher de cette sphère à jour, les deux transmissions se séparent pour aller donner le mouvement chacune à un tambour de noria.

A cette disposition, on peut en substituer une plus simple et moins coûteuse en ce qu'elle évite la construction en fer, de forme sphérique, qui porte le moulin du haut.

Sur le sommet de la tour, supposée carrée, on installe en deux points opposés deux moulins dont chacun met en mouvement un mécanisme particulier.

125. L'emploi des norias présente sur celui des pompes des avantages considérables. La noria étant retenue par un cliquet ne peut rétrograder si le moulin à vent vient à s'arrêter ou à tourner au rebours, ce que permet un encliquetage placé sur la transmission. Aussi, dès que le moulin vient à tourner, il élève de l'eau et travaille utilement.

Dans les pompes, au contraire, quelque bien exécutées qu'elles soient, le piston ne garde jamais l'eau longtemps, et le moulin fait souvent plusieurs tours avant d'élever une goutte d'eau. De plus, l'entretien des pompes est fort dispendieux, tandis que celui des norias est presque nul.

Enfin, les pompes donnent lieu à des frottements croissant très-rapidement avec la hauteur de la colonne d'eau à élever et ces frottements absorbent une très-grande partie du travail du moulin.

Avec les pompes, le rendement ne peut guère dépasser, d'après nos essais de Billancourt sur une douzaine de pompes, 55 à 60, tandis qu'avec les norias on peut atteindre et même dépasser 90 pour 100.

126. Le prix d'un moulin pouvant élever 600 litres à l'heure à 12 mètres, serait de 4,500 fr.; et deux moulins élevant ensemble la même quantité à une hauteur double, coûteraient 9,000 fr.

Le premier représente sur l'arbre de sa volée un travail moteur disponible de 8,000 kilogrammètres par heure, ou $2^{kgm}.222$ par seconde; le moulin à double effet représente naturellement le double, soit $4^{kgm}.444$, ou moins de six centièmes de cheval-vapeur.

CHAPITRE QUATRIÈME.

MOULINS SE RÉGLANT PAR LA VARIATION DU TRAVAIL UTILE.

§ 1. Du règlement des moteurs à vent par le travail utile.

127. Nous avons vu que dans les bons moulins à axe horizontal les ailes se réglaient d'elles-mêmes, suivant la force du vent, de manière à présenter, par rapport à la direction du vent, un angle d'autant plus petit que sa vitesse est plus grande.

On obtient par ce moyen une force motrice constante à toutes les vitesses du vent. Mais à supposer que le travail utile soit calculé pour la moyenne force du vent ou $5^m.36$ par seconde, on pourra obtenir cet effet avec des vents inférieurs à la moyenne si les ailes ont une surface beaucoup plus grande que celle qui serait nécessaire pour un vent de $5^m.56$, et ces larges ailes s'effaceront pour des vents supérieurs à la moyenne.

128. Le nombre d'heures pendant lequel le moulin pourra marcher chaque année sera d'autant plus grand que les ailes seront plus larges, relativement à ce qu'exigerait le travail utile en vent moyen, et que les frottements de la machine seront moindres. Il y a donc un vent minimum qui ne peut donner le moindre travail utile, et un autre vent auquel le travail utile demandé ne peut être fait.

Par conséquent, si le travail utile doit être constant, il ne peut être fait qu'entre des vitesses de vent assez rapprochées, même avec un bon règlement de l'inclinaison ou de la surface des ailes.

Pour des vents par trop faibles, la force motrice ne peut donner la vitesse convenable; pour des vents trop forts, la vitesse au contraire est trop grande.

129. Il résulte de ces observations que, pour profiter le mieux possible du vent, il faudrait régler non-seulement l'inclinaison et la surface des ailes suivant la force du vent, mais encore le travail résistant utile.

C'est ce que l'on fait presque toujours.

Si l'on moud du blé, on règle l'alimentation des meules de façon qu'il passe plus de grain entre les meules quand le vent est plus fort, et moins s'il est plus faible.

On peut même avoir plusieurs paires de meules de diamètres différents : on embraye la plus petite, la moyenne ou la grande suivant la force du vent, et même on peut les embrayer deux à deux, et enfin toutes les trois à la fois, ce qui donne sept grandeurs différentes de travail résistant utile, même en supposant une alimentation des meules absolument uniforme.

Si le moulin est employé à scier des planches, on peut non-seulement régler la vitesse d'avancement du tronc d'arbre contre les scies, mais faire marcher un deux, trois châssis, etc., suivant la force du vent.

Plus le nombre des appareils à scier sera grand, plus leurs dimensions seront variées, plus il y aura de facilité pour proportionner la résistance utile à vaincre à la force variable du vent.

Si le moteur aérien doit élever de l'eau à une hauteur donnée, il y a deux moyens pour faire varier la somme de travail utile : 1° augmenter ou diminuer le nombre de coups de piston par tour de moulin; 2° faire varier la course du piston.

130. Bien qu'il ne soit pas difficile de trouver des mécanismes pour le premier mode de règlement de la quantité d'eau élevée, on préfère ordinairement faire varier la course du piston.

§ 2. — Moulins Bernard et Aubry.

131. La première idée de ce mode de règlement appartient, croyons-nous, à M. Bernard. Un régulateur centrifuge agit sur un levier qui règle la course : l'augmentant quand la vitesse augmente, la diminuant quand la vitesse diminue.

132. Au lieu d'employer, pour faire varier la course, le jeu d'un régulateur à force centrifuge, on peut utiliser l'augmentation de pression du vent sur les ailes, ou sur un éventail régulateur du même genre que celui qu'imagina M. Mauny, pour ouvrir les volets des ailes de son moulin.

C'est un moyen de ce genre que M. Aubry avait adopté dans le moulin qu'il exposait à Billancourt en 1867. Une bielle ou tringle mise en mouvement de va-et-vient par l'arbre de volée, agit par un cadre entourant la queue d'un levier auquel est articulée la tige du piston. Dans le cadre une plaque formant coin est d'autant plus attirée que le vent agit plus fort sur l'éventail régulateur, la hauteur du vide dans le cadre augmente donc avec la force du vent et diminue quand le vent faiblit ; le levier qui fait mouvoir la tige du piston décrit donc un angle d'autant plus grand que le vent est plus fort.

Par sa disposition spéciale, le mécanisme supprime les points morts, ce qui rend la mise en marche très-facile.

133. En outre, pour éviter les ruptures par les vents trop forts ou les bourrasques, les ailes s'effacent au delà d'une course de piston correspondant à la plus grande vitesse de vent utilisable sans danger. Les ailes sont retenues par un ressort qui fléchit pour les grands vents : nous avons déjà signalé l'incertitude de l'action de ce ressort dans les très-grands vents.

Il convient du reste que tout moulin à vent, réglable ou non, les ailes puissent céder et s'effacer pour les grands vents. C'est le seul moyen d'éviter les ruptures. Un frein, ou toute augmentation de résistance agissant comme frein, ne fait qu'accroître les dangers de rupture.

CHAPITRE CINQUIÈME.

MOULIN A AXE DE ROTATION VERTICAL.

§ 1. A volée plane.

134. Nous avons déjà fait remarquer (n° 42) que lorsque la volée décrit à peu près un plan horizontal, le vent ne peut produire tout son effet qu'autant que les ailes s'effacent en revenant contre le vent.

Vers 1821, M. Bordier imagina un moulin de ce genre assez original. Dans un arbre vertical en bois il perce une série de trous suivant une hélice. Dans ces trous sont enfilés de petits bâtons formant axe et terminés à chaque bout par une ailette : les plans des deux ailettes sont normaux l'un à l'autre, de façon qu'une ailette étant verticale, l'autre est horizontale. L'ailette verticale étant d'un côté de l'arbre vertical de rotation d'ensemble, le vent frappe contre et fait tourner le tout. Dès que l'ailette verticale a parcouru un demi-cercle, elle accroche un arrêt qui fait basculer son arbre d'un quart de tour, c'est l'ailette horizontale qui se redresse tandis que l'autre s'abaisse ; ainsi, en revenant contre le vent, chaque ailette agit par son tranchant. Comme il y a plusieurs étages d'ailettes doubles, il en résulte que sur l'un des côtés de l'arbre vertical, à gauche par exemple, les ailettes se présentent toutes verticalement et sont frappées par le vent sous des angles variables, mais toutes agissent comme ailettes motrices, et de l'autre côté, au contraire, toutes les ailettes reviennent en présentant leur tranchant au vent.

135. Au lieu d'ailettes se rabattant à chaque tour, on peut mettre une aile ployée en V, le vent la pousse par sa partie concave et elle revient contre le vent par sa partie convexe, qui éprouve beaucoup moins de résistance de la part de l'air que le vent n'a produit de pression précédemment sur la partie concave.

136. Enfin les plaques pliées en V peuvent être remplacées par des espèces de bonnets ou de cônes recevant la pression du vent par leur face concave et revenant contre le vent par leur partie convexe, pointue même.

137. Malgré les diverses modifications et perfectionnements que l'on pourrait apporter à ces divers systèmes, il est visible qu'ils utilisent moins bien la puissance du vent que les moulins à axe horizontal bien établis : d'abord, parce qu'on ne peut éviter que les ailes tournant dans un plan horizontal ne fassent pendant une portion de chaque tour fonction de résistance, ou du moins ne s'équilibrent deux à deux pendant une petite portion de chaque tour ; ensuite, parce que les ailes ne reçoivent pas l'air sans choc. Enfin, il n'est guère facile de régler leur surface active suivant la force du vent.

§ 2. Moulin à axe vertical et volée cylindrique.

138. La volée se compose de bras horizontaux au nombre de quatre, ou même davantage, portant à leur extrémité chacun un mât vertical, sur lequel est placée l'ailette ou la voile motrice.

139. M. Romani, vers 1818, en avait fait un de ce genre. Sur les mâts de 3 pieds de hauteur étaient enfilés des rouleaux creux en bois, sur lesquels était cloué un des côtés des voiles triangulaires. En faisant tourner chaque rouleau dans un sens on enroule la voile, ce qui diminue sa surface active, et dans le sens contraire on déplie la voile pour augmenter la surface motrice. On pouvait opérer ce règlement de l'intérieur du moulin à l'aide de poulies placées sur les rouleaux des voiles et de cordes passant sur ces poulies, et d'autres de renvoi.

Ainsi, suivant la force du vent, on réglait à la main la surface active des voiles.

En outre, dans chaque tour de la volée, chaque aile s'effaçait au retour devant le vent.

Pour cela le bout pointu de chaque voile triangulaire « est attaché à une vergue mobile par un bout, et par l'autre extrémité, de chaque bras au moyen d'une charnière. Les voiles peuvent ainsi prendre ou refuser le vent selon l'angle qu'elles forment avec lui, et prêtent un levier bien plus long à l'action du vent, du côté où elles tournent, que le levier qui oppose sa résistance au retour. »

140. A la même époque, M. Ormeaux faisait un moulin du même genre, sauf que les voiles triangulaires étaient remplacées par des ailettes : elles pivotaient sur elles-mêmes de façon que sur six il y en avait toujours trois soumises à l'action du vent, et trois revenant en présentant leur tranchant contre le vent.

§ 3. Moulin à axe vertical mixte.

141. En supposant que les bras horizontaux du moulin Romani portent des mâts descendants en même temps que les mâts ascendants, on aura des ailes hautes et larges qui rappelleront les deux précédentes espèces.

Le seul moulin de ce genre que nous connaissions est celui de M. Lefebvre, datant de 1819. Les voiles tout à fait étendues (fig. 23) ont la forme de triangles isocèles allongés, dont le sommet est vers l'axe vertical de rotation ; la bissectrice de ce triangle est horizontale ; la base porte sur toute sa longueur des anneaux qui lui permettent de glisser le long du mât vertical dont les deux extrémités sont comprises entre des rayons moisés qui le relient à l'axe en encadrant les voiles. L'anneau inférieur (fig. 22) est lié à une corde qui passe sur quatre poulies de renvoi et dont les deux extrémités sont fixées sur un petit treuil. Lorsque l'on fait tourner à l'aide d'une manivelle le treuil d, la corde b se meut en entraînant l'anneau qui s'y trouve fixé, de sorte que, suivant le sens de la rotation, la voile se ploie ou se déploie.

Les voiles, au nombre de six, n'étant pas absolument tendues, s'effacent d'elles-mêmes quand elles reviennent contre le vent, ou du moins se présentent au plus près du vent.

L'Exposition de 1867 ne nous a présenté qu'un moulin à axe vertical de la première espèce, exposé à Billancourt, et qui ne paraît pas digne de nous arrêter.

142. La conclusion de cette étude peut être énoncée en quelques lignes.

La puissance motrice du vent n'est pas assez estimée des mécaniciens. Elle n'a pas la constance et la régularité nécessaires dans beaucoup de travaux, mais elle a sur la vapeur et les animaux l'avantage de ne rien coûter, que les frais d'établissement du récepteur.

Elle doit céder le pas à l'eau dans nombre de situations; mais combien de localités en plaines ou sur plateaux n'ont aucun courant d'eau utilisable, tandis que le vent est à discrétion ! Nous avons décrit plusieurs moulins ou turbines recommandables : que les mécaniciens les perfectionnent, et ils trouveront à les appliquer beaucoup plus fréquemment qu'ils ne le croient.

J.-A. GRANDVOINNET.

Paris. — Imprimerie et librairie de E. LACROIX, rue des Saints-Pères, 54.

CODE

DES

BREVETS D'INVENTION

DES DESSINS ET DES MARQUES DE FABRIQUE OU DE COMMERCE

EN FRANCE ET A L'ÉTRANGER

AVEC UN APPENDICE SUR LA CONCURRENCE DÉLOYALE

PAR N. M. LE SENNE
Avocat à la Cour d'appel de Paris, docteur en droit.

Un volume in-8. — Prix : 5 fr.

A notre époque de mouvement industriel et de progres commercial, ce nouvel ouvrage de M. Le Senne, a une grande utilité et présente un immense intérêt d'à-propos, car il offre à toutes les classes de la société l'*Encyclopédie universelle de la législation* sur la matière des brevets d'invention, des dessins, marques de fabrique ou de commerce, étiquettes, enveloppes distinctives des manufacturiers et des commerçants, etc.

Pour être convaincu des avantages qu'offre ce traité, il suffit de savoir qu'il renferme, dans un premier livre, toute la législation française : 1° Un Commentaire de la loi de 1844, sur les brevets d'invention, avec citation des arrêts et des auteurs qui ont contribué à fixer la jurisprudence sur cette matière ; 2° le texte de cette loi, avec les instructions ministérielles sur son application pratique ; 3° le sommaire des lois sur les dessins de fabrique et leur dépôt aux conseils de prud'hommes ; 4° le texte de ces lois ; 5° le sommaire de la *nouvelle* loi de 1857, sur les marques de fabrique ou de commerce, laquelle *va être* exécutoire à la fin de l'année; 6° le texte de cette loi, si importante pour l'avenir de l'industrie et du commerce français; 7° un appendice sur la concurrence déloyale dans ses rapports avec les brevets d'invention. Dans un deuxième livre est renfermée toute la législation étrangère connue, traduite en français, sur la même matière des patentes ou brevets d'invention, dessins, marques de fabrique ou de commerce, et l'auteur ne s'est pas contenté de donner le texte des lois, il a fait précéder ce texte d'un sommaire ou résumé des dispositions les plus pratiques, en indiquant les formalités à remplir de près ou de loin, le chiffre des taxes et droits à payer aux gouvernements étrangers, etc.

A l'aide de cet ouvrage, chacun peut lui-même connaître les conditions de la prise d'un brevet en France et à l'étranger, préparer les pièces nécessaires, remplir les formalités pour la conservation des dessins et marques de fabrique; il peut également s'y renseigner sur ses droits contre les contrefacteurs et les moyens de répression.

Du reste, M. Le Senne n'en est point à son début; car deux éditions successives de son premier *Traité des droits d'auteur, d'inventeur, et de brevets d'invention*, se sont épuisées très-rapidement.

Cet ouvrage est expédié franco par la poste contre la réception d'un mandat de 5 fr. 50 cent.

~~~

Ouvrages du même Auteur.

—

	fr.	c.
Condition civile et politique des prêtres, in-8.	5	50
Commentaire de la loi du 23 mars 1855, sur la transcription en matière hypothécaire, in-8.	2	50
Code de la mère de famille, in-32. .	2	50

BIBLIOTHÈQUE

SCIENTIFIQUE, INDUSTRIELLE ET AGRICOLE

DES

ARTS ET MÉTIERS

PUBLIÉE PAR

E. LACROIX ✳

Ancien-Officier de marine, Ingénieur civil
Membre de la Société industrielle de Mulhouse, de l'Institut royal des Ingénieurs hollandais
de la Société des Ingénieurs de Hongrie, etc.

———

COLLECTION

DE

TRAITÉS THÉORIQUES ET PRATIQUES.

DU FORMAT GRAND IN-8° RAISIN

Chaque volume est accompagné de dessins techniques qui sont intercalés dans
le texte ou dont l'ensemble forme un atlas séparé.

———

PARIS

LIBRAIRIE SCIENTIFIQUE, INDUSTRIELLE ET AGRICOLE

Eugène LACROIX, Imprimeur-Éditeur

Libraire de la Société des Ingénieurs civils de France, de celle des anciens Élèves
des Écoles nationales d'Arts et Métiers, de la Société des Conducteurs des Ponts et Chaussées
de MM. les Mécaniciens de la Marine, etc., etc.

54. RUE DES SAINTS-PÈRES. 54

CONDITIONS DE LA SOUSCRIPTION

POUR LES VOLUMES

QUI COMPOSENT LA BIBLIOTHÈQUE DES ARTS ET MÉTIERS

Toute personne qui désire un ou plusieurs volumes de cette collection est priée de nous en adresser la demande par lettre affranchie, en accompagnant cette demande d'un mandat sur la poste ou d'une valeur à vue sur Paris représentant le prix des volumes demandés. En échange, par le retour du courrier, l'objet de sa demande lui est adressé par la voie la plus économique.

Nous expédions franco pour les départements, l'Alsace, la Lorraine et l'Algérie avec une augmentation de 10 p. 100 sur les prix du catalogue.

Nos clients, pour les pays étrangers, doivent augmenter leur mandat de 20 pour 100, s'ils désirent recevoir franco l'objet de leur demande.

Les Membres de la société des Ingénieurs Civils, ceux de la société des anciens Élèves des Écoles d'Arts et Métiers, les membres de la société des Conducteurs des Ponts et Chaussées, nos abonnés aux Annales du Génie civil, au Moniteur de la Photographie, recevront, pour la France, les envois franco.

Outre les volumes de cette collection, nous avons toujours un assortiment aussi complet que possible de toutes les publications qui intéressent MM. les Ingénieurs et Architectes, MM. les Chefs d'usines industrielles et d'exploitations agricoles, MM. les Élèves des Écoles polytechniques et professionnelles.

Nous envoyons notre Catalogue général, 1 fort volume illustré, d'environ 200 pages, contre la réception de 2 francs en timbres-postes français.

TRAVAUX TYPOGRAPHIQUES

Nous nous chargeons de tous les travaux relatifs à l'industrie du livre : gravures en tous genres, impressions typographique et lithographique, brochure, clichage, électrotypie etc., etc.

Nous rachetons tous les ouvrages qui ont trait aux arts, aux sciences et à l'agriculture.

Toutes les demandes de livres ou communications de manuscrits doivent être adressées au siége de l'administration de l'imprimerie et de la librairie, *Paris, 54, rue des Saints-Pères.*

BIBLIOTHEQUE
SCIENTIFIQUE, INDUSTRIELLE ET AGRICOLE
DES
ARTS ET MÉTIERS

CATALOGUE DES OUVRAGES PUBLIÉS
(Janvier 1873.)

ADHÉMAR (le comte d'), ingénieur civil.
— **Traité pratique de la construction des tramways, chemins de fer
à chevaux dits chemins de fer américains.** Application d s divers systèmes à l'établissement des chemins
de fer d'intérêt local, etc. 1 vol. grand
in-8 avec 34 figures, 116 pages. 6 fr

Cet ouvrage est un traité technique
des divers systèmes de chemins de fer
à chevaux, question qui est à l'ordre
du jour. Il intéresse à la fois les constructeurs et les communes. Les constructeurs y trouveront des données pratiques et les devis comparatifs des divers systèmes. Les communes situées
en dehors des grandes voies ferrées a
locomotive, y trouveront la connaissance des moyens économiques qu'elles
auront à employer pour rentrer dans le
réseau général des chemins de fer et
éviter ainsi l'isolement d'une position
excentrique. Cet ouvrage manquait à
la librairie industrielle.

BLAVIER (E.-E.). — Nouveau traité de
télégraphie électrique. Cours théorique et pratique. 2 vol. grand in-8
d'environ 500 pages chacun, illus-
trés de près de 6,000 bois. 20 fr.

Cet ouvrage est sans contredit le plus recommandable et le seul complet qui ait été
publié sur la matière. Il a été adopté dès son
début par tous les employés des lignes télégraphiques en France et à l'étranger.

BRÉANT, capitaine de frégate, ayant
commandé la corvette d'instruction
des élèves de l'École navale pendant
les années 1858, 1859, 1860. — **Manuel du gréement et de la manœuvre des bâtiments à voiles et à
vapeur,** formant, avec un Appendice
relatif au canonnage, le complet des
matières exigées pour l'obtention du
brevet de capitaine au long cours et
de maître au cabotage Ouvrage approuvé par M. le ministre de la marine et rédigé conformément au programme adopté. Cet ouvrage est adopté
à l'école navale de Brest et à l'école
royale de Gênes. Troisième édition

augmentée de la bibliographie du
marin. Un vol. grand in-8, 447 p.
avec atlas. 10 fr.

DEMANET (A.), lieutenant-colonel hono-
raire du génie, membre de l'Académie
royale de Belgique, etc. — **Cours de
construction,** connaissance des matériaux, emploi des matériaux, théorie
des constructions, établissement des
fondations, applications, économie des
travaux, entretien. 2 volumes grand
in-8 d'ensemble 1139 p., avec un
atlas in-folio de 61 pl. dont 3 coloriées. 3e édition. Prix : 80 fr,

Cet ouvrage présente, sous une forme
concise et méthodique, les principes généraux de l'art de bâtir : il peut servir
tout à la fois de Guide pour les jeunes
gens qui se destinent à la carrière d'ingénieur ou d'architecte, et de compendium
pour ceux qui ont déjà acquis une certaine pratique.
N'oublions pas d'ajouter que M. Demanet a professé pendant un grand
nombre d'années un cours de construction à l'École militaire de Bruxelles, et
que cet ouvrage emprunte une grande
autorité à l'expérience de l'auteur.

DU MONCEL (le comte Th.). — **Exposé
des applications de l'électricité.**
3e édition entièrement refondue. 4 v.,
gr. in-8, 40 fr. pour les souscripteurs.
En vente les tomes 1 et 2. **Technologie électrique,** tome 1er, 528 pag.
avec 93 fig. in texte et pl., 12 fr. 50.
Tome 2e, 500 pages, 1 tableau et
192 fig. dans le texte. 12 fr. 50

Cette troisième édition de l'inappréciable
travail de M. le comte du Moncel a été entièrement refondue. La deuxième édition,
comme la première, a été enlevée rapidement.
La première édition n'était en quelque sorte que
le sommaire de la seconde, et celle-ci un
compendium de toutes les applications électriques venues à la connaissance de l'auteur :
la troisième édition est un traité complet de
la question, tant au point de vue théorique
qu'au point de vue pratique. M. du Moncel
l'a divisé de la manière suivante :
Le premier volume, est consacré à la
technologie électrique, c'est-à-dire aux con-

naissances techniques, qui sont nécessaires pour *bien appliquer l'électricité*. L'étude de la propagation électrique dans les circuits de toute nature y est suffisamment développée pour que chaque chercheur puisse en appliquer les déductions suivant les cas.

Le deuxième volume comprend d'abord la discussion complète des lois des électro-vimants, la description de tous les systèmes électro-magnétiques imaginés, viennent ensuite l'étude et la description des appareils d'induction, l'étude et la description détaillée des appareils d'expérimentation, la télégraphie électrique considérée principalement au point de vue des instruments, la question de la télégraphie sous-marine, etc., etc.

Le troisième volume a trait aux applications électriques : appareils de précision, horlogerie, balistique, instruments météorologiques, astronomiques et de marine, sécurité des chemins de fer, etc., etc.

Enfin, le quatrième volume passe en revue tout ce qui a été fait pour appliquer l'électricité à l'industrie, aux arts, aux besoins domestiques, à la mécanique, etc.

En résumé l'auteur a pu faire de cet ouvrage un traité complet des applications de l'électricité tout à fait à la hauteur de la science actuelle et des découvertes nouvelles.

Conditions de la souscription :

L'important travail de M. le comte du Moncel qui forme 4 vol. gr. in-8 est mis en vente au prix de 40 fr. pour les souscripteurs. Lorsque le travail sera complètement publié le prix sera élevé à 50 fr. Les tomes I et II sont en vente au prix de 12 fr. 50, achetés isolément.

FLAMM (Pierre), membre de plusieurs sociétés savantes, ex-directeur de verreries. — **Le Verrier au XIX⁰ siècle,** ou enseignement théorique et pratique de l'art de la vitrification tel qu'il est fabriqué de nos jours, comprenant la fabrication du verre à vitre, des cristaux, des bouteilles, de la gobeleterie, des glaces, du verre pour optique, de la verrerie, du strass, des verres de couleur et filigranés traitant de la peinture sur verre, des émaux, du soufflage à la lampe d'émailleur, etc. 1 vol. gr. in-8, 519 p., fig. dans le texte. 12 f.

En publiant ce livre, le but de M. Flamm a été moins d'écrire un traité scientifique que de guider dans leurs fonctions les maîtres, les contre-maîtres et les ouvriers, par des données consacrées en grande partie par l'expérience. *Le verrier au XIX⁰ siècle* est un recueil richement fourni de notes précieuses disséminées jusqu'alors dans les revues périodiques. C'est en même temps l'ensemble des résultats des propres expériences et découvertes de l'auteur, fruit de vingt années de pratique continue.

GAUDARD (J.), ingénieur civil. — Étude comparative de divers **systèmes de ponts en fer.** 1 vol. grand in-8 de 140 pages, 11 tableaux, et accompagné d'un atlas gr. in-8 de 9 planches doubles. 12 fr.

Tous les hommes spéciaux comprendront l'importance de l'étude à laquelle s'est livré M. Gaudard. Pour arriver à de tels résultats pratiques, il a fait une comparaison approfondie des systèmes fondés sur l'emploi des formules théoriques, appliquées à des ouvrages offrant des conditions variées, mais conçus tous dans un même esprit, calculés pour travailler à des coefficients identiques et affranchis d'accessoires inutiles.

L'ouvrage de M. Gaudard est désormais indispensable à l'ingénieur chargé de la construction d'un pont en fer.

GILLOT (A.), ingénieur civil des mines **Carbonisation du bois,** emploi du combustible dans la métallurgie du fer : 1° carbonisation en forêt, carbonisation en vase clos, séparation et rectification des produits de la distillation; 2° perte en combustible dans les traitements des minerais de fer, perte en combustible dans le traitement de la fonte, économie réalisable dans les traitements des minerais de fer et de la fonte. 1 vol., 120 pages et une planche double in-f. 6 fr.

Tous les faits rapportés dans ce volume sont le résumé de plus de trente années de recherches et de travaux métallurgiques qui ont été observés et reproduits par l'auteur avec un soin minutieux, durant ce laps de temps, et autant de fois qu'il l'a fallu, dans les cas les plus variés d'expériences en grand par les procédés pratiques par l'industrie sidérurgique.

M. Gillot déclare lui-même qu'il a été arrêté longtemps dans sa laborieuse entreprise par des difficultés qui résultaient surtout de l'ignorance à peu près complète, dans le traitement des minerais de fer au haut-fourneau, de certaines propriétés des corps, notamment de la loi de variation de la caloricité, sans la connaissance de laquelle la détermination des hautes températures est absolument impossible; mais que malgré la gravité des obstacles, il a pu éclairer toutes les questions restées obscures sur la carbonisation, sur le haut-fourneau et sur le four à réverbère, et à en donner la véritable explication théorique.

La première partie du mémoire de M. Gillot traite spécialement de la carbonisation, ainsi que son titre l'indique; dans la deuxième partie qui paraîtra prochainement, il s'occupe de l'emploi du combustible dans la métallurgie du fer. Le résumé général, qui termine cette seconde partie, reliera les deux questions.

GRANDVOINNET (J.-A.), ingénieur, professeur de génie rural à l'École de Grignon, rédacteur des *Annales du Génie civil*, etc. — **Le Génie rural.** Recueil spécial de **machinerie agricole.** Constructions rurales. — Irrigations. — Drainages. 1 vol. grand in-8, de 296 pages, avec figures dans le texte et un atlas de 62 planches.
Prix. 15 fr.

— **Meulerie et Meunerie.** Etude sur le gisement, l'exploitation et le travail des pierres employées à la fabrication des Meules. Gr. in-8o, Texte et 36 fig. et 1 pl. 5 fr.

GUETTIER (A.), ingénieur et directeur de fonderie, membre de la société des ingénieurs civils. — **Fonderie et emploi pratique et raisonné de la fonte de fer dans les constructions.** Recueil d'expériences, d'études et d'observations pratiques adressé aux ingénieurs, aux architectes, aux conducteurs et à toutes les personnes appelées à se servir de la fonte. 1 vol. de 550 p. in-8, et 1 atlas de 24 pl. in-4. 30 fr.

Destiné non-seulement aux industriels occupés purement des travaux de la fonderie, mais adapté à toutes les classes de constructeur, pour qui l'emploi des métaux est un tout puissant auxiliaire, cet ouvrage a marqué sa place parmi les publications utiles que le progrès attache aux pas de l'industrie.

M. Guettier s'occupe essentiellement dans ce livre de la fonte examinée au point de vue d'une application particulièrement pratique. Son œuvre, en empruntant sa forme à la réunion d'une série de notices, d'études ou d'articles, peut être considérée comme un travail complet, comme un cours pratique et raisonné de l'emploi de la fonte dans les constructions.

HENVAUX (D.). directeur d'usines, ancien directeur de la fabrique de Conillet. Mémoires sur la **construction des laminoirs.** Nouveau système des plus parfaits sous le rapport de la solidité et sous ce ui du parfait fonctionnement de toutes les parties. Changements à opérer dans les anciens systèmes pour éviter une partie de leurs inconvénients. Ouvrage indispensable aux constructeurs d'usines, aux maitres de forges, aux directeurs et aux employés d'usines, ainsi qu'aux ingénieurs mécaniciens et aux élèves des écoles industrielles, des mines et des arts et ma-

nufactures, etc. 2e édition, gr. in-8.
10 fr,

LIPOWITZ (A.). — **Traité pratique de la fabrication du ciment de Portland.** 1 br., gr. in-8o. Traduit avec l'autorisation de l'auteur par M. J. de Champeaux. 1 vol. 58 pages et 2 pl. doubles. 5 fr.

LOVE (G.-H.), ingénieur civil, ancien élève de l'école centrale des arts et manufactures, ex-membre du jury de l'exposition et membre de la société des ingénieurs civils. — **Des diverses résistances et autres propriétés de la fonte, du fer et de l'acier, et de l'emploi de ces métaux dans les constructions.** 1 vol. in-8, 391 p. et 2 tabl., avec bois dans le texte. 8 fr. 50

Une bonne table des matières indique un bon livre. Nous ne reproduirons pas celle de l'ouvrage de M. Love, elle comprend plusieurs pages, — mais nous en indiquerons les titres des chapitres.

Introduction. — Allongement du fer, de la fonte et de l'acier. — Résistance finale du fer, de la fonte et de l'acier à la rupture par traction. — Applications usuelles de la fonte et des efforts de traction. — De la résistance à la rupture par traction de la tôle assemblée par des rivets, et accessoirement de la résistance des rivets au cisaillement. — Applications du fer et de l'acier, sous leurs diverses formes, aux appareils et constructions connus dans l'industrie. — De certaines résistances du fer se rapprochant plus particulièrement de la résistance à la rupture par traction.

Un appendice sur les expériences qui restent à faire pour connaître convenablement les propriétés des matières usuelles en France termine l'ouvrage.

— Essai sur l'identité des agents qui produisent le **son** la **chaleur,** la **lumière, l'électricité,** etc. 1 vol. gr. in-8, 317 p. 6 fr.

Dans cette étude, M. Love, il le déclare dans sa préface, — s'est laissé guider par la sensation en s'efforçant d'analyser correctement les idées reçues : son essai part de la notion de la matière que nous recevons par les sens pour arriver à celle de Dieu, en expliquant dans l'intervalle les phénomènes les plus importants de la physique, de la chimie, de la physiologie et de la psychologie.

MARMAY (Pierre) — **Guide pratique de la meunerie et de la boulangerie.** 1 vol. gr. in-8, 145 p., accompagné d'un atlas de 9 pl. gravées. 8 fr.
Ouvrage adopté par M. le ministre de l'instruction publique.

TABLE DES MATIÈRES.

MASSELIN (M. O.), auteur de la série de prix de maçonnerie adoptée par la chambre syndicale des entrepreneurs de Paris et du département de la Seine. — **Dictionnaire raisonné et formulaire du métré et de la vérification des travaux :** terrasse, maçonnerie, carrelage, etc., 1 vol de 530 pages et 28 planches. 25 fr.

En entreprenant cet ouvrage, M. Masselin a voulu éviter les nombreuses contradictions que l'on rencontre si souvent dans les mémoires et qui proviennent presque toujours de ce que les séries de prix sont ambiguës sur certains points. Cet ouvrage appelé Dictionnaire, parce que les mots sont classés par lettre alphabétique, est donc le commentaire raisonné, tant des séries de prix, que des diverses opinions prévalant aujourd'hui chez les métreurs, les vérificateurs et les architectes en renom. C'est donc à tous ceux qui s'occupent du bâtiment que cet ouvrage a été destiné ils y puiseront d'utiles et bons renseignements.

OPPELT (G.), professeur de sciences commerciales, chevalier de la Légion d'honneur, décoré de la croix du mérite, de l'ordre de la branche Ernestine de Saxe, etc., etc. — **Traité général théorique et pratique de comptabilité commerciale, industrielle et administrative,** à l'usage des commerçants et des institutions d'instruction publique. Ouvrage adopté pour l'enseignement professionnel, et publié sous la direction d'une société d'anciens juges consulaires. 1 vol. de 367 p. 4 fr.

Il existe un si grand nombre d'ouvrages sur la comptabilité, qu'on pourrait presque affirmer que tout a été dit sur cette matière. Ce que M. Oppelt a voulu, c'est de réunir en un seul cadre tout ce que les meilleurs auteurs ont écrit sur la comptabilité et la tenue des livres, et de présenter un traité tel que, par sa clarté, sa concision et sa simplicité, il puisse se distinguer des ouvrages de cette nature qui l'ont précédé.

En coordonnant méthodiquement son travail, M. Oppelt s'est surtout attaché à développer graduellement toutes les règles, et par conséquent à mettre les explications à la portée de tout le monde.

L'auteur a ajouté à son livre des renseignements usuels sur la fabrication des principales industries, renseignements dont l'utilité sera certainement fort appréciée.

Nous donnons ici un extrait de la table des matières de cet ouvrage :

Terminologie commerciale. — Théorie. — Tenue des livres en partie double. — Pratique. Du journal à colonnes, autrement dit journal grand-livre, ou tenue des livres en partie double, d'après la méthode américaine. — Tenue des livres en partie simple. — Des huit actions de la lettre de change. — Théorie des comptes courants avec intérêts. — Renseignements commerciaux. — Formules et modèles. — Section X, 1re partie. Principes élémentaires de physique et de chimie industrielle. — 2e partie. Procédés de fabrication des principales industries. — I. Fabrication du sulfate et du carbonate de soude; § 1er, fabrication au moyen du sel commun; § 2, fabrication au moyen de l'azotate de soude. — II. Fabrication de la bière et du vinaigre; § 1er, mouillage de l'orge; § 2, germination de l'orge; § 3, touraillage ou dessication de l'orge germée; § 4, mouture des grains. Fabrication de la bière sans emploi de farine dans les chaudières. Brassage. — III. Fabrication des eaux-de-vie. Préparation des matières; § 1er, matières féculentes, etc., etc.

ORTOLAN (A.), mécanicien en chef de la marine, chevalier de la Légion d'honneur. — **Traité élémentaire des machines à vapeur marines** rédigé d'après le programme du concours pour les brevets de capitaine au long cours et de maître au cabotage. Ouvrage approuvé par M. le ministre de la Marine. Troisième édition augmentée de notions générales sur la manœuvre des bâtiments à vapeur. Accompagnée d'un atlas de 19 planches gravées sur acier, de tableaux et de nombreuses figures dans le texte, 1 v. 487 pages. 12 fr.

Indépendamment de son but principal qui est de faciliter aux marins l'obtention du brevet de capitaine au long cours et celui de maître au cabotage, ce traité élémentaire s'adresse encore aux personnes qui n'ayant ni le temps ni les moyens d'approfondir les lois physiques et les principes mathématiques sur lesquels est fondée la théorie de la machine à vapeur, se trouvent cependant dans la

nécessité de posséder des connaissances pratiques sur les machines à vapeur marines, sur leur mécanisme et sur leur installation. Il s'adresse également aux esprits entraînés pour la première fois par l'amour de l'étude et par le désir de connaître cette féconde application de la science moderne, et il les mettra à même d'en apprécier toute l'importance.

Cet ouvrage d'un homme aussi pratique que savant a obtenu, en outre de l'approbation de M. le ministre de la marine, l'appui et les encouragements de plusieurs Amiraux. A l'étranger, il a eu l'honneur de plusieurs traductions.

D'ailleurs, il suffit d'en étudier le plan et la distribution logique et bien appropriée à sa destination pour se rendre compte des immenses services que ce traité a rendus déjà et qu'il est appelé à rendre dans l'avenir à notre intelligente pépinière d'officiers de la marine du commerce.

Quant aux figures intercalées dans le texte et aux planches qui accompagnent le volume, il est difficile d'en trouver qui puissent leur être comparées comme dessin et comme exécution.

— LOTTE ET LACARRIÈRE, premiers maîtres mécaniciens de la marine nationale. — **Cours de machines à vapeur** appliquées à la navigation, a l'usage des mécaniciens de la marine militaire et de la marine marchande, première partie, examen au grade de quartier-maître mécanicien, d'après le programme officiel de 1868. Ouvrage publié avec l'autorisation de M. le ministre de la marine. 1 vol. de 356 p. et un atlas de 11 pl. in-4, grav. sur acier et légendes explicatives. 10 fr.

ORTOLAN (A.). — **Code de l'acheteur**, du vendeur et du conducteur de machines à vapeur. 1 vol., 278 pages et une pl. gravée sur acier. 5 fr.

PENOT (A). — Les cités ouvrières de Mulhouse et du département du Haut-Rhin, avec la description des bains et lavoirs établis à Mulhouse, 1 vol. gr. in 8, 180 p. 9 pl. et tableaux in-folio. 3 fr. 50

— **Notice** sur les Écoles de Mulhouse. Rédigée d'après des notes réunies par le comité d'utilité publique de la société industrielle. 1 vol. 105 pages. 1 fr. 50

— Les **institutions privées du Haut-Rhin** notes remises au comité départemental pour l'Exposition universelle de 1867. 1 vol., 103 pages. 1 fr. 50

PÉRISSE (Sylvain). — Ingénieur des arts et manufactures. **Étude sur les portes d'écluse à la mer, en France et en**

Angleterre. 1 br., 100 pag. et 4 pl. double , gr. in-8. 7 fr.

Dans cette très-intéressante étude, M. Périssé s'est occupé des ports à marées, de la classification des portes d'écluses : portes de flot, bâteaux-portes, portes de chasse; en bois, en fonte, en fer, mixtes; puis, après avoir décrit les principales portes d'écluses françaises et anglaises, il établit la comparaison des dépenses de construction et conclut à l'adoption des portes en fer. — Les entrepreneurs de travaux publics feront une ample moisson de renseignements précieux dans le livre de M. Périssé.

PIOT (Auguste), ingénieur mécanicien. — Traité historique et pratique sur la meulerie et la meunerie. Deuxième édition. 1 vol. de 395 pages, avec fig. dans le texte et planches. 15 fr.

REECH, directeur de l'école d'application du génie maritime. — Théorie des machines motrices et des effets mécaniques de la chaleur, leçons faites a la Sorbonne, recueillies et rédigées par M. Émile Leclert, ingénieur des constructions navales.

1re partie. — Théorie générale des machines motrices et propriétés des fluides élastiques établies sans idées préconçues sur la nature de la chaleur.

2e partie. — Théorie mécanique de la chaleur et particularité qu'elle introduit dans la théorie générale. 1 vol. 190 pag. 5 fr.

RICHOUX (Ch.), ingénieur civil, ancien élève de l'école centrale des arts et manufactures, ex-ingénieur aux chemins de fer de Saint-Germain, du Midi, des Charentes. etc. Étude sur les changements de voies. 1 vol 60 pages et 3 planches doubles. Gr. in 8°. 5 fr.

Tout ce qui concerne l'appareil nommé changement de voie est réuni dans ce volume; construction, aiguilles, sécurité de la circulation, règlement pour le service des aiguilleurs et le mouvement des trains aux bifurcations, croisements de voies, construction de croisements, traversées de voies, calculs relatifs à l'établissement des changements de voies, etc., etc.

Aussi l'accueil fait à l'étude dont M. Ch. Richoux est l'auteur en a-t-il consacré la valeur. Il serait à désirer que tous les agents de la voie, dans les chemins de fer, fussent munis de cet ouvrage indispensable.

ROSWAG (C.), ingénieur des mines. — Les métaux précieux considérés au point de vue économique. Ouvrage de 28 gravures dans le texte, de 16 pl. coloriées et d'une carte (Bibinet) de la production, de la circulation et de l'absorption des métaux précieux. In-8, XV-424 p. 25 fr.

Ainsi que l'auteur le dit dans sa préface, la question des métaux précieux est un sujet qui touche au crédit, à la banque, au commerce et même, par quelques points, à la politique. Il ne nous appartient pas de suivre M. Roswag sur le terrain de l'économie politique; ce qui est notre droit et notre devoir, après avoir étudié consciencieusement l'ouvrage, c'est d'affirmer que les métaux précieux constituent un travail d'ensemble méritant au plus haut degré aussi bien l'attention des hommes d'État, des financiers, des commerçants en général, que celle des industriels spéciaux qui s'occupent de la production de l'or et de l'argent.

STAMMER (Charles), docteur-chimiste. — Traité complet, théorique et pratique de la fabrication du sucre, guide du fabricant. 1 volume grand in-8, 625 p. avec 147 figures dans le texte. 20 fr.

Cet ouvrage représente l'état actuel de la pratique et de la science; pour l'établir l'auteur a mis à profit toutes les publications les plus récentes et ses propres expériences en matière sucrière et chimique.

Dans un arrangement systématique et clair, M. Stammer fait connaître les procédés les plus répandus et il donne un cours complet des travaux de surveillance que nécessite toute fabrique bien dirigée.

Nous donnons ici un extrait de la table des matières. Dans un supplément de 112 pages, illustré de figures. M. Stammer traite plus spécialement le sucre de canne.

Livre 1er. — La betterave. Espèces et variétés.

Culture, maturité, récoltes.

Conservation, culture de la graine.

Analyse. Propriétés chimiques des substances composant le jus de betterave.

Livre 2e. — Extraction du jus par pression, par turbinage, par la macération Schutzenbach procédés combinés, comparaison des procédés d'extraction. Analyse des produits et résidus.

Livre 3e. — La purification du jus, défécation et saturation.

Livre 4e — La cuite et les produits de la fabrication, fabrication du sucre brut concentration du jus. Séparation du sucre et du sirop : travail des bas produits. Fabrication des raffinés.

— Traité complet de la Distillation de toutes les substances alcoolisables : grains, pomm s de terre, vins, betteraves, mélasses, etc., contenant tous les principaux appareils et procédés usités. Gr. in-8°, sous-presse. Prix de souscription. 15 fr.

TROSQUOY (C.), ingénieur civil. — Un chapitre sur le chauffage et la ventilation. 1 vol. 32 pages et 2 planches doubles. gr. in-8°. 4 fr.

BIBLIOGRAPHIE

DE L'INGÉNIEUR, DE L'ARCHITECTE, ETC.

(Extrait des *Annales du Génie civil*.) (1).

Ouvrages publiés en France pendant l'année 1872.

A

Annales du Génie civil, recueil de mémoires sur les ponts et chaussées, les routes et chemins de fer, les constructions et la navigation maritime et fluviale, l'architecture, les mines, la métallurgie, la chimie, la physique, les arts mécaniques, l'économie industrielle. le génie rural, renfermant des données pratiques sur les arts et métiers et les manufactures. Annales et revue descriptive de l'industrie française et étrangère, répertoire de toutes les inventions nouvelles, publiées par une réunion d'ingénieurs, d'architectes, de professeurs et d'anciens élèves de l'École centrale et des écoles d'arts et métiers. Avec le concours d'ingénieurs et de savants étrangers, E. Lacroix, membre de la Société industrielle de Mulhouse, etc., directeur de la publication. T. 17 (année 1870 1871). 9e et 10e années de la publication; avec atlas de 41 pl. in-8o, 1823 p. et 58 pl. Paris, imp. et librairie Lacroix. Le tome 17, avec atlas, 25 fr. Abonnement annuel pour Paris, 20 fr.; pour la province, 25 fr.; pour l'étranger, 30 fr.; le numéro séparé, 4 fr.

Les Annales paraissent mensuellement depuis le 1er janvier 1862. Les tomes 8 à 15 sont formés du supplément qui a été publié pour les années 1867 et 1868, et qui a pris pour titre définitif : Études sur l'Exposition de 1867, etc.

ACHARD. — **Distribution de l'eau** des Avants à Vevey (Suisse). In-8, 15 p., avec figures et planche. Imp. et librairie E. Lacroix. . . . . . . 2 fr.

Extrait des *Annales du Génie civil*.

Album encyclopédique des chemins de fer, 4e série, 46e livraison. Paris, imp. lith. Broise. . . . . 4 fr.

Chaque livraison de cet album se vend séparément.

Annuaire des tissus, ou almanach spécial de toutes les industries se rattachant directement au vêtement. In-8, XXXI-367 p. Paris, imprim. Lahure. 6 fr. 50

B

BAZAILLE. — **Le véloce**. In-8, 4 p. avec fig. Paris, imp. et lib. E. Lacroix. 50 c.

Extrait de l'Annuaire 1871-1872 de la Société des anciens élèves des écoles d'arts et métiers.

BERTHELOT. — **Sur la force de la poudre** et des matières explosibles. 2e édit., in-8 jésus, 195 p. Paris, imp. Gauthier-Villars. . . . . 3 fr. 50

BLANCHET. — **Les nouveaux chemins de fer** dans Paris et dans la banlieue. In 8, 23 p. Paris, imp. Raçon et Cie.

BLAVIER. — **Considérations sur le service télégraphique** et sur la fusion des administrations des postes et des télé-

graphes. In-8, 130 p. Nancy, imp. Sordoillet et fils. . . . . 1 fr.

BOILEAU architecte. — **Le Fer**, principal élément constructif de la nouvelle architecture. Conclusions théoriques et pratiques pour servir de clôture au débat ouvert en 1855 sur l'application du métal (fer et fonte) à la construction des édifices publics. In-8, 118 p. Paris, imp. Meyrueis. . . . . 3 fr.

JOISNEL. — **Architecture navale**. Traité complet du tracé des bâtiments de mer, accompagné de 2 grandes planches. In-8, 48 p., 2 pl. et 2 tableaux Paris, imp. Cusset et Cie. . . . . . . 4 fr.

---

(1) Les ANNALES DU GÉNIE CIVIL se publient mensuellement depuis 1862, chaque année forme un vol d'environ 900 pag. avec fig. et un atlas de 30 à 35 pl. — Prix de l'abonnement : Paris, 20 fr.; Départ., 25 fr.; Étrang., 30 fr.

Bossu (le docteur). Traité des **plantes médicinales** indigènes. description, propriétés, usages, récolte, préparations et indications thérapeutiques. 3ᵉ *édit.*, in-8, XXIV-864 p. St-Germain, imp. Toinon et Cie.

Boucherie. — Etude sur les **boissons fermentées.** Histoire du vin, culture de la vigne, les vendanges, la fermentation, vins blancs, vins rouges, vins de liqueurs, vins d'Europe, d'Amérique, d'Asie, de Turquie, d'Afrique, vins des colonies anglaises. In-8, VIII-41 p. Paris, imp. et lib. E. Lacroix.
2 fr. 50

Publications industrielles et agricoles d'E. Lacroix.

Burat, ingénieur. — Les **Houillères** en 1872. In-8, 269 p. et 10 pl. Paris, imp. Hennuyer.

Publié par le Comité des houillères françaises.

C

Carnet de papier quadrillé, à l'usage des ingénieurs et des architectes, accompagné de renseignements usuels et pratiques extraits du Carnet de l'ingénieur, 1872. In-12, 24 p. et carnet, imp. et lib. E. Lacroix. . . 4 fr.

Charpentier. — **Locomotive à gaz** avec suppression de la fumée et de la vapeur d'échappement. In-8, 20 p. et pl. Paris, imp. et lib. E. Lacroix.

Extrait des *Annales du Génie civil*, année 1872.

Claudel. — La **Monnaie** hispano-prussienne. In-8, 32 p. Paris, imp. et lib. E. Lacroix. . . . . 1 fr. 25

Extrait de l'Annuaire 1871-1872 de la Société des anciens élèves des écoles nationales d'arts et métiers.

Collignon, ingénieur des ponts et chaussées.—**Traité de mécanique,** 1ʳᵉ partie. Céramique. In-8, IV-508 p. Paris, imp. Raçon et Cie. . . . . . . 7 fr.

Construction (la) **des ponts et viaducs en bois, en pierre, ponts métalliques, fondations tubulaires.** Ouvrage divisé en trois parties, comprenant les nouveaux systèmes de constructions adoptés dans tous les pays, avec la description et planches cotées à l'appui des principaux ouvrages d'art exécutés dans les différentes contrées de l'Europe et des Etats-Unis d'Amérique. 1ʳᵉ partie. Ponts en bois, cintres et échafaudages. In-4 à 2 col., 28 p. et 15 pl. in-fol. Paris, imp. et lib. Lacroix. . . . . 18 fr.

Cordier, architecte. — **Equilibre stable des charpentes en fer, bois et fonte.** Gr. in-4, XIII-292 p. Paris, imp. Cusset et Cie.

D

Delesse, ingénieur en chef des mines, professeur à l'Ecole des mines. — **Lithologie du fond des mers** de France et des mers principales du globe. In-8, VIII-470 p., avec atlas de 5 cartes et 136 p. de tableaux. Paris, imp. et lib. E. Lacroix. . 35 fr.

Publications scientifiques et industrielles d'E. Lacroix.

Delvordre. — Traité pratique sur les **chaudières à vapeur.** In-8 XV-363 p. et 39 pl. Lille. imp. Lefebvre-Ducrocq.

Demanet (A.), lieutenant-colonel du Génie. — **Cours de construction.** 3ᵉ *édit.*, entièrement refondue et considérablement augmentée. 2 vol. gr. in-8 d'environ 600 p. avec un atlas de 61 pl. dont 2 en coul., in-fol. 80 fr.

Denayrouze. — Des **aérophores** et de leur application au travail dans les mines. In-8, 68 p. et 2 pl. Paris, imp. Cusset et Cie.

Denis de Lagarde, ingénieur attaché à l'ambassade de France à Madrid.—De la **richesse minérale de l'Espagne.** Législation des mines, résumé des documents statistiques officiels de 1861 à 1870. Notes: 1ᵒ sur le commerce général de l'Espagne, de 1850 à 1867; 2ᵒ sur la viabilité : routes et chemins de fer. In-4, 77 p. Paris, imp. Claye.
4 fr. 50

Derschau (de), ingénieur russe. — Etude sur le **chauffage** et la **ventilation** des wagons de voyageurs. In-8, 72 p. et 3 pl. . . . . 4 fr.

DESCHAMPS, ingénieur civil. — Les chemins de fer et les tramways dans
Paris, étude des divers projets présen-
tés au conseil général de la Seine.
In-8 jésus, 107 p. Paris, imp. Claye.
4 fr. 50

DUFRESNE. — Chemins de fer d'intérêt
local. In-8, 15 p. Paris, imp. Chaix.

Du MONCEL. — Exposé des applications
de l'Electricité, par le comte Th. du
Moncel, ingénieur électricien de l'administration des lignes télégraphiques

françaises. 3e édit., entièrement refondue. T. I. Technologie électrique.
Paris, in 8, XII-516 p. et 4 pl. Paris,
imp. et lib. E. Lacroix. . . . 10 fr.

Publications scientifiques et industrielles
d'E. Lacroix.

DUPUIT, inspecteur général des ponts et
chaussées. — Mouvement des eaux
dans les canaux découverts et à travers
les terrains perméables. 2e édit. In-4,
XXIII-304 p. et 6 pl. Paris, imp. Thu-
not.

E

Elementary principles of Carpentry by
Thomas tredgold revised from the original edition and partly re-written by
John Thomas Hurst. 1 vol in-8, 48 pl.,
155 fig. dans le texte et 517 p. 1871.
25 fr.

Enquête sur les transports. Projet de
réforme dans l'exploitation du service
des marchandises sur les voies fer-

rées. Tarifs et applications. In-8, 32 p.
Paris, imp. P. Dupont et Cie.

Essai sur l'éducation ou Traité sur les
devoirs de l'homme. Paris, imp. et lib.
E. Lacroix. . . . . 6 fr.

Etudes sur les résistances au mouvement des trains sur les chemins de
fer. Paris, imp. et lib. E. Lacroix.
1 fr. 50

F

FELSBERG (de). — De la fabrication industrielle du gaz oxygène. In-8, 8 p.
Paris, imp. A. Chaix et Cie.

FRESENIUS. — Traité d'analyse chimique
quantitative, avec 250 fig. dans le
texte. Fascicule 1. In-8, 320 p. Paris,
imp. Raçon et Cie.

G

GAUDARD, ingénieur et professeur à l'E-
cole spéciale de Lausanne. — Discussion sur la résistance des matériaux
à l'Institution des ingénieurs civils
anglais, faisant suite au mémoire intitulé : De l'état actuel de nos connaissances sur la résistance des matériaux. In-8, 22 p. Lille, imp. Danel.

GÉRARDIN, ingénieur en chef des ponts
et chaussées. — Théorie des moteurs
hydrauliques applications et travaux
exécutés pour l'alimentation du canal
de l'Aisne à la Marne par des machines. In-8, XII-300 p., avec atlas in-fol.
de 25 pl. Paris, imp. Gauthier-Villars.

GILLOT, ingénieur civil des mines. —
Carbonisation du bois, emploi du
combustible dans la métallurgie du
fer. 1 vol. gr. in-8 et un tableau
grand aigle. . . . . 6 fr.

GODARD et PÉRINET, marchands de bois
en grume. — Tarifs métriques pour
la réduction des bois en grume, me-
surés de 2 en 2 centim. 6e édit. In-12.
XII-464 p. Paris, imp. Michels. 4 fr. 50

GRANDVOINNET, professeur de génie rural.
De la meunerie. In-8, 35 p. Paris,
imp. et lib. E. Lacroix. . . . . 4 fr.

Extrait des Annales du Génie civil. —
Publications scientifiques et industrielles d'E.
Lacroix.

GRUNER. — Note sur l'usage de la chaux
vive dans les hauts fourneaux et l'emploi du four annulaire Hoffmann pour
sa préparation. In-8, 24 p. Paris, imp.
Cusset et Cie.

Guide de l'acheteur, ou almanach et
annuaire des fabricants et des commis-
sionnaires en marchandises de Paris
et du département de la Seine, par H.
Agnus. 18e année. Gr. in 8, 1100 p.
Paris, imp. Dumaine.

GUZMAN. — Théorie et applications des
dynamoteurs. In-8, 26 p. et 1 pl. Paris,
imp. et lib. E. Lacroix. . . . . 3 fr.

Extrait des Annales du Génie civil,
année 1872 — Publications scientifiques
industrielles d'E. Lacroix.

H

HOUZEAU. — **L'employé des lignes télégraphiques.** Guide pratique pour
l'emploi de l'appareil télégraphique à
cadran, à l'usage des éclusiers, em-

ployés des bureaux municipaux, etc.,
honoré de la souscription du ministère
des travaux publics. In-12. . .   50 c.

I

Infanterie de marine. Le 3e bataillon de
marche. Armée de la Loire. Armée de
l'Est, par un bourgeois de Paris, ex-
volontaire. In-12, 20 p. Paris, imp. et
lib. E. Lacroix.

   Dans notre bibliographie, cet opuscule
vient, sans raison, prendre rang, mais
c'est à mes camarades que je veux rendre
hommage ; après Bazeille, la marine est toujours à sa place.

Iron as a materiel of construction,
being the substance of a course of
lectures delivred at the royal school
of naval architecture, south Kensing-
ton R-vised and enlarged to form a
Nandbook for the use of students in
engineering by William Pole, F. R.
S. 1872. 1 vol. in-8. . .   . . . 9 fr.

J

JACQMIN, ingénieur en chef, professeur à
l'École des ponts et chaussées. — Les
chemins de fer pendant la guerre de
1870-1871. Leçons faites en 1872 à
l'école des ponts et chaussées. In-8,
XXIII-355 p. Paris, imp. Raçon et Cie.
                                    8 fr.

JARIEZ J. — Cours élémentaire de mécanique industrielle, à l'usage des
élèves des écoles d'arts et métiers et
des écoles professionnelles. 4e édit.,
2 vol. in-8. et atlas de 16 pl. Paris,
imp. et lib. E. Lacroix. . . . . 15 fr.

K

KAEPPELIN, chimiste. — **Garance**, son
emploi dans la teinture et l'impression
des tissus. In-8, 31 p. Paris, imp. et
lib. d'E. Lacroix. . . . .   4 fr.

   Extrait des *Annales du Génie civil*,
année 1871-1872. — Publications scientifiques-industrielles d'E. Lacroix.

KNAPP. — Traité de chimie technolo-

gique et industrielle. In-8, 321-672 p.
Paris, imp. Cusset et Cie.

   Cet ouvrage fait par un allemand, est traduit par deux ingénieurs de l'État.

KOBELL (de). — Les **Minéraux**, autre
ouvrage prussien, traduit par le comte
Ludovic de la Tour-du-Pin. In-8,
XXVIII-156 p. Paris, imp. Clave.
                                 2 fr. 50

L

LADREY, professeur à la Faculté des
sciences de Dijon. — Traité de **viticulture et d'œnologie.** 2e édit. T. 1.
Viticulture. In-8 jésus, XII 636 p. et
1 carte. Dijon, imp. Rabuteau.

LAMÉ-FLEURY, ingénieur en chef des
mines. — **Code annoté des chemins
de fer** en exploitation, ou recueil méthodique des lois, décrets, ordonnan-
ces, arrêtés, circulaires, etc., concernant l'exploitation technique et commerciale des chemins de fer. 3e édit.
Gr. in-8 XVII-1028 p. Paris, imp. A.
Chaix et Cie.

LE CHATELIER, ingénieur en chef des
mines. — **Assainissement.** Note sur

l'épuration des eaux d'égoût. In-8,
24 p. Paris, imp. et lib. E. Lacroix. 4 f.

   Extrait des *Annales du Génie civil*. —
Publications scientifiques-industrielles d'E.
Lacroix.

LE PLAY. — Les **ouvriers européens.**
4 vol. gr. in-fol.   120 fr.

LE ROY DE KERANIOU, capitaine au long
cours. — **Libération du territoire.**
In-8, 64 p. Paris, imp. Lahure. 1 fr. 25

   Cette brochure se recommande à l'attention
des gens sérieux Dix milliards ont été jetés
au vent pour la belle campagne de 1870-
1871, pour la même somme, on remplira et
au-delà le programme de M. de Keraniou.

Life of Richard Trevithick, with an account of his inventions, by Francis Trevithick C. E. Illustrated with engravings on wood by W. J. Welch. Volume II 1872. 1 vol. in-8. . 22 fr.
Vol. I. . . . . 28 fr.

Link-motion and expansion-gear practically considered illustrated with ninety plates, and twenty-nine woodcuts by N. P. Burgh, mem. Inst. Mech. Engs. 1 vol. in-fol. 1871. 55 fr.

Lock manufacturing chemist. — Agriculturists Their own superphosphate makers with illustrations. In-8, 30 p.

avec pl. dans le texte. Londres, 2° édit.
1 fr. 50

LOIGNON. — Tracé des épures, coupe des pierres et détails sur la construction des différents systèmes d'appareils de voûtes biaises. In-8, 65 p. Paris, imp. Bernard.

LUPPI (le docteur). — Dictionnaire de séricicologie, comprenant l'art de produire la soie et de l'apprêter, synonymie en cinq langues, texte en français. In-12 carré à 2 col., XVII-506 p. Lyon, imp. Bellon. . . 8 fr.

M

MARIN, ingénieur des ponts et chaussées. — Note sur les prix de revient et les procédés de construction avec tablier métallique et voûtes en briques, établissement en sous-œuvre sous les chemins de fer en exploitation. In-8 71 p. Paris.

MATTHEY, ingénieur. — Notice sur la forme rationnelle des esssieux de wagons pour chemins de f r. In-8. 38 p. et fig. Paris, imp. et lib. E. Lacroix.
1 fr. 50

— Projet d'un pont métallique à poutres droites en treillis. Calculs des moments de résistance, de rupture et des efforts tranchants. In-8, 36 p. et

pl. Paris, imp. et lib. E. Lacroix.
2 fr. 50

MOLINOS et PRONNIER. — Traité théorique et pratique de la construction des ponts métalliques. 1 vol. in 4 et atlas in-fol. gr. 1/2 reliure chagrin, très-bel ex. bien conservé. Broché.
110 fr. au lieu de 125 fr.

MONBRO. — Notice sur la chaudière Field, son principe et sa construction ; application des tubes aux chaudières existantes. In-4. 27 p. Paris, imp. Renou et Maulde. . . . . . . 2 fr.

MOTTEZ. — Courants de formation de la houille. In-8, 10 p. Paris, imp. P. Dupont.

N

New formulas for the hoads and deflections of solidbeams and girders by William Donaldson, M. A., A. I. C. E. In-8 1872. . . . . . , ... 6 fr.

NEYMARCK. — Le Honduras, son chemin de fer, son avenir industriel et commercial. In-8, 76 p. Paris, imp. Raçon et Cie. . . . . 2 fr. 50

NOERDLINGER. — Les Bois employés dans l'industrie, caractères distinctifs, descriptions accompagnées de 100 sections en lames minces des principales essences forestières de la France et de l'Algérie. In-32, 116 p. et tableau. Paris, imp. Claye. . . . . . 30 fr.

Nouvelle technologie des arts et métiers, des manufactures, des mines, de

l'agriculture, etc. Annales et archives de l'industrie au XIX° siècle ; description générale, encyclopédique, méthodique et raisonnée de l'état actuel des arts, des sciences, de l'industrie et de l'agriculture chez toutes les nations. Recueil de travaux historiques, techniques, théoriques et pratiques ; par MM. les rédacteurs des Annales du Génie civil, avec la collaboration de savants, d'ingénieurs et de professeurs français et étrangers. E. Lacroix, Membre de la Société industrielle de Mulhouse, directeur de la publication. 3° volume (t. 5 et 6), in-8, 894 p., 4° vol. (t. 7 et 8), gr. in-8, 1035 p. Paris, imp. et lib. Lacroix. . . 80 fr.

O

On the construction of Catch Water reservoirs in mountain districts, for the supply of towns, or for other purposes. By Charles H. Beloe, author of

the « handbook of the Liverpool water wooks 1872. In-8, 6 pl. et 2 tableaux.
7 fr. 50

P

PALAA. — **Dictionnaire** législatif et réglementaire des chemins de fer. 2e *édit.* In-8, VIII-1124 p. Paris, imp. Dumaine. 22 fr.

PAULET, chimiste. — Simples indications pour propager l'application de l'engrais-**vidanges** dans les diverses contrees de France et note relative aux engrais-vidanges de Paris. In-8, 47 p. Paris, imp. Donnaud.

PÉRAUX, de Nancy. — Solution graphique de la **division des cercles** ou des arcs de cercle, du developpement total ou partiel de la circonférence et de différents autres problèmes de la géométrie pratique. In-8. 8 p. avec fig. Paris, imp. et lib. E. Lacroix.

PÉRISSÉ (Sylvain), ingénieur des arts et manufactures. — Etude sur les **portes d'écluse** à la mer, en France et en Angleterre. 1 vol. gr. in-8, accompagné de 4 pl. . . . . 7 fr.

PINOT. — Théorie-pratique de la **machine à vapeur** mise à la portée de tout le monde. In-8, 15 p. Valence. imp. Chaleat.

Ponts métalliques. 3e partie, 1er fascicule : ponts en fonte, 2e fascicule : ponts en fer, 3e fascicule : ponts en tôle, fondations tubulaires. In-4 à 2 col. 95 p. et 39 pl. Paris, imp. et lib. E. Lacroix. Chaque fascicule. . . 20 fr.

Ponts en pierre. 2e partie. In-4 à 2 col., 40 p. et 22 pl. in-fol. Paris, imp. et lib. E. Lacroix. . . . . 30 fr.

POURIAU. — **La laiterie.** In-18 jésus, 434 p. et 125 fig. Paris, imp. Plou. 2 fr.

Practical Aëronautics by G. G. M. Hurdingham, C. et M. E. being A. Paper read in april 1871, at a supplemental Meeting of the students of the institution of civil Engineers. And to Wich a Miller. . . . . 2 fr. 50

A **Practical** Treatise on the construction of horizontal and vertical Water-Wheels specially designed for the use of operative mechanics by William Cullen Millwright and Engineer. 1 vol. in-4, 63 p. et 12 pl. . . . . . 16 fr.

PRÉVOST-BROUILLET. — Manuel du tracé des **engrenages.** Br. in-8, autographiée avec 7 fig.. . . . . 75 c.

R

RABU. — Le véritable **taillandier**, indiquant les principes à observer pour les degrés de chaleur, pour la manière d'employer les fers et les aciers et les retremper. In-12, 43 p. Nantes, imp. Forest et Grimaud.

RAFFARD. — Moyens employés par les **mineurs** de la colonie de Victoria (Australie), pour descendre et monter dans les puits. In-8, 15 p. avec fig. Paris, imp. et lib. E. Lacroix. . 1 fr.

Extrait de l'Annuaire 1871-1872 de la Société des anciens élèves des écoles nationales d'arts et métiers.

Records of steam Boiler explosions by Edward Bindon marten. mem. Inst. of mechanical Engineers; associate of institution of civil Engineers, and chief Engineer to the mid and Steam Boiler inspection and assurance. 1 vol. in-8 1871, 39 fig. . . . . 7 fr. 50

Recueil des travaux de la Société des anciens élèves des écoles d'arts et métiers; années 1871-1872, 24e et 25e années, 1 vol. in-8 avec 12 pl. et fig. dans le texte. . . . . 10 fr.

RENARD. — Etude sur les **huiles.** 1re partie : Recherche et dosage de l'huile d'arachide dans l'huile d'olive. In-8, 16 p.

RIVOT, ingénieur en chef des mines. — Traité de **métallurgie** théorique et pratique. *Nouvelle édit.* t. 1. Metallurgie du cuivre. t. 2. Metallurgie du plomb et de l'argent. In-8, XXXI-1181 p. et 8 pl. Coulommiers, imp. Moussin.

ROUX. ingénieur des poudres. — La **Poudre** pendant le siege de Paris. In-8, 11 p. Paris, imp. et lib. E. Lacroix. . . . . 1 fr.

Publications scientifiques-industrielles d'E. Lacroix.

ROUX, ingénieur des poudres. — De la **pression des gaz** de la poudre dans les pieces d'artillerie et des moyens de la mesurer. In-8, 12 p. Paris, imp. et lib. E. Lacroix. . . . . 1 fr.

S

SAGERET. — **Annuaire du bâtiment,** des travaux publics et des arts industriels. 42ᵉ année 1872. In-8, xxxii-1336 p. Paris, imp. Dumaine. 5 fr. 50

SEILLON. — **Tissage des rubans.** In-8, 250 p. et 21 pl. Paris, imp. et lib. de E. Lacroix. . . . . 8 fr.
Publications scientifiques-industrielles d'E. Lacroix.

SÉRAPHON ingénieur civil. — Etude sur les **tramways.** In-8, viii-111 p. Paris, imp. Cusset et Cie.

SMITH, inspecteur général des mines de la couronne et du duché de Cornouailles. — **La houille** et l'exploitation des houillères en Angleterre. Accompagné d'une carte, de 4 pl. gravées et de 65 fig. intercalées dans le texte. In-8, xvi-464. Paris, imp. Martinet.

Spons' Dictionary of Engineering civil mechanical military et naval; with technical terme in French, German, Italian et Spanish. Livraisons 57, 58, 59. Gun machinery, à Haulage, prix de la liv. . . . . 1 fr. 50

Spons' Tables and memoranda for Engineers by J. T. Hurst. London, 1872, 118 p. oblong. . . . . 1 fr. 50

STAMMER (Ch.), docteur-chimiste. — Traité complet, théorique et pratique de la **fabrication du sucre.** Tirage pour 1873, augmenté d'un supplément 1 vol. in-8 et pl. . . . . 20 fr.

— Traité complet, théorique et pratique de la **fabrication du sucre,** premier supplément. Progrès accomplis en 1871-1872. 1 vol. gr. in-8 avec fig. 6 fr.

— Traité complet théorique et pratique sur la **distillation** de toutes les substances alcoolisables. 1 fort vol. in-8 avec nombreuses fig.

T

Tables for Platelayers, compiled from the formular in the work on switches and crossings by William Donaldson, M. A., A. I. C. E author of switches and crossing; and a treatise on oblique archess. In-8, 25 p. avec tabl. et pl. 6 fr.

TAFFE, ancien officier d'artillerie, professeur aux écoles d'arts et métiers.— Applications de la **mécanique aux machines.** 4ᵉ *édit.* In-8, xx-778 p. Versailles, imp. Beau. . . . . . . 12 fr.

TEILLAIS (C. de la).— Etude sur les **races de chevaux** de la Russie. 1 vol. in-8, 133 p., fig. . . . . 4 fr.

— Etude historique, économique et politique, sur les **colonies portugaises,** leur passé, leur avenir. 1 vol. in-8. 279 p.

Text-Book (A) of the construction and manufacture of the rifled ordnance in the Britisch service by captain Franc S. Stoney royal artillery instructor royal gun factories printed by order of the secretary of state for war. 1 vol. gr. in-8, reliure anglaise, 237 p., tabl. et nombreuses fig. dans le texte.

Theory of heat by J. Clerk Maxwel M. A. L. L. D. Evin. F. R. SS. L. et E. *Seconde édition.* 1 vol. in-8, 1872. 5 fr.

THERION.— Des **chemins de fer d'intérêt** local. Recueil de documents législatifs et administratifs, avec une introduction. In-8, xi-147 p. Paris, imp. Masquin et Cie. . . . . 5 fr.

The subterranean world by Dr Georges Hartwig with three-naps and numerous engravings on wood. *Seconde édition.* 1 vol. in-8, 1872. . . . . 30 fr.

THOMAS MALTON. — A compleat treatise on perspective in theory and practise on the true principles of Dr Brook Taylor, made clear, in theory, by various moveable schemes, and diagrancs and rednud to practice, etc., etc. 1 vol. gr. in-8 relié, 292 p. et 48 pl. gravées sur cuivre. London, 1779. Sur le titre est inscrit à la main : To major Cocks from colonel Brooke. Sainte Helène, March, 10, 1801.

Treatise (A), on the construction and operation of Wood-Working machines : including a history of the origin and progress of the manufacture of Wood-Working machinery illustrated by numerous Engrabings, schowing the modern practice of prominent engineers in england, France and America by J. Richards. 1 vol. in-fol. 1872. . . . . 35 fr.

V

Van Laer G., préparateur de chimie à
l'école professionnelle de Verviers. —
**Aide-mémoire pratique du teintu-
rier.** Recueil des principaux procédés
de teintures à mordant, a l'usage des
teinturiers. In-8, 86 p. et 122 échantillons. . . . . 10 fr.

　L'ouvrage se compose aussi de deux
parties sans échantillons, dont chacune
se vend séparément. . . . . . 3 fr.

Vincent. — La fabrication et le commerce des **cuirs** et des **peaux.**
In-8, 428 p. Paris, imp. Vert.
12 fr.

Vivant. — Organisation des mécani-
ciens-officiers et des chauffeurs de la
marine anglaise. Principaux règle-
ments concernant la conduite et l'entretien des machines à vapeur anglaises. In-8, 103 p. Paris, imp. et lib. E.
Lacroix. . . . . 4 fr.

　Annales du Génie civil.

Voehler. — Éléments de chimie orga-
nique et inorganique. In-8, 593 p.
imp. Raçon et Cie. . . . . 5 fr.

W

Wagner. — Nouveau traité de **chimie
industrielle,** à l'usage des chimistes,
des ingénieurs. T. 1er. In-8, vii 658 p.
Corbeil, imp. Crété fils. Les 2 vol.
20 fr.

Whitwell.—De l'emploi du vent à une
température élevée pour souffler des
hauts-fourneaux d'une hauteur moyenne. Paris, imp. et lib. E. Lacroix.
1 fr. 25 c.

　Extrait de l'Annuaire 1871-1872 de la
Société des anciens élèves des écoles nationales d'arts et métiers.

Wibrotte, sous-lieutenant au 47e de

ligne. — Construction et destruction
des **chemins de fer** en campagne.
In-8, 40 p. Paris, imp. J. Dumaine.
1 fr. 50

Williot, conducteur des ponts et chaussées, attaché au service municipal de
Paris. — Mémoire sur la stabilité des
voûtes droites symétriques à surcharge
limitée par un plan horizontal; théorie
et formules pratiques. In-8, 31 p. Paris,
imp. et lib. E. Lacroix. . . . . 4 fr.

　Extrait des *Annales du Génie civil,*
1872. — Publications scientifiques-industrielles d'E. Lacroix.

On s'abonne à la librairie LACROIX, Paris, 54, rue des Saints-Pères.

Prix de cette livraison 2 fr.

Imprimerie et Librairie de E. Lacroix, 54, rue des Saints-Pères, Paris.

LE

GÉNIE RURAL

—

ATLAS

DEUXIÈME PARTIE

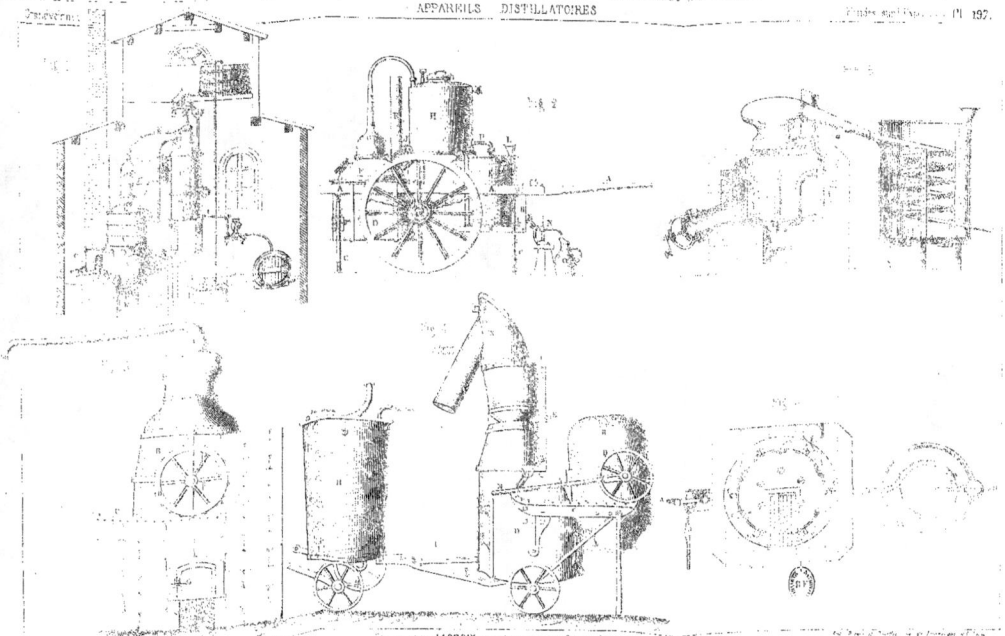

APPAREILS A DISTILLER LES VINS

Fig. 9

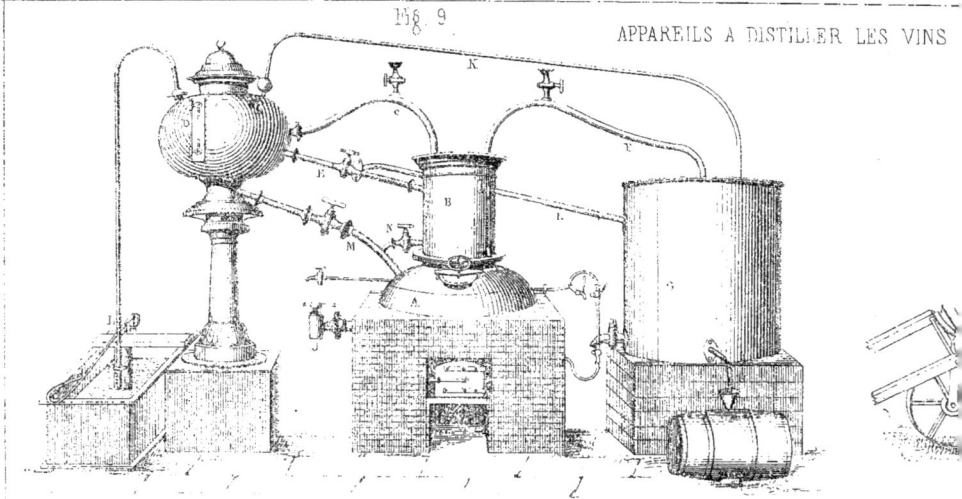

Fig. 7

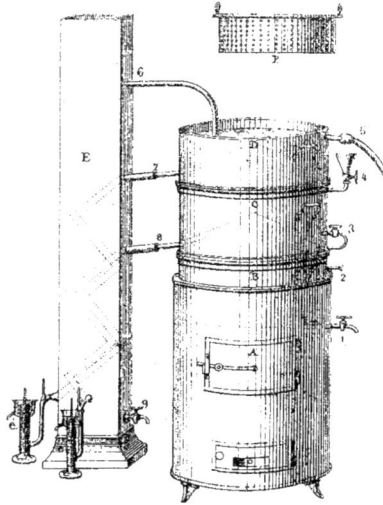

GNAC

Fig. 10

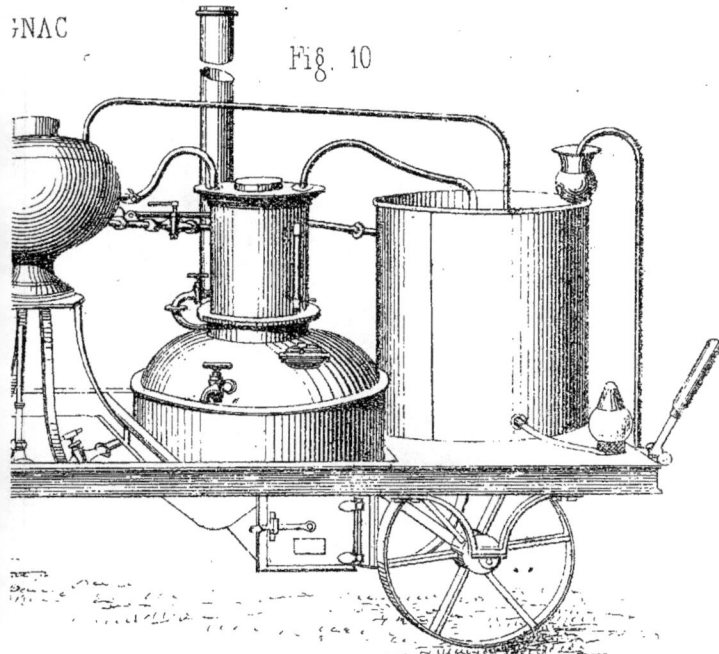

Fig. 8.

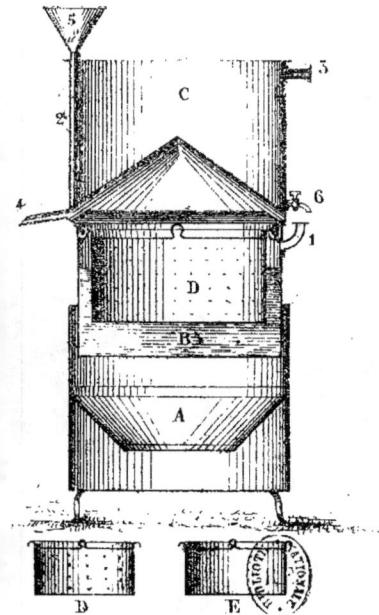

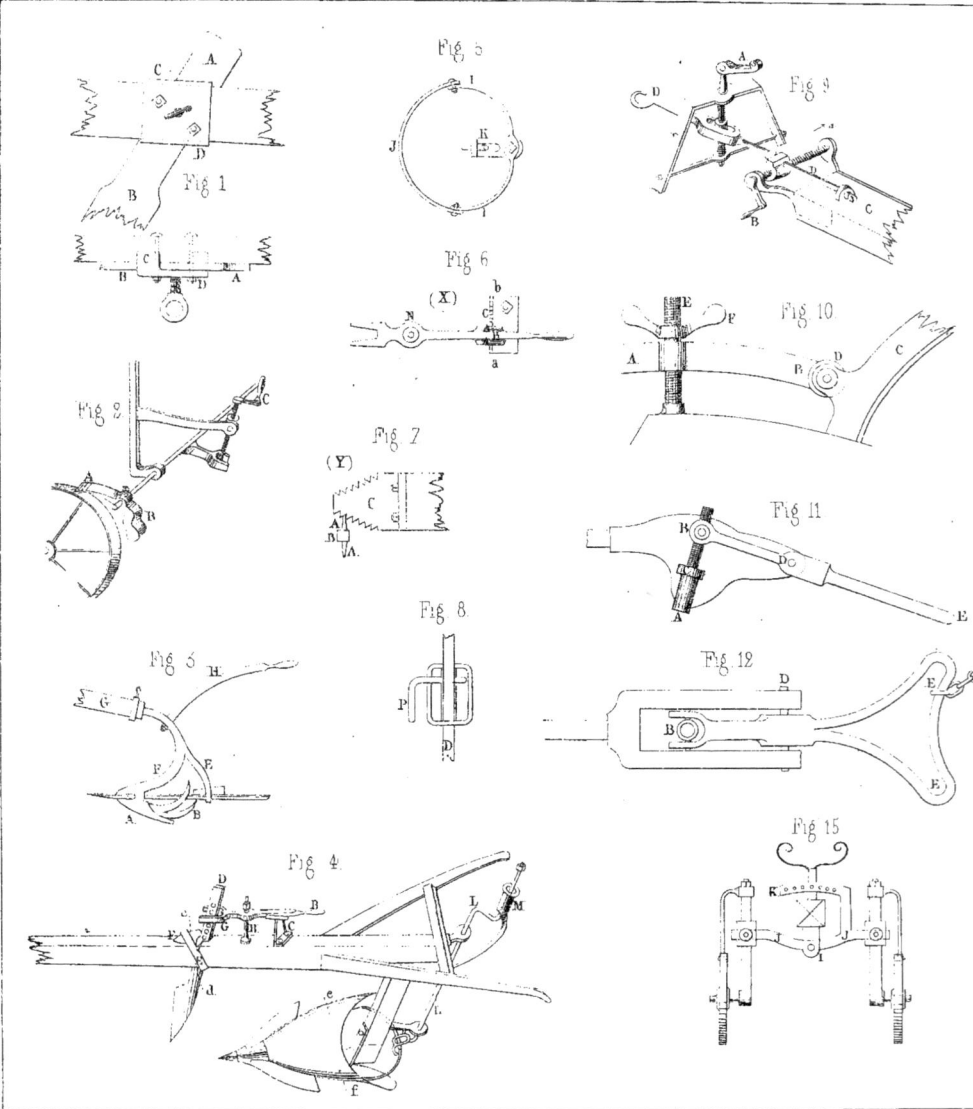

Fig 1

Fig 5

Fig 9

Fig 2

Fig 6

Fig 10

Fig 7

Fig 11

Fig 3

Fig 8

Fig 12

Fig 15

Fig 4

Imp. Lemercier **LACROIX**, rue Jean Bart des Saints

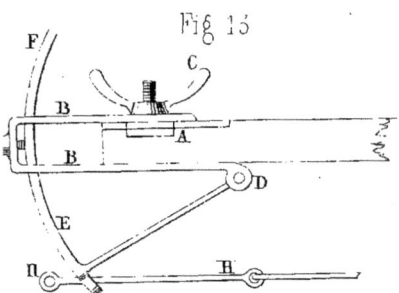

Fig. 13

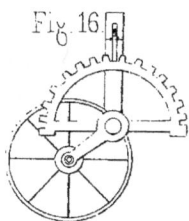

Fig. 16

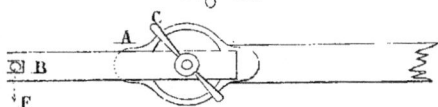

Fig. 14

Fig. 17

Fig. 21

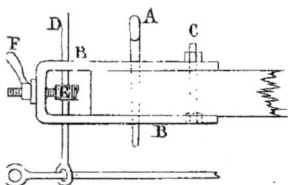

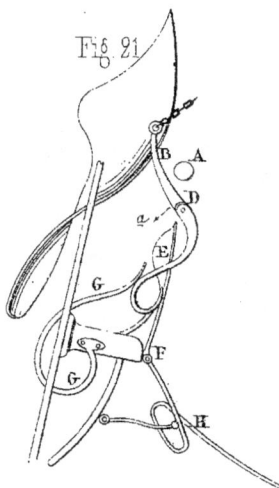

Fig. 18.   Fig. 19

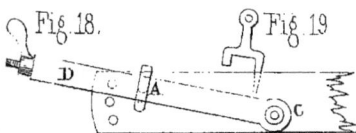
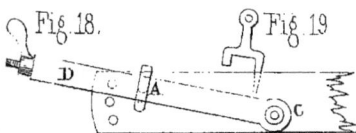

Fig. 20.

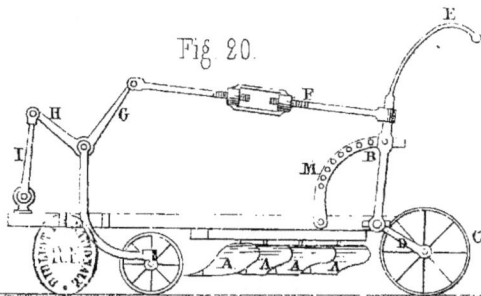

Autog. Broise et Thieffry, R. de Dunkerque 13 à Paris

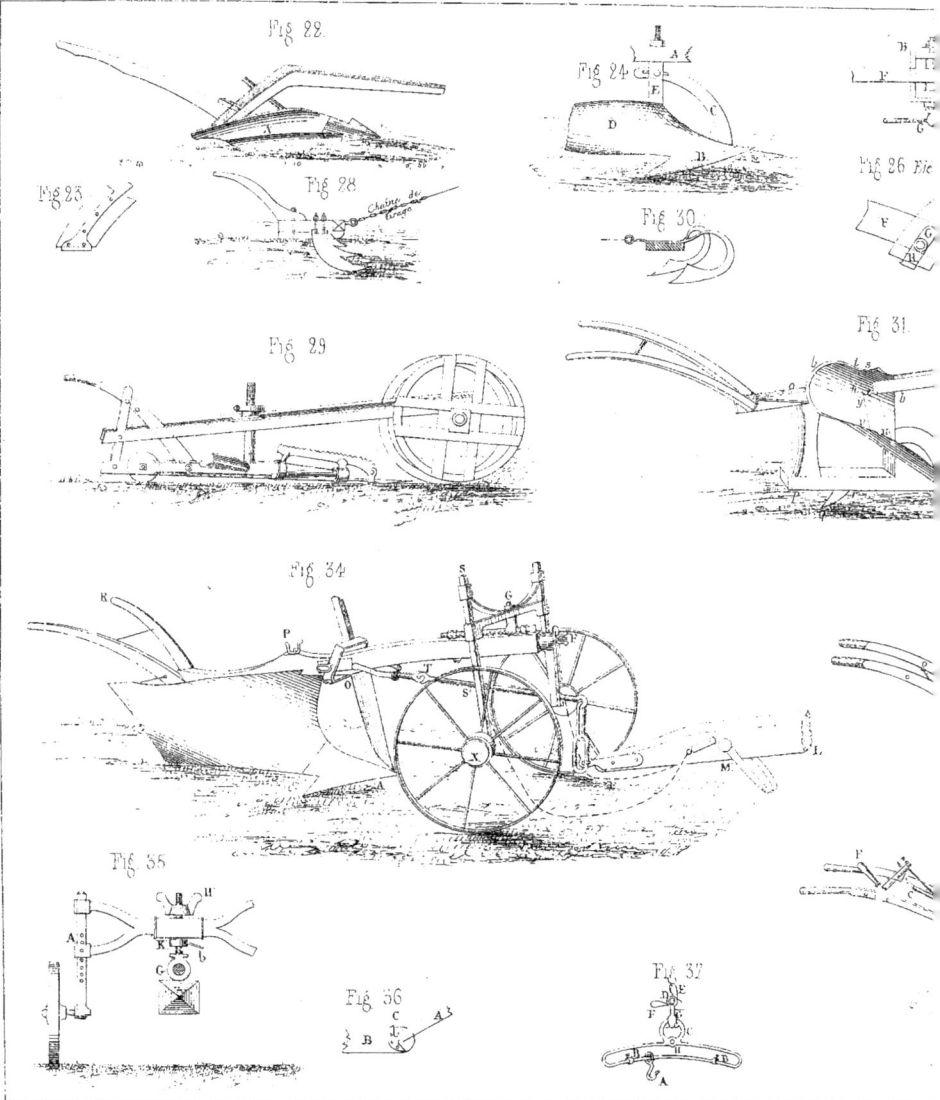

Fig 22.

Fig 24.

Fig 26 Fig

Fig 23.

Fig 28.

Chaîne de traction

Fig 30.

Fig 29.

Fig 31.

Fig 34.

Fig 35.

Fig 36.

Fig 37.

Plan.

Fig 27.

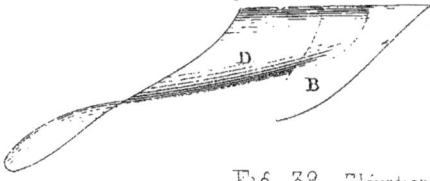

Fig. 32 *Elévation*

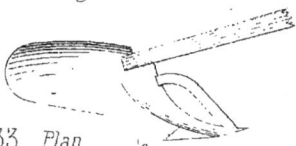

Fig 33. *Plan*

Fig 39

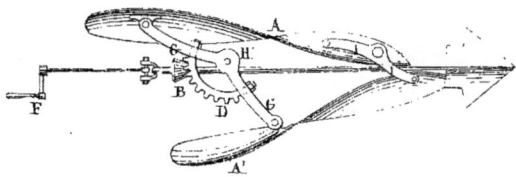

Fig. 40

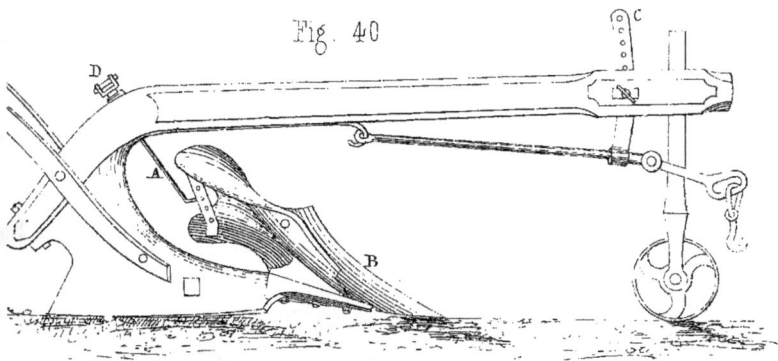

Fig. 38

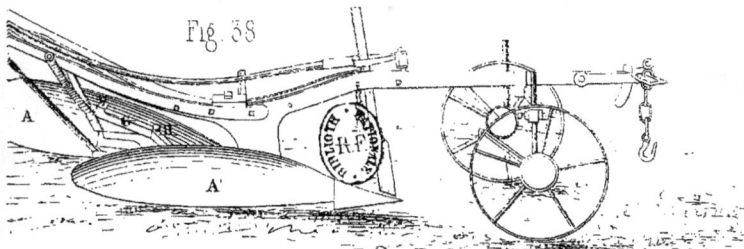

Pressoir hydraulique à deux pistons
de X. E. Mannequin,
à Auxerre.

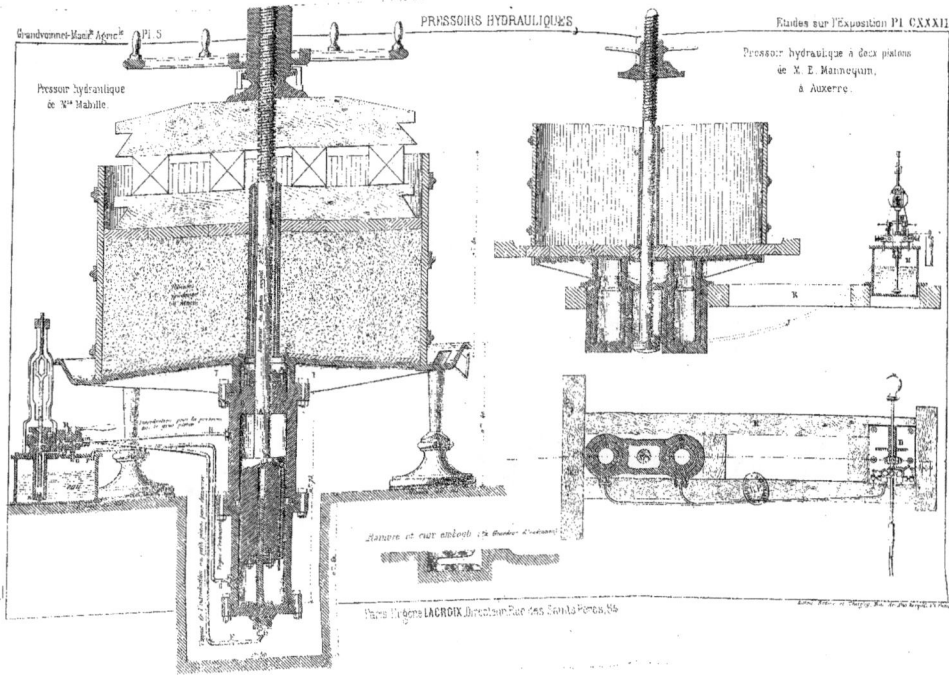

Pressoir hydraulique
de V[s?] Mabille.

Rainure et cuve adhoub. (La Rivière d'ecbass[es?])

Fig. 1.

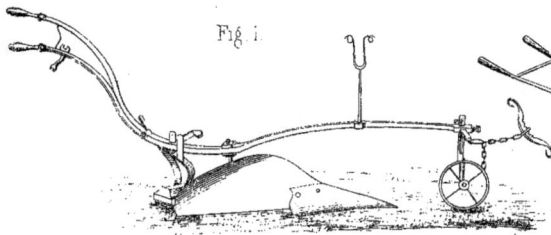

Fig. 6

Brancard 5

Dechaussoir

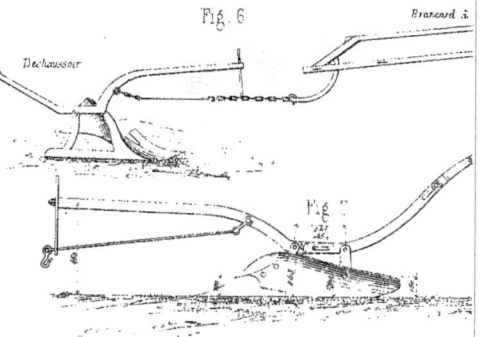

Fig. 2.

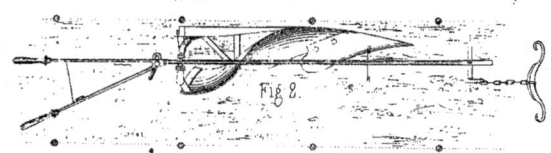

Fig. 3.

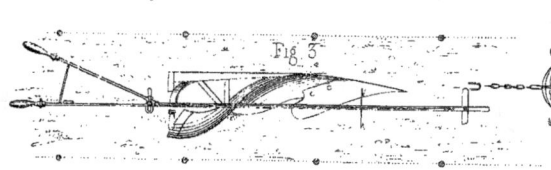

Fig. 8

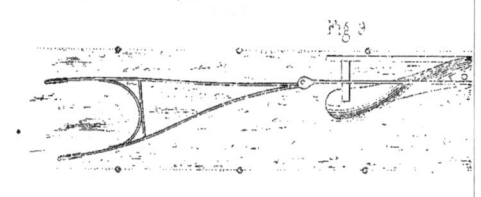

Fig. 4.

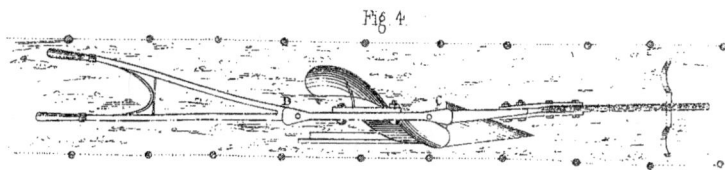

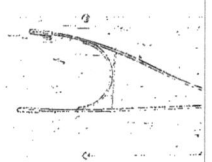

Fig 5

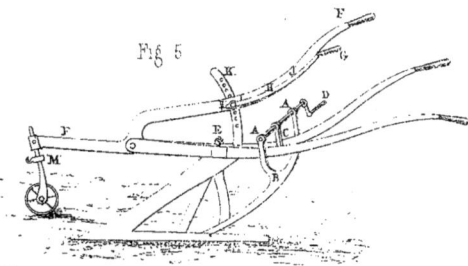

Fig.

Fig 8.

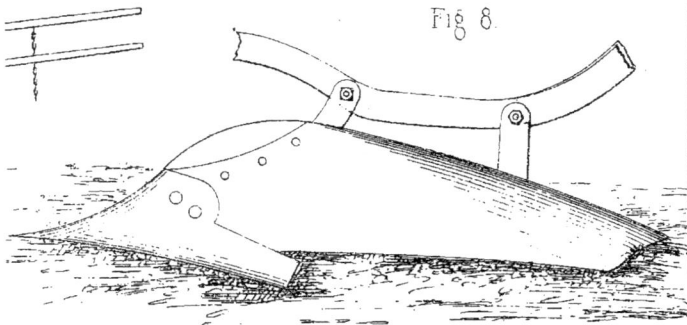

Fig 13.

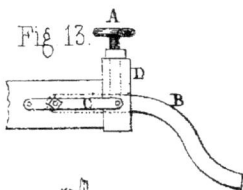

Fig 14.

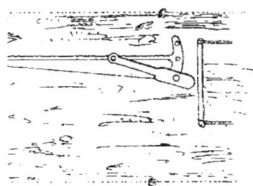

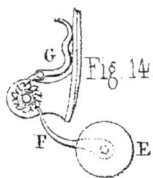

Fig 10.

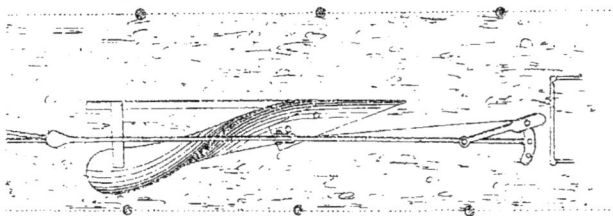

Fig 15.

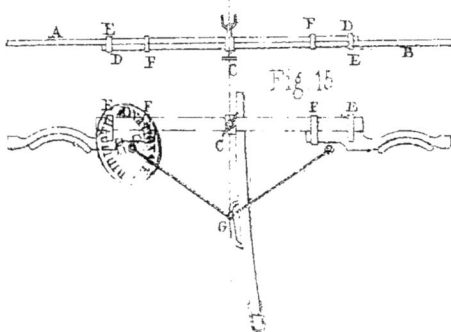

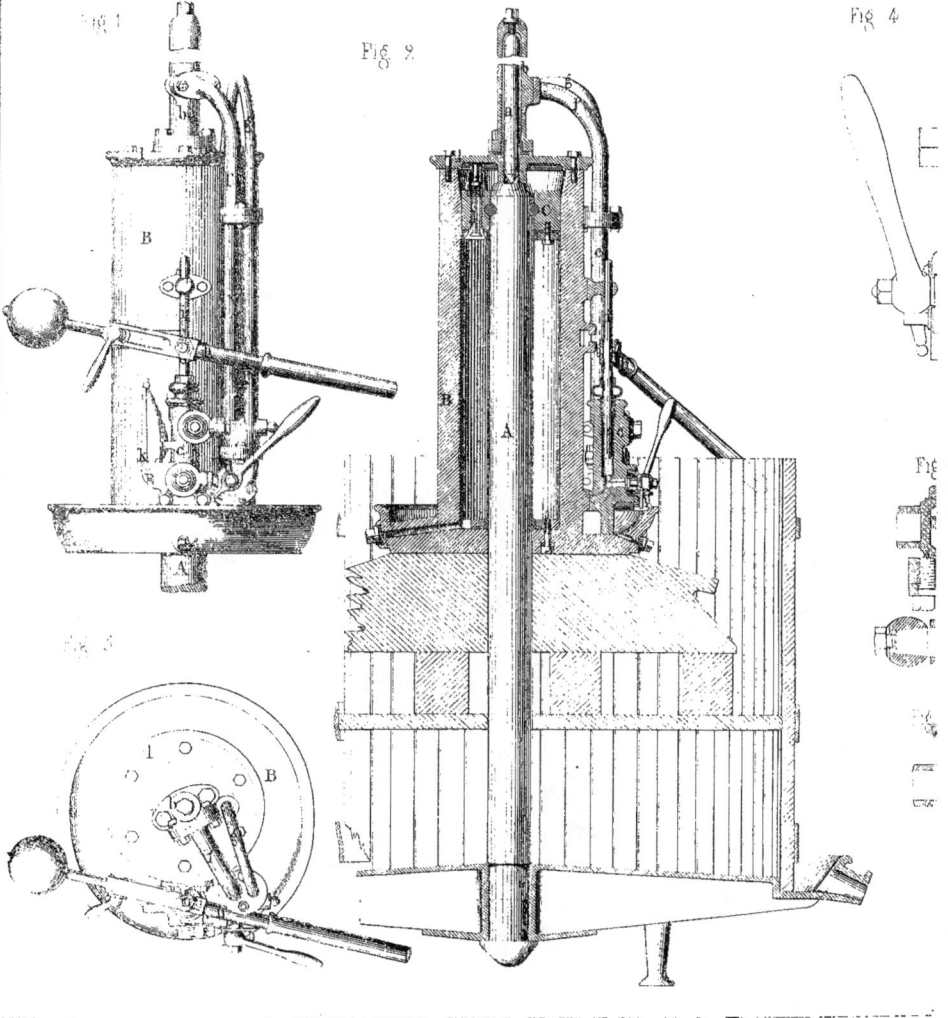

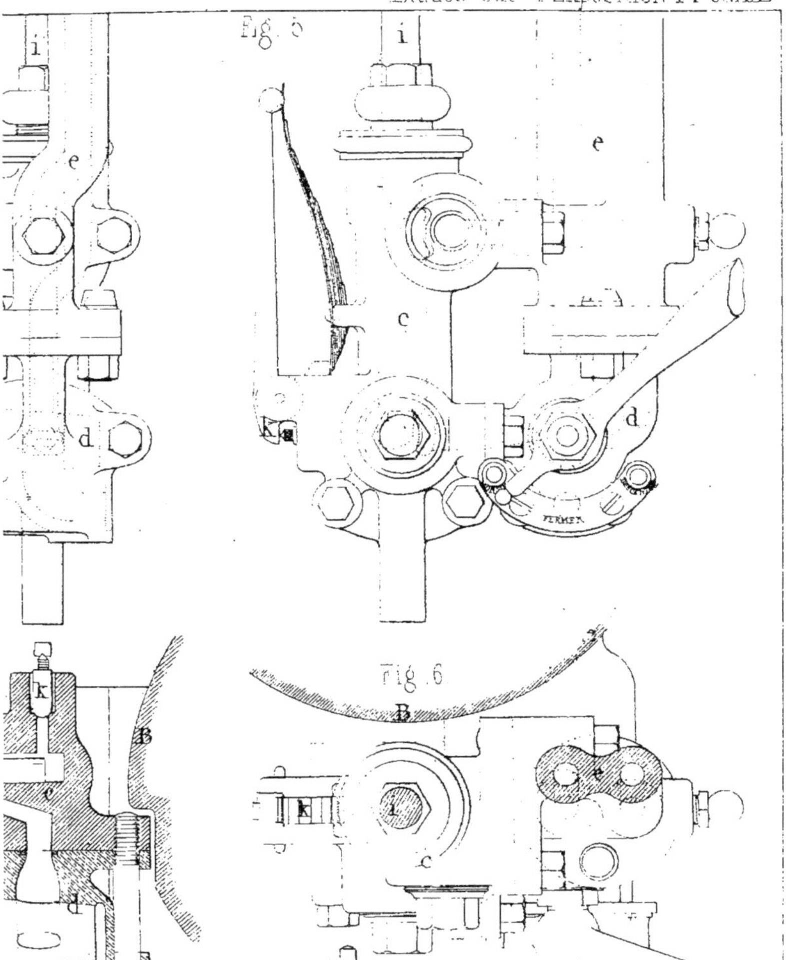

Fig. 5

Fig. 6

B

Fig 9

Fig. 10

Fig 14

Pressoir hydraulique à deux pistons
de M. E. Kannequin,
à Auxerre

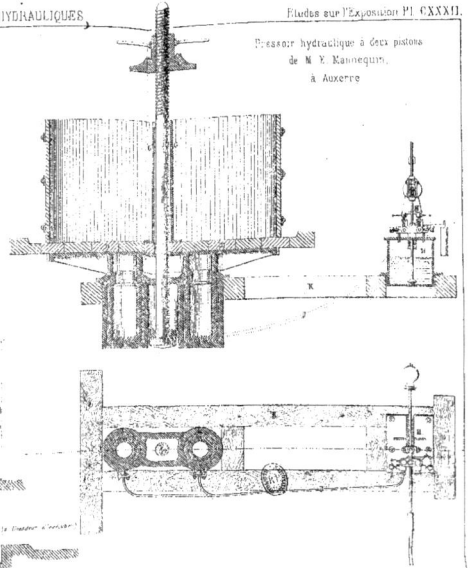

Pressoir hydraulique
de Mr Mabille.

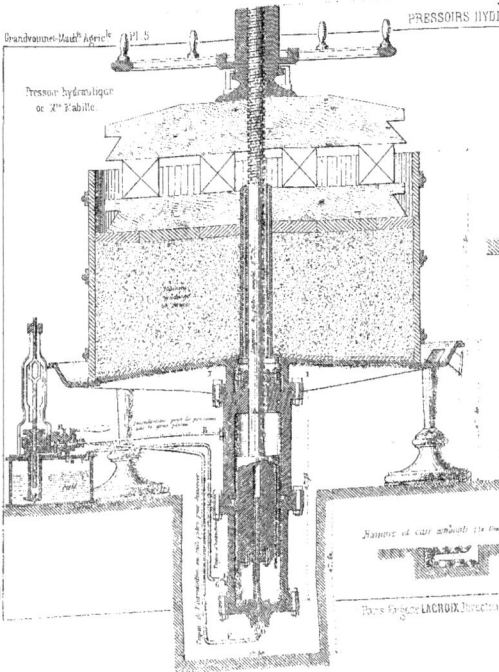

Samson et cuir embouti du pressoir d'Auxerre

Paris Imp^{ie} LACROIX Directeur Rue des Saints-Pères 54.

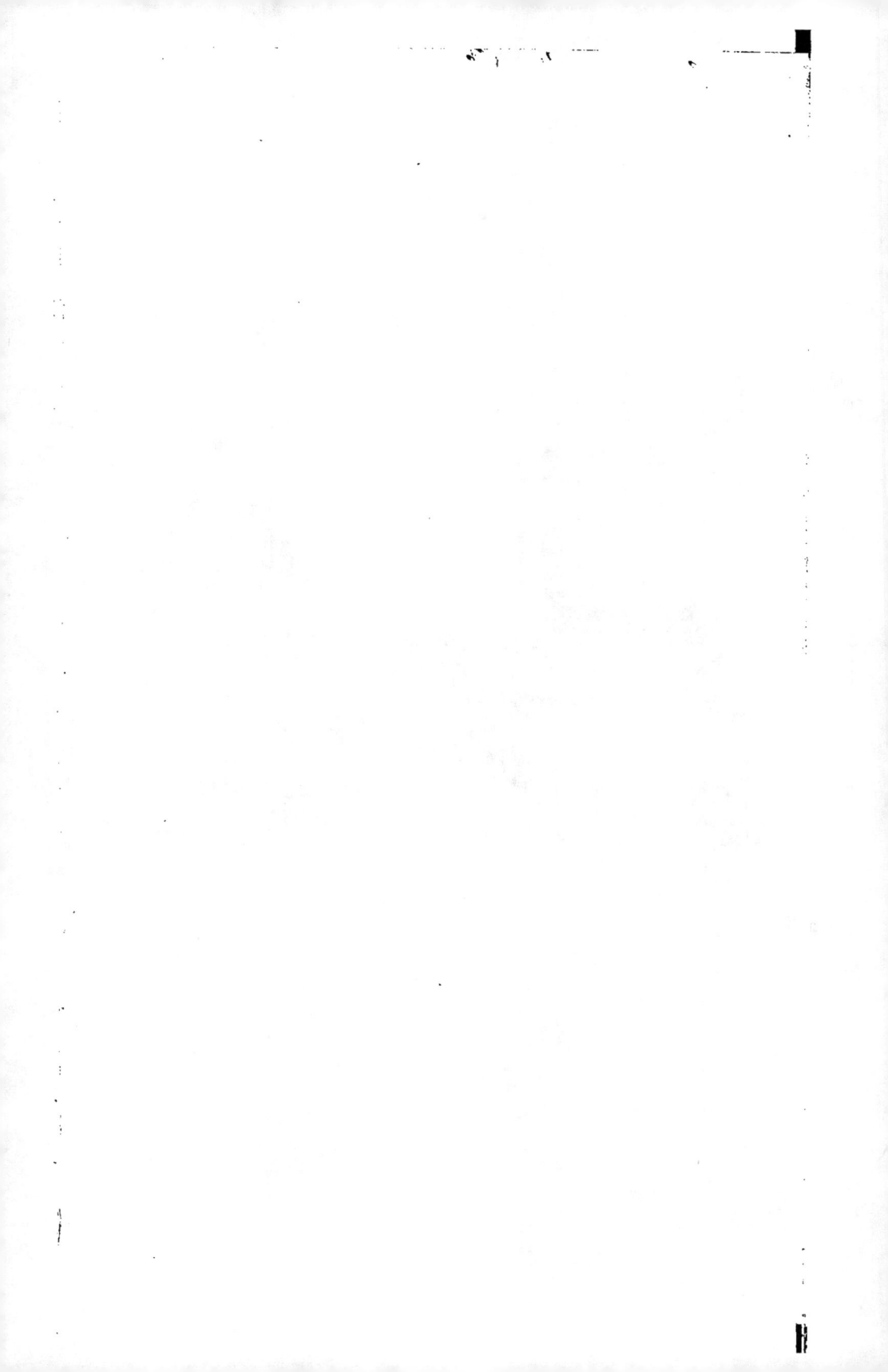

Fig 1 Élévation de côté.

Fig 2 Élévation de face

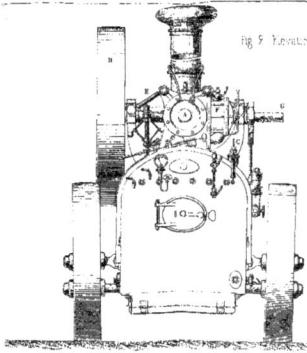

Fig 3 Plan.

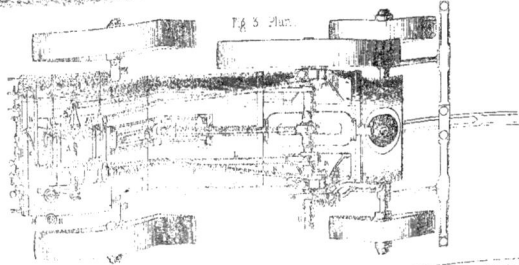

Fig 4 Coupe verticale
du foyer par a b

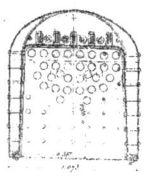

Fig 5 Coupe longitudinale
du générateur par l'axe

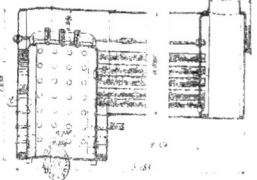

Fig. 1. Rateau de M.M.
Hunt et Pickering.
Élévation perspective.

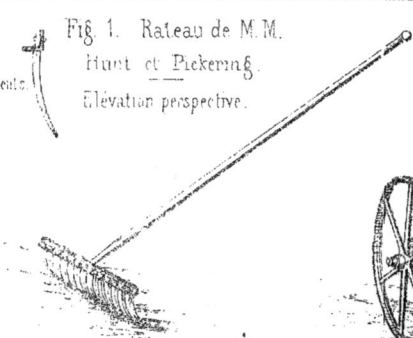

Coupe.
entre deux dents.

Fig. 4. Rateau sur roues et a bras
d. Ransomes et Sims.

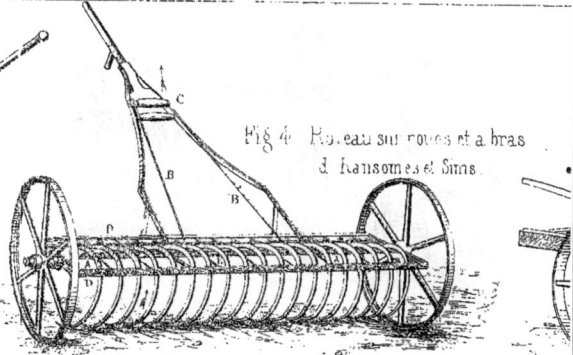

Fig. 2. Rateau à traîner à main
de Ransomes.

Fig. 9. Rateau à cheval ordinaire.
de Ransomes

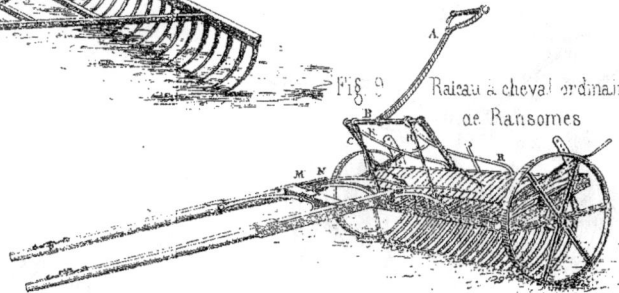

Fig. 3. Rateau à main à traîner,
tout en fer, système d'Underhill.

Fig. 5. Rateau à main, sur roues de M.M.
Smith. Élévation perspective.

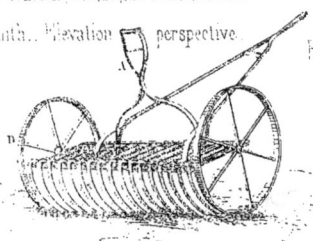

Fig. 6.
Sections diverses.

Fig. 5bis. Coupe du rateau à main
de M.M. Smith.

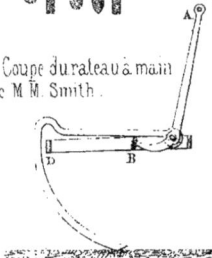

Fig. 7. Forme rationnelle d'une dent.
de Rateau anglais

Fig. 12. Rateau Clubb et Smith.
mod. 53.

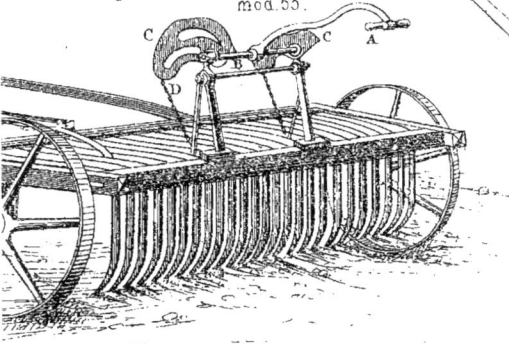

Fig. 8 Coupe du Rateau Pinel.
genre Ransomes.

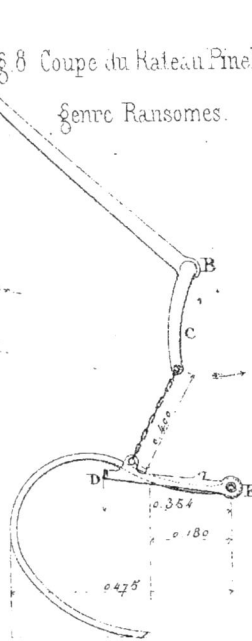

Fig. 11 Rateau à siég de N. Nicholson.

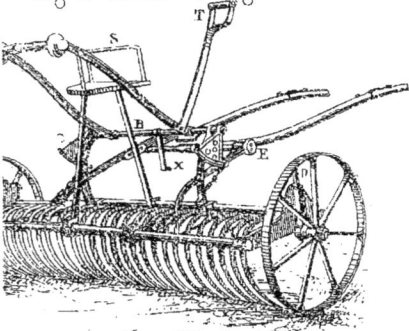

Coupe du mécanisme
de soulèvement.

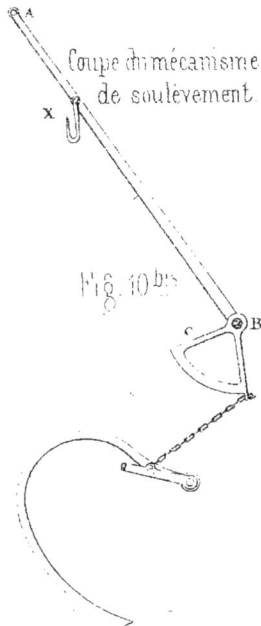

Fig. 10 bis

Fig. 10 Rateau ordinaire à cheval
de N. Nicholson.

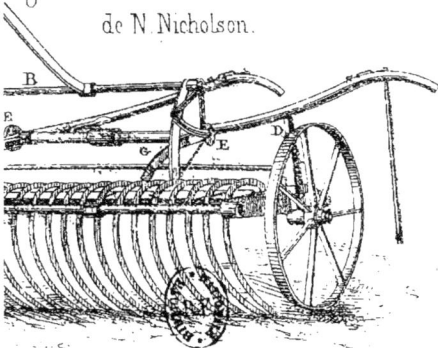

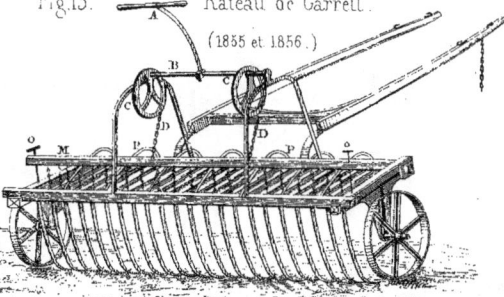

Fig.13.　　Rateau de Garrett.

(1855 et 1856.)

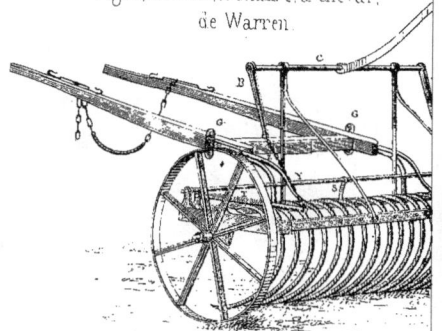

Fig. 14. Rateau ordinaire, à cheval, de Warren.

Fig. 15 Rateau à cheval de Warren.

pour sols très irréguliers.

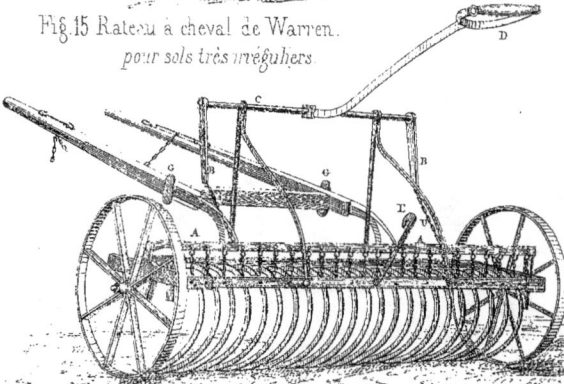

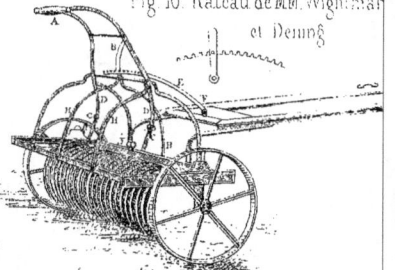

Fig. 16. Rateau de MM. Wightman et Deming.

Fig. 19. Rateau de Barrett, Exall et Andrewes.

(modèle 1855.)

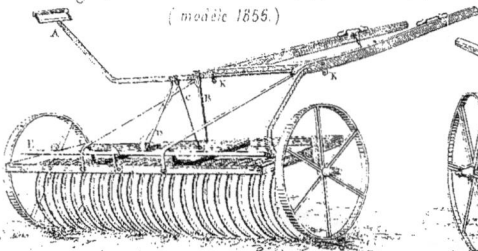

Fig. 20. Rateau à cheval de Barrett (1862.)

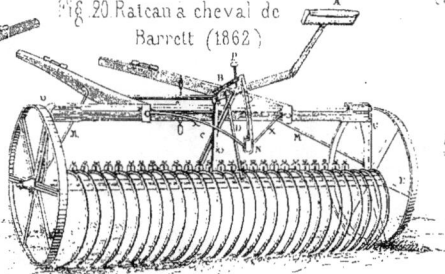

Coupe

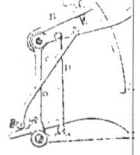

Paris, publié de LACROIX, Directeur, Rue des Saints Pères.

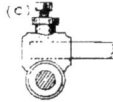

Détail de la fig. 17.

(C)

Fig. 17 Râteau de M. William Pearce.

Mécanisme de soulèvem.

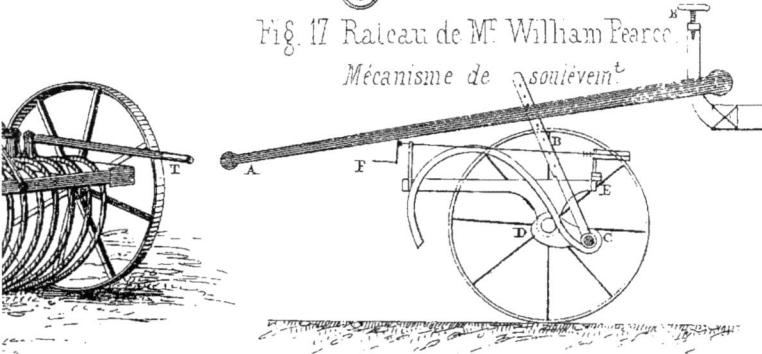

Fig. 18 Rateau à cheval d'Alcook

(Prix : 175 f.)

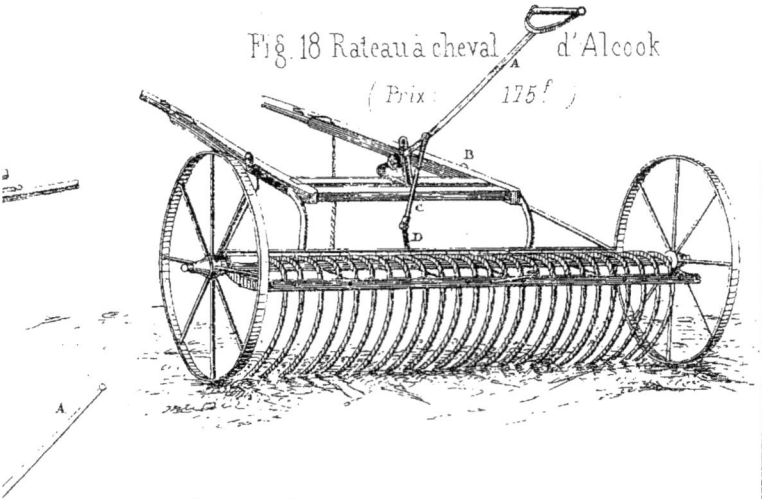

Fig. 21. Rateau donné par Thompson

sous le nom de Rateau prime (Bedford)

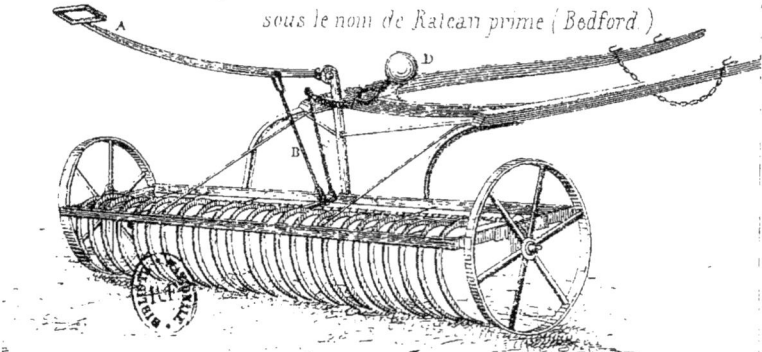

Aut Brasse et Thieffry, rue de Dunkerque 43.

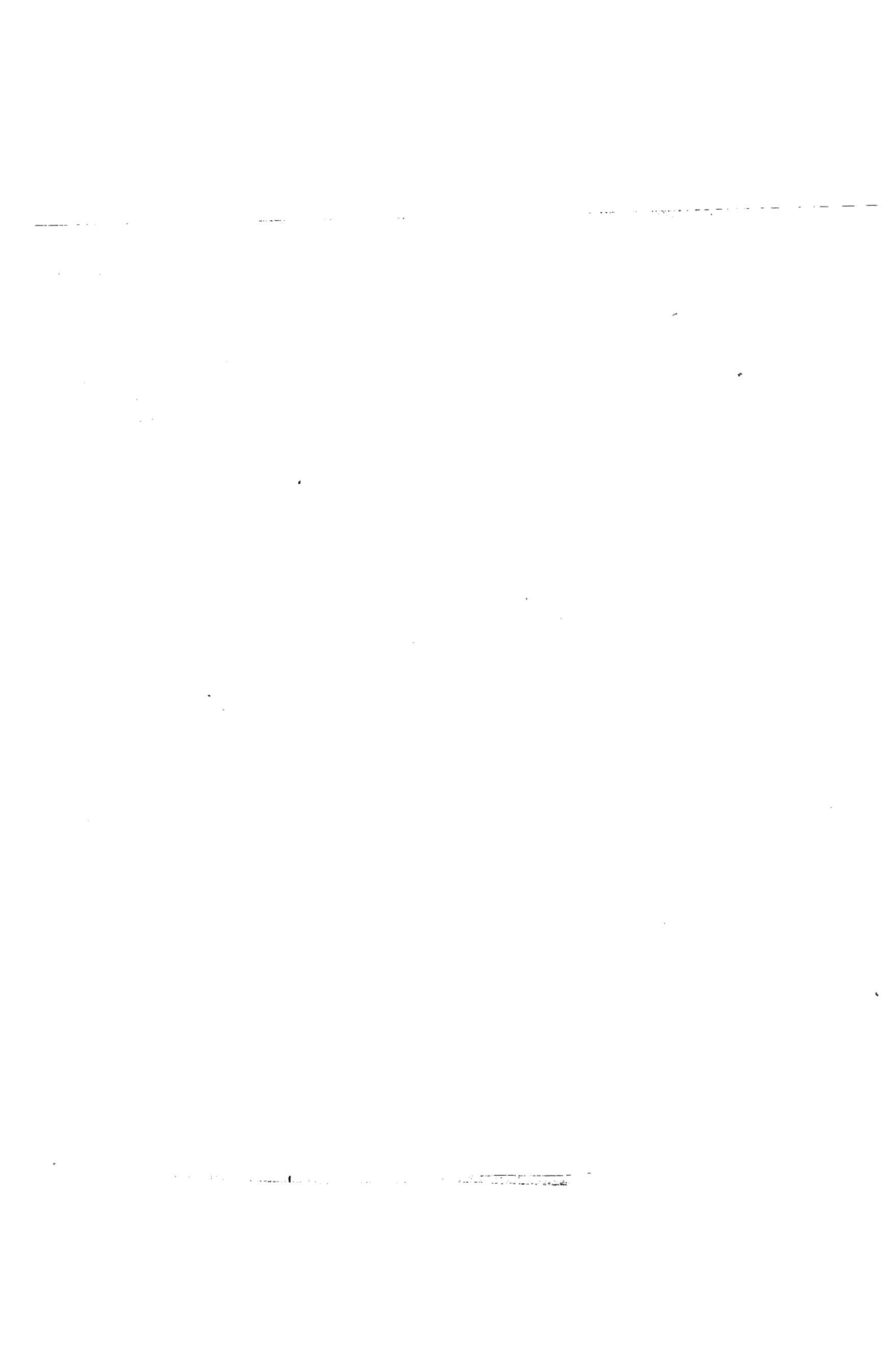

Fig 22. Rateau à contrepoids. (modèle d'Underhill)

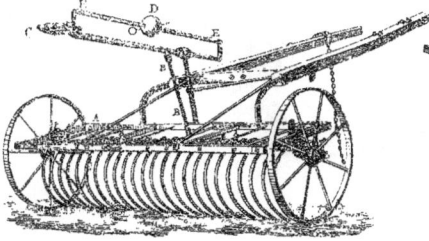

Fig 24. Rateau de E. Page.

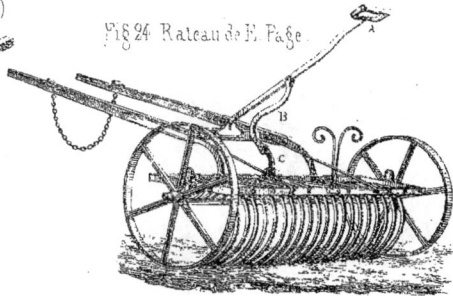

Fig 26. Rateau Allcock.
(Prix 200 f.)

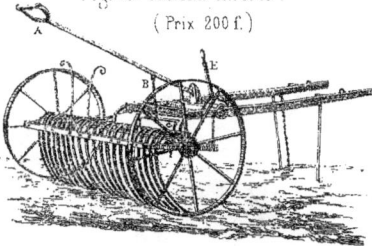

Fig 27. Rateau à cheval de Samuelson
(2ᵉ modèle de Howard)

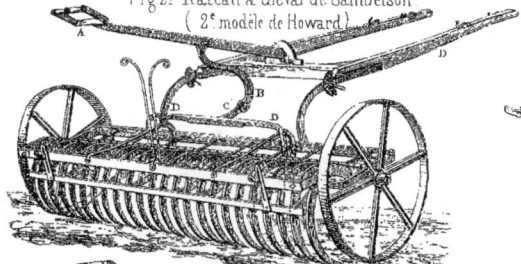

Fig 31   Rateau de Smith donné par Thompson.

Fig 30. Rateau à siège de Howard.

Fig 33. Rateau à contrepoids de Smith
fait par Turner

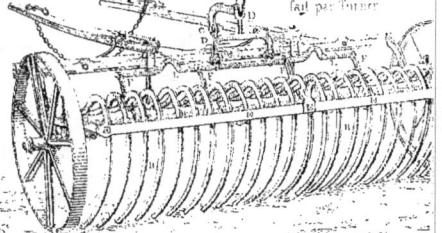

Rateau de Howard (1er modèle)
(1856)

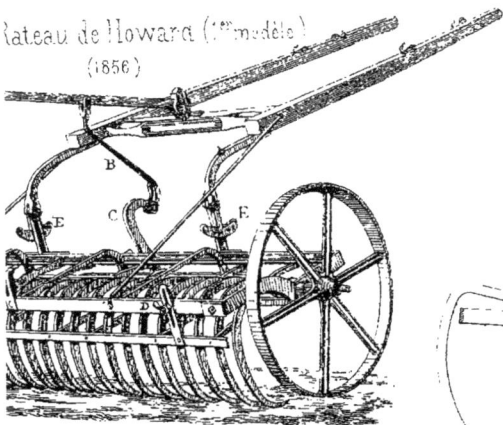

Suite de la fig. 31

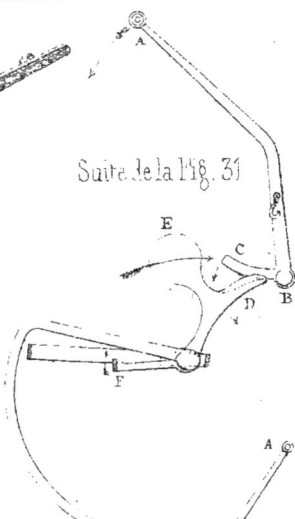

au à cheval de Howard
(1856)

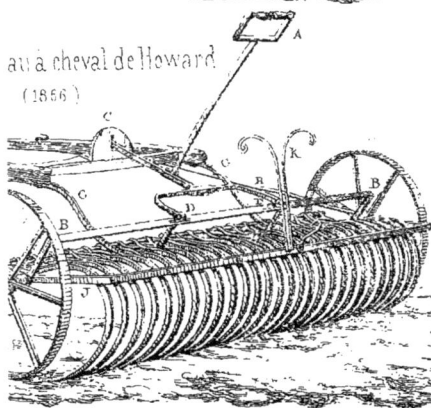

Suite de la fig 29

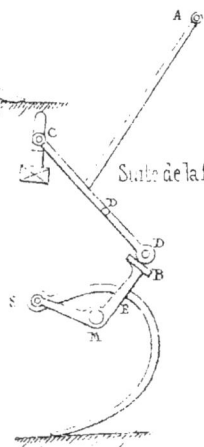

Fig. 39. Rateau à cheval de Smith et Ashby.

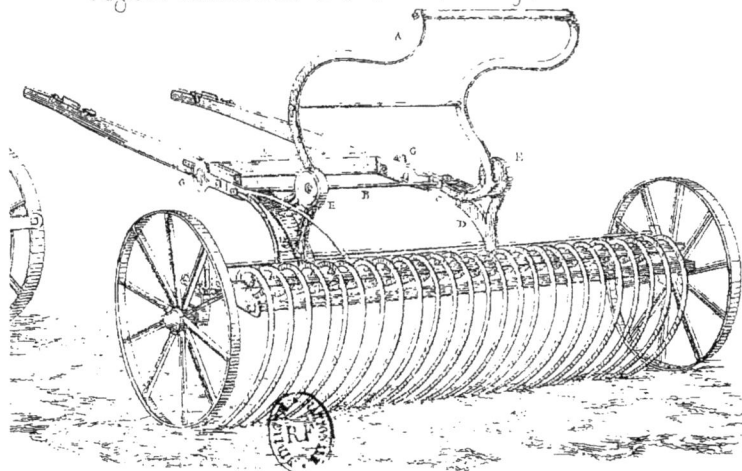

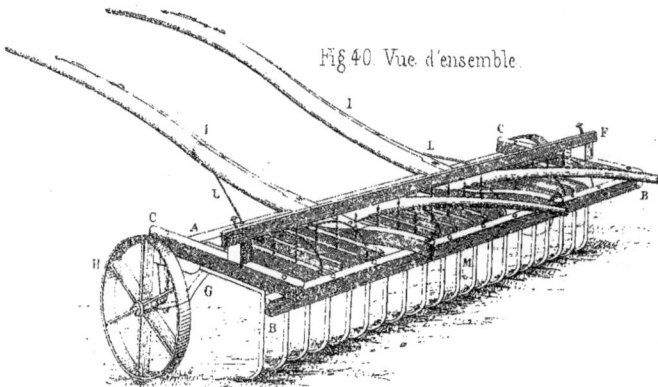

Fig 40. Vue d'ensemble.

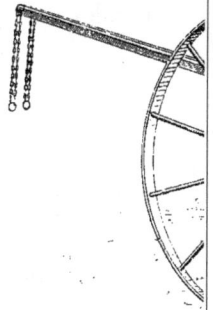

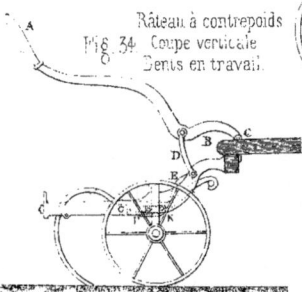

Fig. 37. dent seule

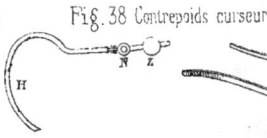

Fig. 38. Contrepoids curseur

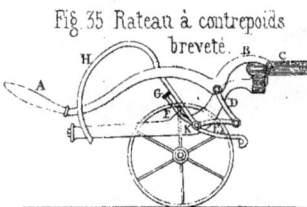

Fig. 23. Rateau de S

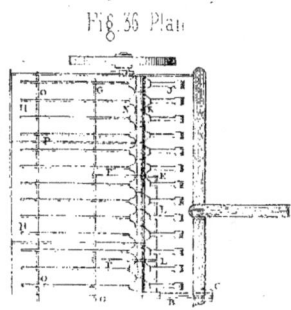

Râteau à contrepoids
Fig. 34. Coupe verticale
Dents en travail.

Fig. 35. Rateau à contrepoids
breveté.

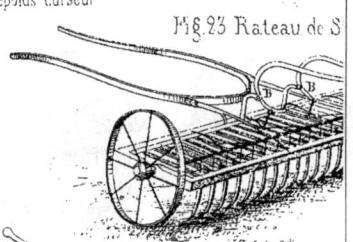

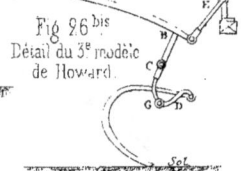

Fig. 26 bis
Détail du 3e modèle
de Howard.

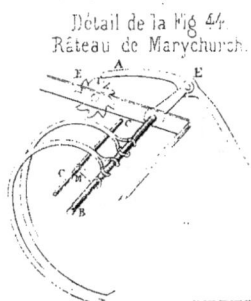

Fig 39. Rateau
de Smit

Fig. 36. Plan

Détail de la Fig 44
Râteau de Marychurch.

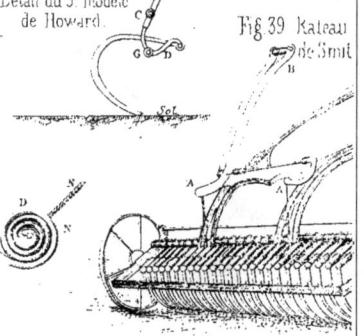

Sol

Eugène LACROIX, Directeur Rue des Jardis Per

Fig. 41   Rateau à pédale de Ransomes.

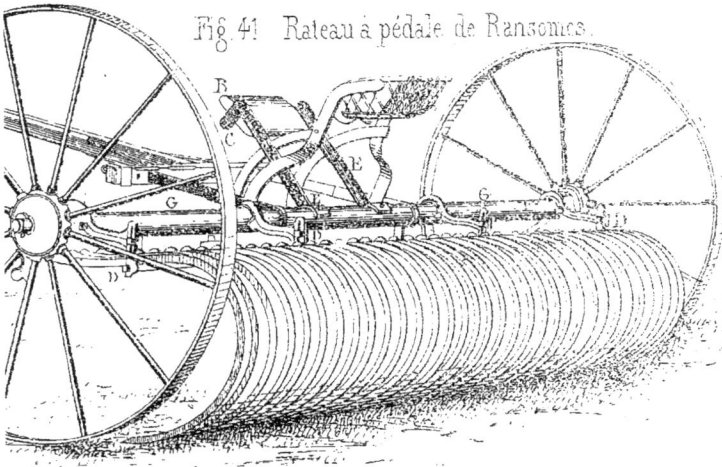

Fig. 28   3ème modèle de Howard.

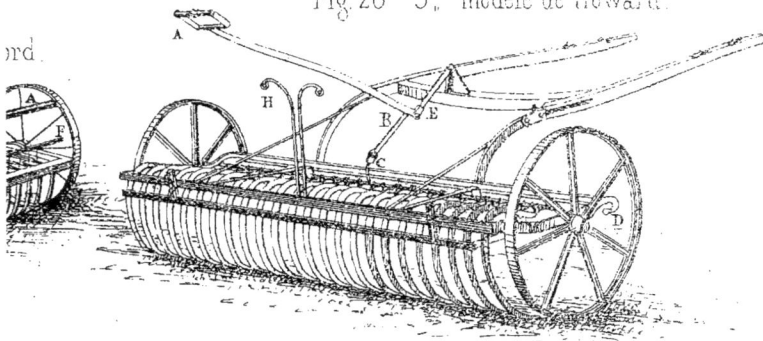

Fig. 93 bis

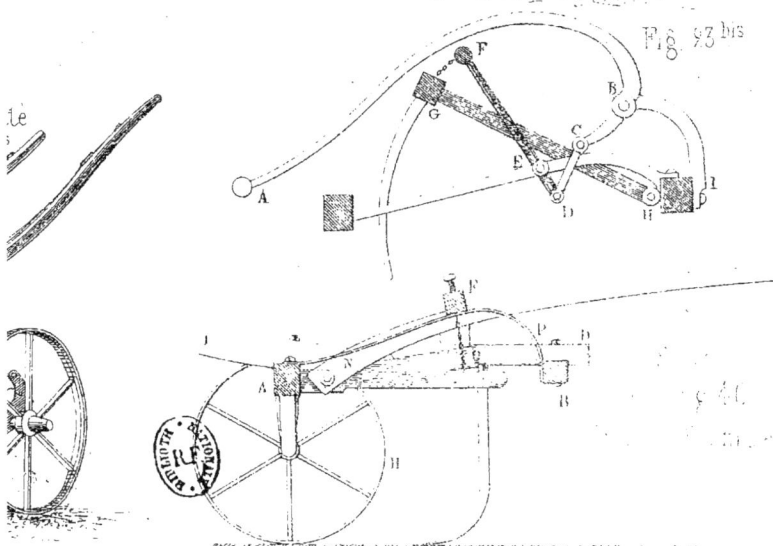

Fig. 49. Rateau américain de Grignon.

Plan.

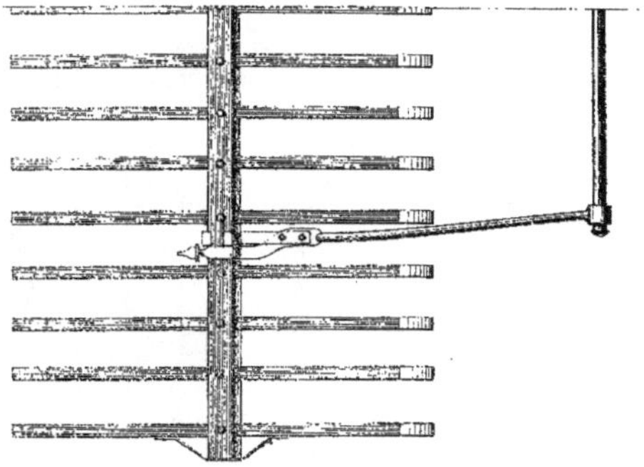

Fig. 44.

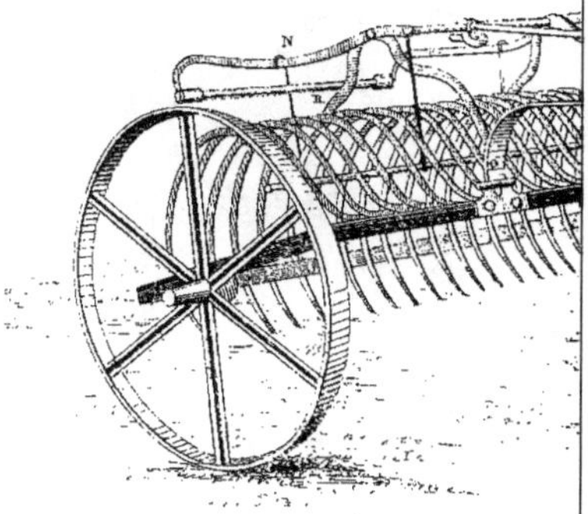

Fig. 50 *Élévation.*

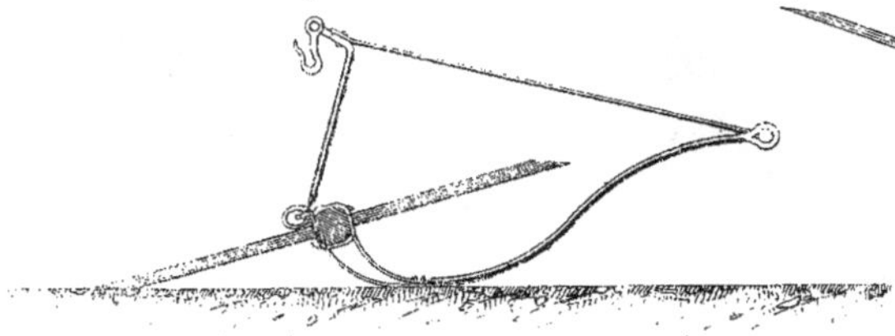

suite de la fig. 50

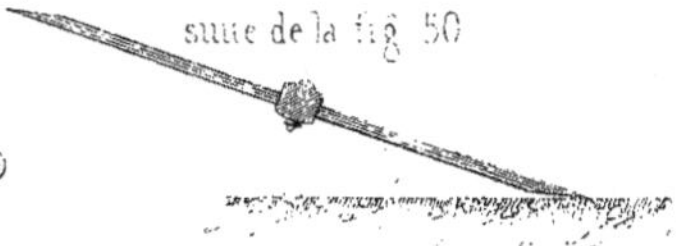

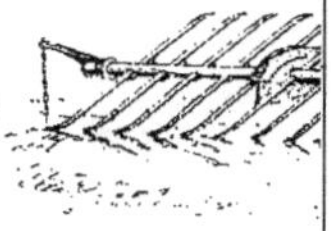

Fig. 43 Rateau Simphal

Coupe

(Paris 1856, 1860)

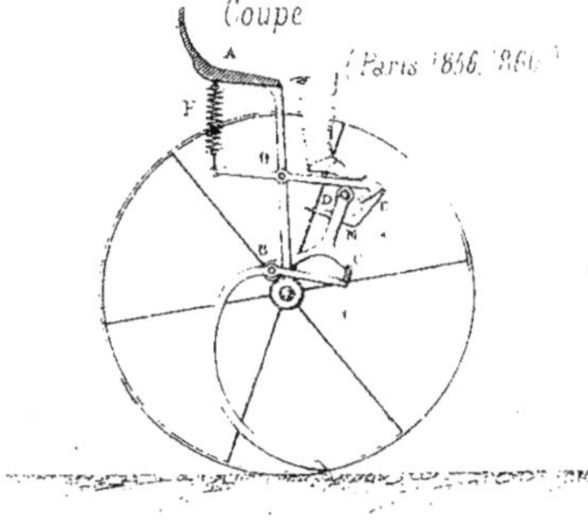

Vue

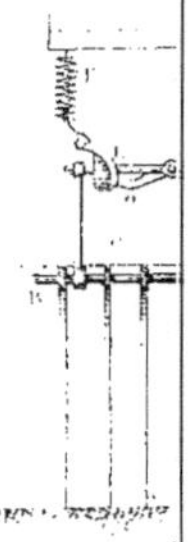

Fig. 45 Rateau américain d'Allen

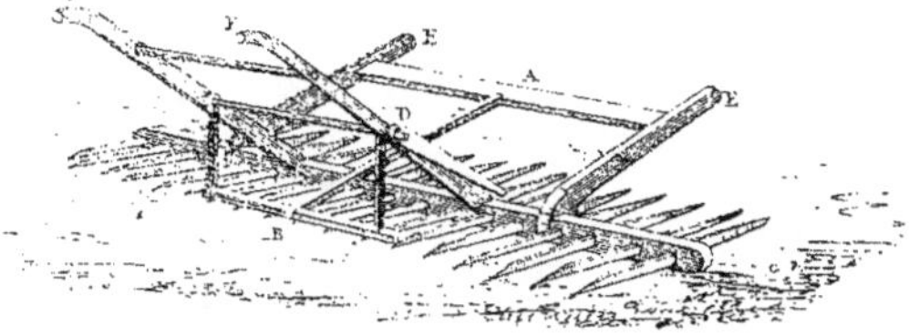

LACROIX

eau automate de Marychurch (1856.)

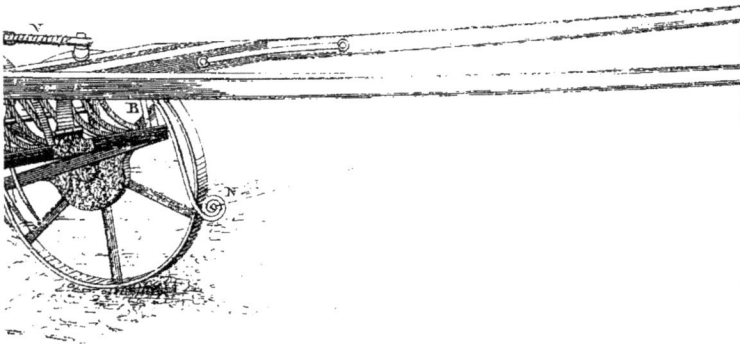

eau de Fry en terre sèche.

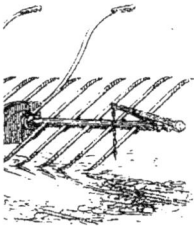

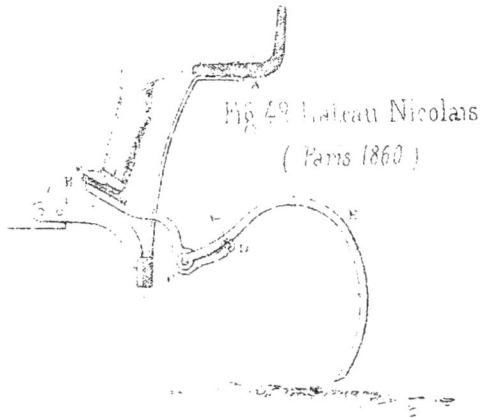

Fig. 49 Bateau Nicolaïs
(Paris 1860)

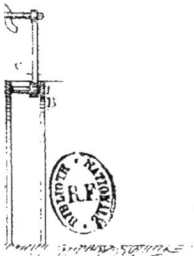

Bateau Fry et Bickbrey

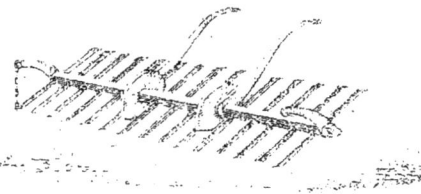

4

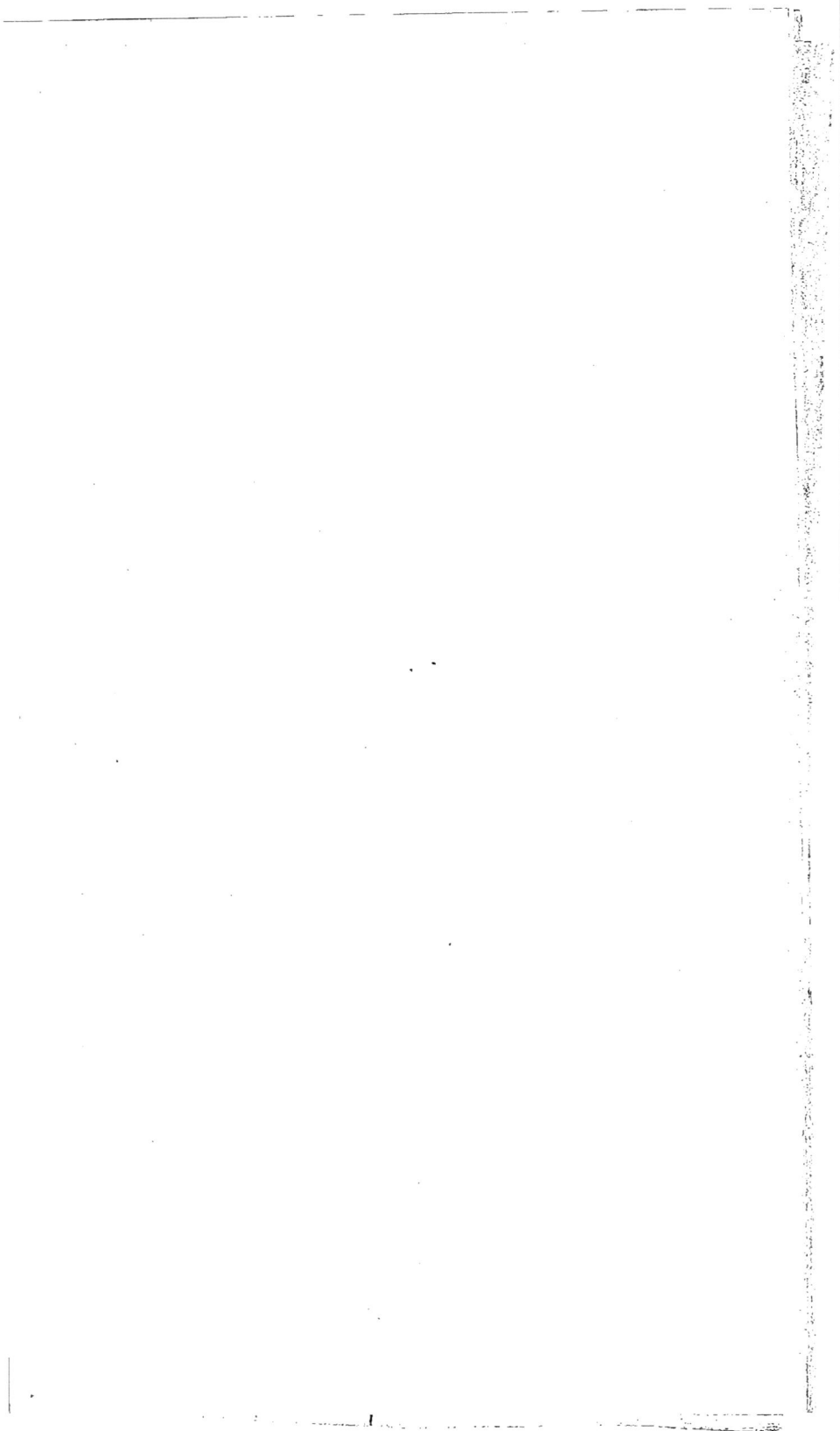

Fig. 45 Rateau à cheval de Mr Hanson

(les dents relevées)

Fig. 45 bis   Rateau à cheval de

Paris, Eugène **LACROIX**, Direc

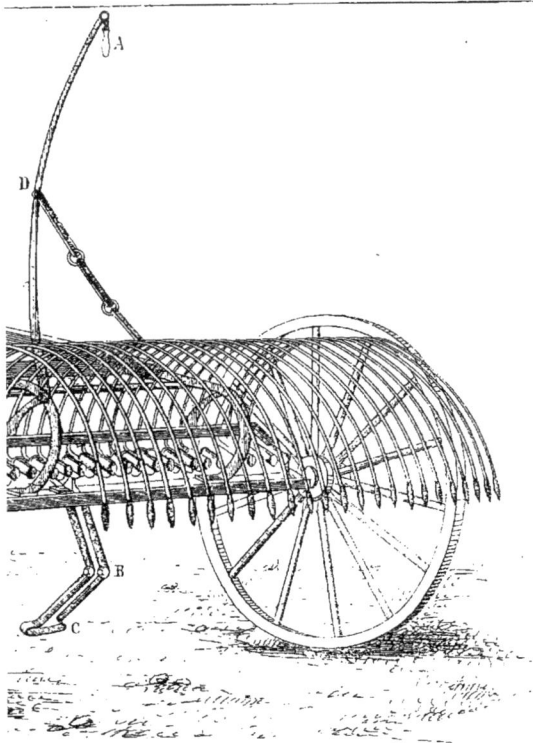

Jamoir vu en fonctions.

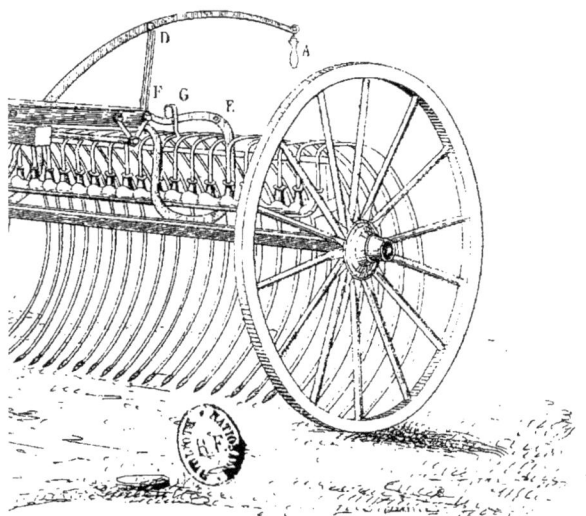

r, Rue des Saints Péres, 54

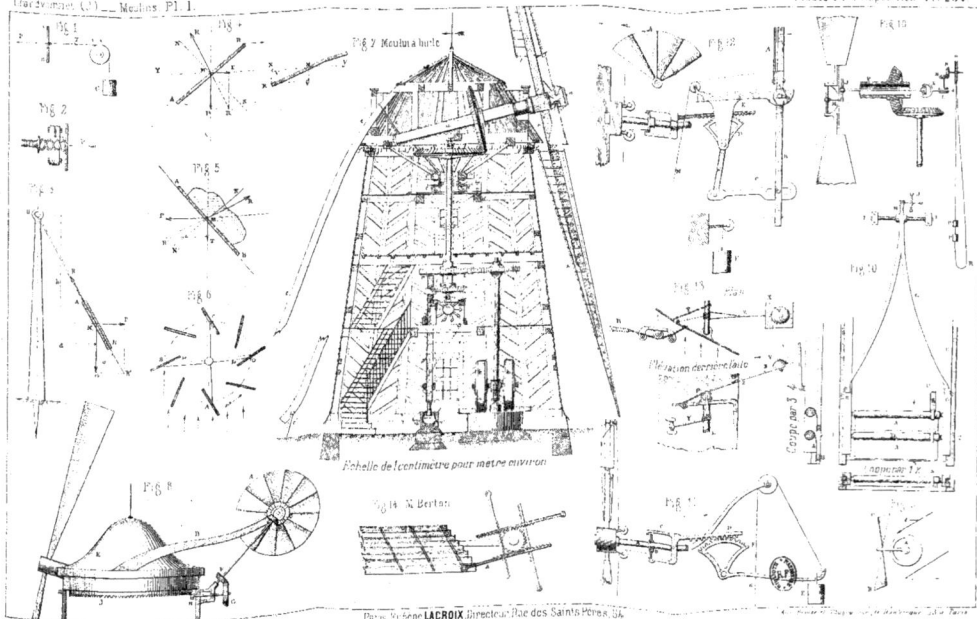

Fig 7 Moulin a huile

Échelle de 1 centimètre pour 1 mètre environ

Fig 14 M Berton

Fig 15
Dernea Moulin
Durand

Fig 17
Régulateur de la voiture du moulin Marrot

Fig 13
Turbine Jasmin

Moulin à vent
de M. l'abbé Thman

Fig 20

Fig 22
Moulin à vent destiné à
élever l'eau par Henry Lequale,
mécanicien horloger.
Exposition universelle 1867

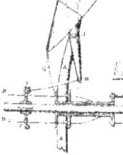

Fig 16 Moulin à vent
m. J. Marret

Fig 18 Vue
de face de la voler
du moulin Marrot

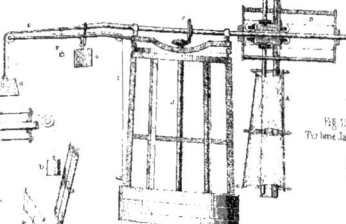

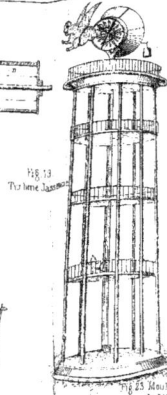

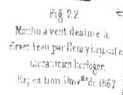

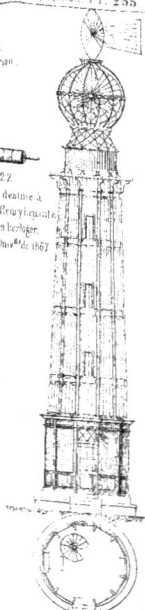

Fig 21 Moulin à vent à simple effet
de Henry Lequale

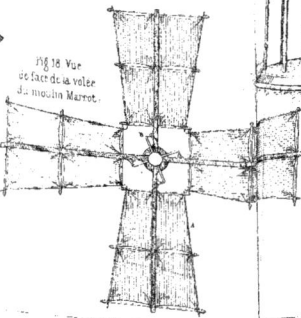

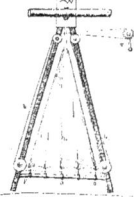

Fig 23 Moulin à axe vertical, mcle
de Mr Lefèbvre